한국전투기사업의
정책결정

한국전투기사업의 정책결정

배영일 지음

한국학술정보㈜

2002년도에 예정된 한국의 차기전투기(FX) 선정은 3차인가 아니면 4차인가? 몇 번째 '차기전투기'인가에 대하여 전문가들도 혼란스러워 하는 것 같다. 1991년 당시 정부가 결정한 한국형전투기사업(KFP) 기종인 F-16(KF-16C/D)부터 시작하면 현재 거론 중인 FX는 KF-15E에 이어 세 번째이고, 1980년대 도입한 F-16A/B(F-20 '타이거샤크'와 경합)부터 계산하면 네 번째가 된다.

같은 기간 미국은 1970년대 초중반에 양산·배치한 공군의 F-14, F-15, F-16 및 F-18 이후 후계기종인 F-22(랩터)와 F-35(라이트닝 2)를 결정했을 뿐이다. 미국은 폭격기도 F-111 스텔스기를 도입·운용한 뒤 폐기하였으며, 전략폭격기로 B-1과 B-2를 배치했다. 미국은 지난 25년간 두 차례 주력기 사업을 벌였을 뿐이다.

경제력이나 군사과학기술이 미국에 뒤지는 한국이 3~4회나 차기전투기사업을 갖는다는 사실은 단순히 후발주자로서 겪는 문제가 아니라, 정책결정의 비효율성을 의미한다. 지금까지 세 차례의 실질적인 FX 사업 가운데 두 차례가 시기상으로는 '차기'전투기이지만 '차세대'전투기는 아니었다. 1991년 이미 '구세대'전투기가 되어가고 있던 F-16으로 결정한 것이나, 기본 모델이 나온 지 무려 30년 되는 F-15의 개량형인 F-15K를 도입하기로 한 2002년 김대중 정부의 결정은 모두 미래지향적인 사업이라고 보기 어렵다.

김대중 정부의 경우 설령 당시 기준으로 F-15K나 프랑스의 라팔 (Rafale)전투기 선택이 '무차별'적이라 할지라도, F-16이나 F-18과 동시대 모델인 F-15K가 보름달이라면 신예기인 라팔은 떠오르는 초승달 같이 장래성이 있고 프랑스 측의 기술이전 조건도 보다 유리했다. 노태우 정부의 경우도 F/A-18과 F-16C/D의 경합은 비용과 성능을 감안하면 무차별한 선택일지 모른다. 그러나 F-18은 개량을 거듭하여 F/A-18 '호넷'으로, 그리고 다시 '슈퍼 호넷'으로 발전한 반면, F-16은 미국에서 단종되었다. 결국 두 차례 모두 무기상들에게 놀아나 단종되었거나 단종 예정의 기종을 선택한 결과를 낳았다.

필자인 배영일 박사는 바로 한국이 첫 단추를 잘못 끼웠던 1990~1991년의 KFP 사업에 주목했다. 이때부터 한국은 거듭 단종기종을 선택함으로써 향후 공군 주력기 운용에 큰 차질을 초래할 우를 범하게 되었다. 당초 1990년 한국 정부의 F/A-18 기종결정이 지켜졌더라면, 부적절한 주기에 주력전투기 기종을 선정하는 악순환을 피할 수 있었을지 모른다. 잘못된 결정은 정책결정자들과 그들을 보좌했던 전문가들의 오해, 정보부족, 그리고 사사로운 이해관계가 결합된 산물이다. 노태우 정부와 김대중 정부의 기종선정과정에는 모두 투명성이 결여

되어 있었다. 김대중 정부의 경우, 객관적인 기종평가보다 한미동맹의 중요성을 강조한 한·미 군산복합체의 압력과 관료제정치가 군사분야에 어두운 최고 정책결정자의 판단에 큰 영향을 미쳤다.

배영일 박사는 건군 이래 최대의 무기사업이었던 노태우 정부의 KFP 결정을 당시 국방부의 실무책임자였던 본인의 '참여적 관찰'과 외교정책이론의 '관료제정치' 모델 및 정책학의 '부패' 모델을 종합한 이론적 틀에 의거하여 명료하게 분석하였다. 그는 노태우 정부가 F/A-18 선택을 번복하고 F-16C/D로 결정하는 과정에 군산복합체의 압력과 관료제정치에 더하여, 최고 정책결정자가 관련된 사익(私益) 추구 현상이 있었음을 지적하는 한편 노태우 정부의 결정이 전혀 비상식적인 것만은 아니었음을 인정하는 객관성도 견지했다.

이 책은 필자가 2007년 경남대학교 정치학 박사학위논문「한국전투기사업(KFP)의 정책결정과정에 관한 연구」를 보완하고 일반 독자들이 보다 읽기 편하게 수정한 역작이다. 그의 논문은 단지 학술적 연구의 차원에서만 그 가치를 논할 것이 아니라, 좌절과 역경을 딛고 재기한 인간승리의 서사시로서 받아들여야 할 것이다. 이 책은 필자의 일생에서 크나큰 좌절을 안겨주었던 바로 그 사건, 즉 실무담당자로서 정책결정에 반대하여 본의 아니게 군문을 떠나지 않을 수 없었던 노태우 정부의 **KFP** 결정에 대한 연구이다.

이 책은 필자가 한국전투기사업을 사사로운 감정이나 편견에 치우치지 않고 객관적·체계적·실증적으로 다시 말해서 과학적으로 연구한 필생의 노작이다. 국방부의 **KFP** 실무책임자로서 그가 알고 있었던 사실과 정보가 어찌 이 책의 내용에 한정될 수 있을까만, 그는 자신이 알고 있었던 국가기밀을 누설하지 않으면서도 공개된 자료의 정확한 해석에 기초를 두어 객관적이고도 설득력 있는 논증을 전개해나갔다. 더욱이 당시 결정에 직간접으로 관련되었던 인사들에게 피해를 주지 않으려는 절제된 서술에서도 그의 인품과 학덕을 엿볼 수 있다.

다른 연구자, 그것도 인생 선배의 저서 출간에 왈가왈부하는 것은 은일(隱逸)과 절제를 숭상해야 할 선비로서 취할 바가 아니다. 그럼에도 외람되게 추천사를 쓰게 된 까닭은 본인이 오직 배영일 박사의 학위논문 지도교수였다는 인연으로 거듭 간곡한 부탁을 받았기 때문이다. 매사에 삼가고 또 삼가 왔지만, 본인도 교직에 오래 있다 보니 추천서도 쓰고 결혼식 주례도 서게 되었다. 그런데 이 책의 추천사를 쓰기로 작정하고 나니, 배영일 박사 필생의 연구가 갖는 중요성을 우리 학계는 물론 안보 전문가들과 일반 국민들에게도 널리 알려야 하겠다는 사명감이 용솟음쳤다. 그의 냉철한 분석이 특히 뜨겁게 경쟁이 달아오른 차기전투기사업에서 정부가 우수하고도 장래성 있는 기종을 선택하는 현명한 결정을 내리는 데 많은 도움이 되리라 믿어 의심치 않는다.

배영일 박사는 개인적으로도 신앙에 귀의하여 종교인으로 그리고 사업가로 재기에 성공하였다. 그는 오늘에 이르기까지 해마다 국내외 마라톤 완주에 성공했으며, 만학의 처지에 박사학위에 도전하여 이 또한 성취하였던 것이다. 노익장의 건강과 신앙 그리고 사업은 물론 저술활동에서도 더욱더 정진이 있기를 기원하며 삼가 추천의 글을 드리는 바이다.

2012. 3.
함택영
(북한대학원대학교 교수, 2009 한국국제정치학회 회장)

2007년 경남대 북한대학원대학교 박사학위 논문심사를 의뢰받으면서 이 작품을 처음 접하게 되었다. 박사학위 논문으로서 내용과 형식을 착안하면서 읽어내려 가던 나는 깜짝 놀랐다. 1991년 당시 최대의 전력증강 프로젝트였던 KF-16 도입사업을 학술적으로 심층 분석하여 명확하게 규명하였고 그로부터 도출된 교훈을 후세에 전하고자 하는 사업당사자의 역작이기 때문이었다.

이전 정부에서 이미 F-18로 결정해놓은 차기전투기사업 기종을 F-16으로 바꾸면서 정치권과 관가에서는 정책결정선 상에 있던 주요 인물들이 이런 저런 이유로 3개월 만에 전면 물갈이 되는 일대 지각변동이 있었고 그 와중에 일생을 헌신해온 공직생활을 불명예스럽게 퇴진하는 사람도 있었다. 이처럼 파장이 컸던 사실들이 역사에 묻힐 뻔한 순간에 다시 학계에서 권위 있는 박사학위 논문으로 재정리되어 세상에 나오게 된 것이다.

배영일 박사는 건군 이래 최대의 전투기 도입사업이었던 6공화국 정부 KFP 사업의 결정과정을 본인의 실제 경험과 학문적 이론에 비추어 객관성 있게 분석하였다. 그는 당시 권력핵심부가 F/A-18 기종선정을 번복하고 F-16C/D로 재결정하는 과정에서 군산복합체의 로비 및 압력과 그래함 엘리슨의 관료정치모델, 정책학에서의 부패모델, 그리고 권력핵심부의 사사로운 이해관계가 복합적으로 작용하였음을 학술적 이론과 공신력 있는 관련 자료들을 근거로 명확하게 규명하였다.

이 책의 가치는 저자가 한국전투기사업의 정책결정과정을 학문적으로 규명한 데에만 있는 것이 아니다. 이처럼 국가적으로 중대한 정책결정이 어떻게 하면 보다 객관성 있고 투명하며 합리적으로 이루어질 수 있는가에 대한 미래 정책대안도 제시하고 있다는 데에 더 큰 의미가 있다.

국민들은 이처럼 중요한 국가정책결정들이 보다 건실하게 이루어지길 원하고 있다. 이 같은 맥락에서 이 작품은 한국현대사의 국가정책결정과정을 이해하고 발전적 차원에서의 정책결정 미래 대안을 모색하는 데 매우 중요한 자료들을 제공하고 있다.

대한민국의 견실한 발전을 추구하는 많은 이들이 이 작품을 통하여 많은 교훈과 시사점을 얻기를 기원하는 마음에서 일독을 기꺼이 추천하는 바이다.

2012. 3.

홍성표

(아주대학교 교수, 전 국방대학교 교수)

[약 어 표]

ADD	Agency for Defense Development, 국방과학연구소
AIDP	Aerospace Industry Development Program, 항공산업발전계획서
AMRAAM	Advanced Medium-Range Air-to-Air Missile, (미 AIM-120)신형 중거리 공대공 미사일
ATFLIR	Advanced Targeting Forward-Looking Infrared, (미)신형 적외선 목표포착·전방감시장비
BVR	Beyond Visual Range, 가시거리범위 밖
CPFF	Cost Plus Fixed Fee, 사전 가격확정 방식
CPIF	Cost Plus Incentive Fee, 원가절감 인센티브 공유 방식
CPPC	Cost Plus Percentage Cost, 이익률보장 방식
CRT	Cathode Ray Tube, 다기능 디스플레이 장치
DCS	Direct Commercial Sales, (미)상용판매
ECM	Electronic Counter Measure, 전파방해장비
FCS	Fire Control System, 화력제어 시스템
FMS	Foreign Military Sales, (미)해외군사판매
F-X	Fighter Experimental, 차세대전투기(사업)
GD	General Dynamics, 제너럴 다이내믹스(사)
GPS	Global Positioning System, 위성항법장비
HUD	Head Up Display, 전면투사디스플레이
ICFS	In Country Support Fee, 국내지원비
JSF	Joint Strike Fighter, 합동공격전투기(F-35)
JSOP	Joint Strategic Objective Plan, 합동전략목표기획서
KAI	Korea Aerospace Industries, Ltd., 한국항공우주산업
KFP	Korea Fighter Program, 한국전투기사업
KIDA	Korea Institute for Defense Analyses, 국방연구원
LANTIRN	Low Altitude Navigation and Targeting Infrared, Night, 적외선 야간저고도 항법·표적 포착장비
LOA	Letter of Agreement, 수락서
MD	McDonnell Douglas, 맥도널 더글라스(사)
MSIP	Multinational Staged Improvement Program, 다국적 공동성능개선 프로그램
NAVFLIR	Navigation Forward Looking Infrared, 적외선 야간항법장비
NVG	Night Vision Goggle, 야간투시경
PPBEES	Planning, Programming, Budgeting, Execution, Evaluation of the System(기획·계획·예산·집행·평가), 기획관리제도

RFP	Request for Proposal, 사업설명회
RMA	Revolution in Military Affairs, 군사혁신
ROC	Required Operational Capabilities, 요구성능
RWR	Radar Warning Receiver, 레이더경보수신기
SAOs	Security Assistance Organizations, (미 대사관 내) 안보지원기관
SARH	Semi-Active Radar Homing, 반능동식 레이더 추적
SCM	Security Consultative Meeting, (한미)연례안보회의
SDI	Strategic Defense Initiative, (미)전략방위구상
SOP	Standard Operating Procedure, 표준운용절차
WVR	Within Visual Range, 가시거리 내

제1장

서론

제1절 연구목적

오늘날 신예전투기와 같은 첨단무기의 개발, 구입 및 운영에는 각기 최소한 수십억 달러 이상의 천문학적인 예산이 필요하다. 전투기의 기종선정이나 개발과정뿐 아니라 도입계획에서부터 구입·배비·운영유지·성능개선 등 모든 분야에서 고도의 전략적 고려와 전문성이 요구된다. 뿐만 아니라 이와 동시에 업체들 사이의 극심한 경쟁과 정책결정과정 참가자들 사이의 이해관계 또한 복잡하게 얽혀 있는 것이 보통이다. 이미 잘 알려진 바와 같이 '한국전투기사업(Korea Fighter Program: KFP)'은 '율곡사업' 가운데에서도 최대의 무기획득사업이었다. 특히 기종선정 및 변경으로 말미암아 1993년 문민정부 출범 당시에 제기된 이른바 '율곡사업 비리' 의혹을 가장 많이 받았던 사업이기도 하다.

본 연구는 1985∼1999년에 걸쳐 진행된 KFP 사업의 결정과정에 대한 객관적이고 실증적인 탐구이다. 구체적으로는 1989∼1991년간 이루어진 KFP 기종선정 및 기종변경을 보다 실체적 사실에 부합하게 재구성하고, KFP 사업의 연구에 적합한 정책결정과정의 이론적 모형에 의거하여 체계적 분석을 시도하였다. 기종선정 및 변경을 엄밀하게 재조명함으로써 기종변경에 대한 기존의 정부 공식입장과는 다른 보다 객관적인 설명을 제시하고 있다.

본 연구는 KFP 사업 중에서도 맥도널 더글라스(McDonnell Douglas: MD)사의 F-18(혹은 F/A-18)을 선정한 1989년의 '초기' 기종결정, 그리고 이 결정이 제너럴 다이내믹스(General Dynamics: GD)사의 F-16으로 번복되는 '최종' 기종결정을 분석한다. 또 이와 연관하여 제5공화국 정부에서 이루어진 국내 주계약자 선정에도 주목한다.

KFP 사업은 공군의 전력증강과 국내 항공산업의 육성을 목적으로 1983년에 국산 전투기의 단계적인 자체생산을 목표로 설정된 차세대 전투기(Fighter Experimental=F-X) 구매 및 생산계획이 1985년 제3차 방위력 개선사업(1987~1992)과 더불어 확장된 사업이다. KFP 사업은 1987년 12월 국방부 전투기사업단장과 미 국방성 고위관리 사이의 협상을 시발점으로 하였다. 이 계획은 1992년부터 1998년까지 총 120대의 전투기 중 1단계에서 12대는 미국 해외군사판매(Foreign Military Sales=FMS) 방식에 따라 완제기를 도입하고, 2단계 36대는 국내에서 조립하며, 나머지 72대는 국내에서 공동 생산한다는 것이었다. 이 사업을 위해 부총리를 위원장으로 정부 6개 부처로 구성된 항공산업육성위원회가 결성된 범국가적인 사업지원체제를 구축하였다. 이후 국내에서는 대상기종선정에 있어 많은 논란이 제기되었다. 우여곡절 끝에 1989년 12월 가격대비 성능분석, 기술이전의 평가와 산업파급효과의 분석을 통해 MD사의 F/A-18이 선정되었다. 그러나 1990년 10월 당시 대통령의 KFP 사업 전면 재검토 지시가 하달된 뒤 6개월 후인

1991년 3월 말에 GD사의 F-16으로 변경되었다.

이 논문에서는 이러한 기종변경에 대한 당시 정부의 주장을 객관적으로 분석, 평가한 다음 기종변경의 보다 근본적인 원인을 밝혀보고자 한다. 문민정부가 발족한 직후인 1993년 KFP 사업을 중심으로 하여 율곡사업에 대한 감사원의 감사와 이에 뒤따른 후속 검찰수사가 이루어졌고, 국회청문회까지 거친 바 있다. 이는 군사정부의 비리와 의혹에 대한 본격적인 조사였던 만큼 한국의 역사발전에 있어서 중요한 사건이었다. 그러나 1993년의 국정감사가 이 부분에 대한 증거를 확보하지 못함으로써 지금까지도 이 문제에 대한 논란이 지속되고 있다. KFP 사업의 핵심이 되는 기종선정이 합리적 판단에 따른 것이었느냐 아니면 로비에 의한 비합리적 선택의 결과였는가에 대한 역사적 판단은 앞으로도 계속 이루어질 것이다.

이 논문의 목표는 무엇보다도 엄밀한 학술연구를 통하여 기종선정 및 번복을 보다 객관적으로 분석함으로써 기종선정결정에 영향을 미친 요인들을 분석하고, 비합리적인 요소가 있었다면 어떠한 것인가를 밝히는 데 있다. 지금까지는 KFP의 대상기종선정이 F/A-18에서 F-16으로 번복된 이유가 F/A-18의 가격인상 때문인 것으로 알려져 있다. 그러나 본 연구는 가격상승은 F-16과 F/A-18 두 기종 모두에서 유사한 비율로 발생했던 일로, 기종변경의 정당한 사유가 될 수 없음을 밝히고자 한다. 본 연구에서는 기종변경 원인에 대한 분석의 시각을 확대함으로써 업체선정 및 기종선정과정을 한꺼번에 규명할 수 있도록 접근한다. 기종선정과 관련된 비합리적 요소들이 업체선정과정에서도 반복적으로 나타났기 때문이다.

본 연구는 이러한 목표를 위하여 다음 두 가지 주제에 초점을 집중

한다. 첫째, KFP 기종선정과정을 재구성함으로써 기종변경과 관련된 의문에 대해 보다 정확한 설명을 추구한다. 이 설명을 제공하기 위해서는 다시 다음의 두 가지 질문에 답변해야 할 것이다. 먼저 '가격인상'이 주요한 기종선정 번복의 원인이 아니라는 사실을 어떻게 밝혀낼 수 있을 것인가? 또 한국 정부에서 기종변경의 가장 큰 이유로 제시한 '가격인상설'의 피해 당사자인 MD사는 왜 이의를 제기하지 않았을까? 둘째, 널리 알려진 그래함 엘리슨(Graham T. Allison)의 세 가지 외교안보정책결정 분석모델 가운데 KFP 사업의 기종결정에 대하여 가장 적실성 있는 것은 무엇일까?[1] 관료정치(bureaucratic politics) 모델이 보다 적절하다는 것이 기존연구들의 지배적인 견해이기는 하나, 기종변경은 어떻게 설명할 것인가?

KFP 기종선정 및 변경이라는 길고도 복잡한 과정 전체를 하나의 일관된 이론적 분석 틀(analytical framework)로써 설명한다는 것은 불가능하다. 관료정치모델이 정책결정과정을 구체적으로 설명해줄 수는 있으나, 이론적으로 대상 현실을 모든 사회에 존재하는 기정사실로 수용한다는 전제를 지니고 있다. 그러므로 본 연구에서는 현실에 대한 설명에 머물지 않고 그 현실을 개선하고 극복하기 위해 관료정치모델에 조직이론의 '부패연구' 시각을 추가함으로써 보다 설득력

---

1) 외교안보정책의 결정과정을 설명하는 데는 통상적으로 그래함 엘리슨의 세 가지 모델, 즉 합리적 선택모델, 조직과정모델, 그리고 관료정치모델을 대안적 혹은 병렬적으로 적용한다(게임 이론은 2인 이상 공동의 선택을 상정하는 합리적 선택모델의 연장이다). Graham T. Allison and Philip Zelikow, *Essence of Decision: Explaining the Cuban Missile Crisis*, 김태현 역, 『결정의 엣센스』(서울: 모음북스, 2005). 추가적인 제4의 대안으로 저비스 등의 인지(perception) 이론이 있고, 스나이더와 디징의 고전적 연구는 인지이론과 게임이론의 결합을 시도하였다. Robert Jervis, *Perception and Misperception in International Politics*(Princeton: Princeton University Press, 1976); Glenn H. Snyder and Paul Diesing, *Conflict among Nations: Bargaining, Decision-Making and System Structure in International Crises*(Princeton: Princeton University Press, 1977). 또한 정종욱·김태현, "외교정책 이론", 이상우·하영선 편, 『현대국제정치학』(서울: 나남, 1992) 참조.

있는 분석을 시도하고자 한다.

본 연구는 또한 15~20년 전에 있었던 KFP 사업을 새로운 시각에서 조명함으로써 향후 방위력 증강과 관련된 사업들의 의사결정 및 집행에 교훈을 도출하는 정책연구의 효과도 지닌다. 마지막으로 엘리슨의 관료정치모델을 변형·발전시킴으로써 외교안보정책결정에 관한 이론의 발전에 조금이나마 기여할 수 있는 계기를 모색해보고자 한다.

제2절 기존연구의 검토

KFP 사업은 그동안 대중적인 관심과 사회적 논란에 비해서는 상대적으로 학술연구가 적은 분야라고 할 수 있다. 그 이유는 KFP 사업이 진행되던 당시 군사기밀이라는 이유에서 많은 부분이 비밀로 분류되었고, 지금까지도 관련된 많은 기록들이 비밀로 남아 있기 때문이다. 실증적인 자료가 미비한 까닭에, 확인할 수 없는 언론보도나 연구자의 추론 및 가정에 의존하는 방법으로는 의미 있는 연구성과의 축적에 한계가 있을 수밖에 없었다. 따라서 유감스럽게도 이 주제에 관한 연구논문이 수적으로 적을 뿐 아니라 대부분 석사학위 논문에 그치고 있다. 이 주제에 관하여 거의 유일한 박사학위 논문인 김종하의 연구는 KFP 주 계약업체 선정과정에 참여했던 대한항공, 대우중공업, 삼성항공 그리고 국내 항공산업 관련 인사들과의 인터뷰와 그들로부터 입수된 문서를 일차자료로 분석한 예외적인 노작이다.[2]

---

2) Jong Ha Kim, "The Policy Process in Korea: Defense Policy and the Selection Process of the Korean Fighter Programme(KFP)", Unpublished Ph. D. Dissertation, University of Bristol, 1996; 김종하, "방위력

그 밖의 기존연구를 살펴보면, 1) KFP 사업의 진행과정에 대한 소개와 정보제공, 2) 국방부를 중심으로 한 무기획득절차의 문제점 및 향후 개선방안 연구, 3) KFP 사업과 우리나라 항공산업의 발전에 관한 연구, 4) 기종선정을 중심으로 한 결정과정의 연구 등으로 나누어 볼 수 있다.

첫째, 시사해설 성격의 정기간행물에 실린 글들은 주로 KFP 사업을 소개하는 것을 목적으로 한 것이다. 이들은 초기 선정이 있었던 1989~1991년간, 그리고 율곡사업에 대한 감사가 이루어졌던 1993년에 집중적으로 게재되었다. 이 문헌들은 주로 KFP 사업의 연대별 진행과정을 소개하거나 사업의 의미 등을 기술하였다. 기종선정과 관련해서는 당시의 일반적 인식이었던 가격인상을 기종변경의 이유로 들거나, 그 이유에 대해 무관심했다.[3]

둘째, 일련의 정책연구들은 국방부 중심의 무기획득절차와 관련된 문제점들을 집중적으로 조명하였다. 특히 당시 KFP 사업은 국방부 훈령 제382호 '무기체계소요 및 획득관리규정'의 적용을 받았다. 이 절차의 문제에 초점을 맞추는 연구들은 1996년 말의 '방위력 개선사업제도 개선안'을 전후하여 발표되었다.[4] 이들 연구들은 소요제기에

개선사업과 무기획득정책 평가", 『군사논단』, 12호(1997), pp.97~115. 해외의 학술연구로는 크레머와 세인의 논문이 거의 유일하지만, 그나마 KFP 사업 자체라기보다 이 사업의 대응구매(offsets)에 따른 미국의 경제적 득실에 대한 분석이다. Deborah Kremer and Bill Sain, "Offsets in Weapon System Sales: A Case Study of the Korean Fighter Program", M. S. Thesis in Logistics Management and Contract Management, Air Force Institute of Technology, Air University, 1992.

3) 최창희, "기술이전, 약속대로 진행되어야 한다: 차세대전투기 F/A-18, 21세기 '항공 한국'의 이정표", 『월간항공』, 9호(1990), pp.14~25; 김광열, "F-16과 F/A-18: 제3자적 비교", 『월간군사비전』, 1989년 2월, pp.70~73; 정선섭, "한국의 FX실체와 전망", 『월간군사비전』, 1989년 5월, pp.42~57; 김태곤, "FX 사업의 개발방향", 『월간군사비전』, 1989년 5월, pp.38~41; 심재율, "F16 대 F18의 로비 공중전: 3조~5 조원 전투기 시장 쟁탈전의 내막", 『월간조선』, 1989년 3월, pp.428~439; 김창수, "F-16, 대역전극의 막후: 차세대 전투기 결정번복의 뒷이야기", 『월간조선』, 1991년 5월, pp.174~185.

4) 이원형, "방위력 개선사업 관련 제도개선에 관한 연구", 『한국군사』, 5권(1997), pp.173~186; 김병묵,

서 기종평가에 이르는 소요군과 합참, 국방부 내에서의 정책진행과정을 연구대상으로 삼아 그 절차상의 문제점과 개선방향을 제시하고 있다. 무기체계와 관련된 연구들 중에는 무기체계 개발을 위한 시스템형성과 평가체계 개발에 관심을 두고 경영학적인 접근을 시도하는 연구들도 있다.[5]

셋째, 또 다른 정책연구들은 KFP 사업이 양대 목표 중의 항공산업 육성과 관련된 것들이었다. 정재욱은 1·2차 차기전투기사업에서 달성하고자 한 항공산업 육성의 목표달성 여부를 평가하고 있으나, 후보 기종의 제작사들인 GD와 MD의 항공산업발전계획서(Aerospace Industry Development Program: AIDP)를 소개하는 데 머무르고 있다.[6] 이에 비하면 박창규와 홍석진, 황동준 등은 1990년대의 세계 항공산업과 우리나라 항공산업의 발전 수준에 대해 소개하고 있다.[7] 그러나 당시 항공산업 전반에 대해서는 상세하게 소개하면서도 KFP의 성과에 대해서는 깊이 있게 분석하지 못했다.

넷째, 본 논문의 문제의식과 가장 밀접한 연관이 있는 KFP의 대상

"한국전투기사업(KFP)의 기종선정에 관한 정책결정연구", 국방대학교 안전보장대학원 석사학위논문, 1996; 김철환, 『무기체계 사업관리』(국방대학교, 1997); 버튼(Burton, Ltc.), 김진욱 역, "한국방위력 개선사업의 투명성과 대국민 공감대 형성을 위한 제언(Ⅱ): 미 획득 및 해외군사판매과정과 한국 획득과정 간 구조차이 비교연구", 『군사세계』, 26권(1997), pp.104~107.

5) 강인호 외, 『획득사업 의사결정 평가요소 및 기준정립 방안』(서울: 국방연구원, 2001); 강성진, 『방위력 개선사업 분석평가 모델』(서울: 국방대학교, 1999); 강성진, 이상진, 『한국적 전략개념과 투자우선순위 결정방안 검토』(서울: 국방대학교, 1996); 고심재, "국방무기체계 획득절차 발전방향: 미국 국방획득절차 개선노력을 중심으로", 『한국국방경영분석학회지』, 31권 2호(2005), pp.86~104; 권기환, "효율적인 무기획득에 관한 연구", 공군대학 고급지휘관참모과정 졸업논문, 1998.

6) 정재욱, "제1·2차 차기전투기 기종결정에 관한 연구: 합리성을 중심으로", 국방대학교 안전보장대학원 석사학위논문, 2003.

7) 박창규, "한국 항공산업의 발전방향에 관한 연구: 일본의 사례를 중심으로", 국방대학교 국방관리대학원 석사학위논문, 2000; 홍석진, "한국 항공산업 국제경쟁력에 관한 연구", 대전대학교 석사학위논문, 1998; 황동준, "항공방위산업의 당면과제 및 정책방안", 『군사세계』, 19(1996), pp.61~74. 또한 홍재학, "21세기군사연구소: 우리나라 항공우주산업 현황과 KFP 사업", 『국방과 기술』, 161(1992), pp.32~39 참조.

기종선정 및 기종번복의 결정과정의 연구를 보면, 결정과정의 분석, 여타 사례와 비교분석, 비판적 분석을 시도한 몇 편의 논문이 있을 뿐이다. 김병묵과 신승엽은 MD의 가격인상과 최종 기종선택의 과정을 분석하였다.[8] 사례비교연구를 보면 최연화는 F-X 사업과 일본의 FSX 사업을 비교하여 양국 전투기사업 진행과정의 장단점을 지적하였다.[9] 한편 정재욱의 연구는 KFP 사업과 F-15K를 구매하기로 한 2차 KFP 사업을 비교하여 무기체계 획득절차 전 과정의 개선사항과 한계점을 분석하였다.[10] 지만원은 KFP 사업의 기술적 측면에 대한 비판을 제기하였다. 그는 특히 공군과 국방부의 소요제기와 평가에 대하여 비판하였다.[11] 그는 우리나라 공군과 국방부의 무기체계 평가에 대한 전문성이 부족하여 무기거래상들의 상술과 기만에 쉽게 넘어가는 경향이 있음을 지적하였다. 따라서 미국과의 거래에 있어서의 협상력 향상을 위해 미국의 방위산업체의 행태에 대한 이해가 필요함을 역설하였다.

KFP 사업에 있어서 기종변경 사유에 대해서는 두 가지 시각이 존재한다. 첫째는 율곡사업에 대한 국정감사에서 드러난 것으로 최초 기종선정 이후 최종 협상과정에서 MD사가 여러 가지 이유로 F/A-18의 대당가격을 47%가량 인상하였다는 것이다. 이에 당시 대통령은 기종선정의 재검토를 지시하였고 MD사의 가격인상 요구가 지속되자

8) 김병묵, "한국전투기사업(KFP)의 기종선정에 관한 정책결정연구", 국방대학원 안전보장대학원 석사학위논문, 1996; 신승엽, "한국의 정책결정연구: 차세대전투기 도입계획을 중심으로", 연세대학교 행정대학원 석사학위논문, 1995.

9) 최연화, "한·일 무기획득 정책결정과정 비교분석: KFP와 FSX 사례를 중심으로", 국방대학교 안전보장대학원 석사학위논문, 2004.

10) 정재욱, "제1·2차 차기전투기 기종결정에 관한 연구: 합리성을 중심으로", 국방대학교 안전보장대학원 석사논문, 2003.

11) 지만원, 『군축시대의 한국군 어떻게 달라져야 하나(상·하)』(서울: 진원, 1992).

F-16으로 기종이 변경되었다는 것이다. 본 연구에서는 이를 '가격인 상설'이라 부르도록 한다. 지금까지 나와 있는 대부분의 연구가 최소한 암묵적으로나마 여기에 속한다.

두 번째 시각은 6년 동안 추진하여 담당자들이 신중히 평가·결정한 사업계획이 대통령의 재검토 지시 이후 불과 5개월 만에 뒤집어질수 있는가 하는 의문에서 비롯된다. 즉, 이 과정에서 GD사의 로비에의한 금품수수가 있었을 것이라는 의혹과 관련된 것이다('뇌물수수설'). 감사원 감사결과 또한 관련자들에 대해 발견된 대부분의 문제점은 비리보다는 예산낭비와 관련된 업무수행의 비효율성과 관련된 부분들이었다. 기존의 연구들은 의혹 수준의 문제제기에 머무를 뿐 사건의 전말을 제시하지 못하고 있다. 이 가운데 유윤식은 업체선정과 관련된 참가자들의 입장과 선호를 밝힘으로써 관료정치모델의 시각에서 그 과정을 기술하였다.[12] 나아가 임명수는 부패를 제도주의적인 입장에서 접근하면서 KFP의 문제를 분석하였다. 그러나 그는 KFP 사업을 단순한 부패의 차원에서 봄으로써 제도주의적인 시각에 빠짐으로써 단순히 사회적 견제를 유도할 수 있는 제도적인 개선이 필요하다는 결론을 내리고 있으며, 또한 KFP의 기종변경의 원인을 단지 최고 정책결정자의 비리라고 전제하였다.[13]

따라서 KFP 사업의 비리의혹에 대한 심증이나 가정을 넘어 이 문제의 실체적 진실을 정확히 밝혀내는 것이 절실하게 요청된다. 최근

---

12) 유윤식, "차세대전투기 기종결정 분석", 『교수논총』, 13(국방대학원, 1998): "차기전투기 기종결정의 평가: 합리성을 중심으로", 『한국 사회의 행정 연구』, 14권 1호(2003), pp.391~414.

13) 임명수, "제도와 부패: 한국국방획득사업 사례를 중심으로", 연세대학교 정치학 석사학위논문, 2001. 그는 부패를 권력형 부패, 정보비대칭형 부패, 실무형 부패로 나누어서 율곡사업하에서 진행된 전투력증강사업의 진행 중 발생한 부패문제들을 이 세 가지 범주로 나누어 설명하고 있으며, 기종변경을 권력형 부패로 규정하였다.

의 논의는 과연 F-16 선정이 잘못된 결정이었는가, 아니면 F/A-18을 선정했어야 하는가 하는 기술적인 측면에 집중되는 인상을 준다. 이러한 논의는 향후의 기종선정에 있어서의 기술적인 부분과 다양한 시각의 조율에는 도움이 될 것이다. 그러나 근본적으로 정책결정과정을 개선하고 효율적인 국방력 증강계획 등에 교훈을 주기 위해서는 1990~1991년간 기종변경의 근본적인 원인이 무엇인가에 대한 의문이 풀려야 할 것이다. 특히 율곡사업의 문제가 비리와 부패에 원인이 있는 것인지, 후진적인 국방체계와 정책결정과정에 있는 것인지 밝혀 낼 필요가 있다. 이러한 작업이 없이는 지금도 계속되고 있는 논란이 향후의 정책개발이나 제도개선에 큰 도움을 줄 수 있는 방법은 별로 없을 것이다.

제3절 연구범위 및 방법

1. 연구범위 및 자료

KFP 사업에 대해서 비록 적지만 다양한 각도에서 연구들이 진행되어 왔다. 국내외 다른 무기개발·구입 사업들과의 비교도 중요하다. 그러나 본 연구에서는 비교보다는 KFP 사업 자체에 있어서의 진실규명에 더 많은 비중을 두고 있다. KFP 사업의 주목적 중의 하나였던 항공산업의 발전이라는 면에서 본다면 긴 역사적 시각이 필요할 것이다. 그러나 본 연구의 주목표가 방위산업보다는 정책결정과정에 대한 분석에 있는 만큼 시기적으로도 축소해볼 수 있다.

본 연구는 KFP 사업이 공식적으로 거론되고 제기되기 시작한 1983

년부터 최종적으로 기종이 선정되고 계약이 진행되기 시작한 1991년 까지의 정책결정과정을 연구대상으로 삼고자 한다. 특히 1차 기종선 정 이후 최종 기종선정까지 우여곡절의 시기라 할 수 있는 1989년부 터 1991년까지의 결정과정을 집중적으로 조명하게 될 것이다. 즉, 본 연구가 이후 1998년 KF-16 120대를 한국 공군에 모두 인도하기까지 의 KFP 사업 '집행'의 모든 과정을 다루지는 않는다.

한편 KFP 사업 자체가 국제정치와 안보라는 큰 틀 속에서 이루어 진 것인 만큼 배경이 되는 한반도정세와 세계정세, 미국의 정책과 상 황, 그리고 같은 시기에 동일기종으로 결정된 일본의 차세대전투기사 업인 F-X 사업 등과는 분리시켜 설명할 수 없는 부분이 있다. 그러므 로 본 연구에서는 이들을 정책환경이라는 측면에서 KFP를 이해하는 데 필요한 변수로 보았다.

연구대상이 되는 정책결정과정의 주체들은 결정에 참여했던 중요 행위자들, 즉 무기획득규정에 나와 있던 주요부서와 조직, 그리고 직 책을 맡았던 관료들의 행위가 분석의 대상이 될 것이다. 그러므로 이 범주에 속하는 행위자로는 공군, 합동참모본부, 국방부, 국내 주계약 자 입찰 참가업체, 항공산업육성위원회, 국가안전보장회의, 대통령 및 측근보좌진, 그리고 미국의 국무성과 국방부, 입찰 참가업체 등이 될 것이다.

이러한 연구대상에 대해 기본적으로는 정부의 공식문서, 신문 및 기타 정기간행물과 기존연구물 등을 주요자료로 활용할 것이다. 뿐만 아니라 정책결정과정에 실무자로서 직접 참여했던 연구자 본인의 경 험과 기억을 정리한 비망록을 주요자료로 활용하였다. 즉, '참여적 관 찰(participatory observation)'의 입장에서 가능한 한 객관적인 자료를 제시함으로써 단순한 기억이나 야사가 아니라 학술적 연구자료로서의 최소한 요구조건을 충족할 수 있도록 노력하였다. 아울러 연구자 본인에 의한 관찰 및 시각의 객관성을 높이기 위하여 당시 국내외에서 이 사업의 정책결정에 직간접으로 관여했던 분들과 직접 인터뷰를 하였다. 물론 상당수 인사들은 인터뷰를 사양했으며 일부는 익명을 요구하기도 하였다.

물론 기본적으로 당시의 문건들에 대한 접근이 어렵다는 점과 본 연구자가 인지하고 있는 자료일지라도 비공개문서로 분류된 것이 많다는 사실은 여전히 연구의 제약요인이다. 아직도 적지 않은 자료는 공개 내지 활용하기 어렵다. 15년 이상이 지난 오늘날까지도 KFP 기종선정의 내용은 거의 모두가 비밀로 분류되어 있다. 따라서 본 연구는 어디까지나 공개된 자료, 인터뷰를 통한 증언, 군사기밀에 속하지 않는 수준의 연구자 본인 '비망록'과 이에 의거한 타당한 추론을 바탕으로 연구하였음을 밝혀둔다.

마지막으로 역사적인 사건을 분석하는 데 있어서 주의해야 할 부분이 있다. 분명 과거의 역사는 현시점의 삶에 교훈을 주기 위한 것임에 틀림이 없다. 그러나 과거의 사실을 객관적으로 분석하고 사실을 규명하기 위해서는 현재의 입장에서 그 사건을 바라볼 때의 비판적인 시각 못지않게 그 당시 정책결정과정의 상황도 반영한 분석이 이루어져야 할 것이다. 결정과정 참가자들이 그 당시 어떠한 직위에서 어떠한 인식과 자료에 근거하여 무엇을 알고 있었는가에 기초하여 분석하여야 한다. 특히 연구의 대상으로 삼은 특정시기에 큰 변화가 갑작스럽게 일어난 경우에는 그 사건의 이전과 이후 주변상황과 결정권자의 환경에 대한 인식변화에 주목해야 한다. 예를 들면 1980

년대 중반은 2차 냉전의 시기라 불릴 정도로 미소 간 대립이 치열하였던 시기였다. 그러나 갑작스럽게 찾아온 1989년의 독일의 통일과 1991년의 소련의 해체로 국제정세는 큰 변동을 겪었고 이전과는 판이하게 다른 국제정치 환경이 조성되었다.

2. 연구방법

본 연구의 방법은 세 가지로 요약할 수 있다. 즉, 1) 기종선정 번복의 주원인으로 지목된 '가격인상설'을 부인하고 '대안적 가설'을 제시한다. 2) 이를 검증하기 위하여 관찰의 시각을 넓혀서 업체선정과 기종선정을 한꺼번에 조망한다. 3) 그리고 기종선정에 관련된 이해갈등의 현실을 분석하기 위한 이론적 틀로는 부패이론의 시각에서 본 관료정치모델을 활용한다.

첫째, KFP 기종선정이 F-16에서 F/A-18로 번복된 데 대한 당시 우리 정부의 공식적 설명인 가격인상의 진위를 밝히고, 또 선정번복의 보다 중요한 원인이 있다면 무엇인가를 탐색한다. 본 연구는 가격상승은 F-16과 F/A-18 양 기종 모두에서 있었던 일이며 인상 폭 또한 쌍방이 큰 차이가 없었기 때문에 기종변경의 정당한 사유가 될 수 없었음을 밝히고자 한다. 대안적인 설명을 위해 제시하는 대항 가설은 다음과 같다. 즉, GD사의 로비에 의하여 기정선정이 번복되었고 한국 정부가 최종 탈락의 고배를 마신 MD사에 무마책을 제공했다는 것이다.

둘째, 분석의 시각을 넓히는 일이다. 기종선정과정에만 초점을 맞추면 그 렌즈 속에 있는 문제에만 집착함으로써 그 현상은 모든 면에서 독특한 현상이며 그에 따라 개별적인 해결책을 제시하게 되는 잘

못을 범할 가능성이 있다. 그 긴 과정에서 관찰되는 많은 부조리와 비합리적 과정들이 문제로 부각될 수 있다. 그러나 그 렌즈의 각을 넓혀 주변의 현실을 함께 볼 수 있다면 조금 전의 많은 문제점들은 보다 큰 문제의 일부분으로 비쳐지기도 한다. 그 경우에 해결책은 전체적인 문제에 초점을 둘 수밖에 없을 것이다. 본 연구에서는 KFP의 전체적인 과정 속에서 주 계약업체의 선정과정과 함께 기종선정과정을 봄으로써 비교를 통한 보다 타당한 설명을 시도하고자 한다. 기종선정과 관련된 이해관계의 갈등과 타결이 업체선정과정에서도 반복되는 현상인 것이다. 그리고 분석 시야의 확대를 통해 앞에서 말한 MD사 무마책 등 사후의 조치도 보다 명료하게 이해할 수 있는 것이다.

셋째, KFP의 정책결정과정의 분석을 위해 부패연구의 관점에서 당시 한국 정부 내 관료정치의 현실을 보다 적실성 있게 조망하고자 한다. 즉, 관료정치모델과 부패이론을 결합함으로써 KFP 기종선정을 권위주의적 정책결정과정에서 대통령의 자의적 결정으로 설명하려는 것이다.

정책결정과정에 참여하는 소수의 고급관료와 정치지도자들은 개개인의 위치에 따른 권력게임과 영향력 확대에 주력하게 된다. 그 역학관계 속에서 탄생되는 정책은 비합리적 요소를 가질 수밖에 없다. 그러나 이것은 어느 사회에나 존재하는 정책결정과정의 특징 중 하나일 수 있다. 엘리슨은 외교정책결정 참여자들 사이에 오고간 개별적인 이해관계의 밀고 당기기를 없어져야 할 행태로 묘사하지 않고, 오히려 어디에서나 있을 수 있는 일반적인 현상으로 그리고 있다. 관료정치는 관료조직에 속한 정책결정 참가자들의 개별적 합리성과 동시에 국가 전체의 차원에서 불합리성을 나타내지만, 이는 그러면서도 피해가기 어려운 속성인 것이다. 바로 이러한 점이 엘리슨이 제시한 세 가지 정책결정모델들이 지니는 적실성을 인정받고 있는 이유라 할 수 있다.

그러나 수년간의 과정을 거친 중대한 국가 프로젝트를 마지막 순간에 정책결정자가 자의적으로 결정하는 현실을 일반직인 현상으로 인정할 수는 없다. 여기에서 관료정치모델의 한계를 볼 수 있다. 따라서 우리는 이 문제를 부패와 연관시켜 이해할 필요가 있다. 부패연구의 시각에서는 이러한 현실을 논리적으로 설명해줄 수 있으며 동시에 극복해야 할 현실임을 강조한다. 본 연구에서는 관료정치의 행태가 권력의 지나친 집중현상과 만날 때 부패라는 현상으로 전이됨을 밝히고자 한다. 여기에서는 부패를 단순히 떨쳐버려야 할 부정적인 행태의 하나로 보는 것이 아니라, 그러한 부정적 행태가 발생한 원인을 당시 한국의 사회상황과 연관시켜 1990년 기종변경 결정을 설명하고자 한다.

요컨대 본 연구는 한국의 사회적 맥락을 중시함으로써 엘리슨의 관료정치모델을 '권위주의 사회에서의 관료정치모델'이라는 의미로 재해석할 필요에 주목한다. 본 연구는 KFP 사업의 부패현상을 분석함에 있어서 제도 그 자체보다는 시민사회의 성숙에 따른 민주화·합리화·투명화 등 전반적인 사회발전에 더 많은 강조를 두고 있다. 그래야만 한국 정부의 정책결정과정 행태에 대한 설명과 예측이 가능하다고 할 것이며, 우리 사회가 지향해야 할 방향과 앞으로의 대책수립에도 보다 올바른 시각을 제시해줄 수 있을 것이다. 또한 KFP 사업에 관련된 부패가 정책결정자의 '개인적' 합리성에 기인한 것인지, 사회문화적 요인으로 인한 것인지, 관료의 부패현상으로 볼 것인지, 혹은 정경유착의 한 형태로 볼 것인지에 따라 향후 유사한 문제에 대한 현실규정과 극복방안에 대한 시사점 또한 다르게 제시될 수 있기 때문이다.

제2장

한국전투기사업의
역사적·이론적 배경

한국전투기사업(KFP)은 전력증강과 국내 항공산업의 육성을 목적으로 차세대전투기 구매 및 생산계획을 포함하는 방위력 개선사업의 일환이었다. 방위력 개선사업은 전력증강이 일차적인 목적으로 무기체계 획득업무가 가장 핵심이라고 볼 수 있다. 이 장에서는 KFP 사업이 추진된 큰 틀로서 한국의 방위력 개선사업 중 무기체계 획득과정과 특징 및 한계점을 통해 KFP 사업이 추진되던 시대적 상황에서 정책결정의 과정 및 구조를 이론적으로 조망해보고자 한다. 이를 통해 KFP 사업추진에서 나타난 F-18(이하 F/A-18)에서 F-16으로 기종변경이 일어난 배경과 정책결정의 구조적 틀을 살펴보고, 기종변경의 보다 합당한 이유를 분석할 이론적 틀을 제시하고자 한다.

제1절 한국의 무기체계 획득과정

1. 무기체계의 개념 및 획득방안

무기체계란 "하나의 무기가 부여된 임무달성을 위하여 필요한 인원·시설·소프트웨어·종합군수지원요소·전략·전술 및 훈련 등으로 성립된 전체체계를 말한다."[1] 즉, 직접적인 파괴력을 갖는 무기 자체뿐만 아니라 무기를 배치·운영 및 유지하는 데 소요되는 제반 시설, 보조 지원장비, 보급물자, 소프트웨어, 그리고 일정수준의 운영 조작능력을 갖고 있는 인적자원을 전부 망라하는 것이다. 이는 곧 전투기 획득과정이 실제로는 전투기의 획득만의 문제가 아니라 전체적인 군사전략의 개발과 획득체계의 운용, 다른 무기체계와의 통합, 관리, 유지 등의 전체적이며 장기적인 계획하에 실시됨을 말해준다.

다음으로 이러한 무기체계의 확보를 추진해나가는 것이 국방획득이다. 국방획득정책이란 "군이 요구하는 성능의 무기·장비·물자를 경제적 비용으로 적기에 전력화시키는 목표를 가진 정책"이다.[2] 아울러 국방획득의 기본목표는 "주요 핵심전력체계에 대한 독자개발능력 확보와 국방과학기술 발전을 통한 군사혁신(Revolution in Military Affairs: RMA)을 구현하는 것"이라고 규정하고 있다.[3] 국방획득의 핵심적인 용어는 '경제적 비용', '독자개발능력 확보', 그리고 '핵심전력 체계'로 이는 경제적으로 국방능력을 도모하면서 동시에 방위산업을 육성하는 것을 국방획득의 목표로 삼고 있는 것이다.

따라서 KFP 사업은 장기적인 관점에서 전투기 획득을 넘어 전체 군사전략의 차원에서 추진된 전력증강사업이자, 전투기 생산기술의 확보를 통해 연계된 항공산업의 성장을 동시에 추진하는 국가적 사업이라고 볼 수 있다. 따라서 장기적인 관점에서의 획득정책은 추진

---

1) 국방대학교, 『안보관계용어집』(서울: 국방대학교, 2001), p.306.

2) 국방부, 『국방획득개발계획서(교육용)』(서울: 국방부, 2000), p.55.

3) www.mnd.go.kr의 획득기획관실 홈페이지에 있었으나, 2006년 3월 방위사업청의 신설과 함께 공식적 홈페이지에는 나타나지 않고 있음.

원리로서의 구체적인 정책적 방향을 갖게 된다. 획득정책의 정책방향을 파악하기 위해 국방부에서 2000년에 발표한 '국방획득정책'을 통해 국방획득에 대한 기본적인 이해를 하고자 한다. 이것이 비록 KFP가 진행되던 시기의 것은 아니라 할지라도 KFP 사업의 교훈을 통해 개선되는 과정의 정책방향을 밝힌 것이라면 결과적으로 국방획득에 대한 기본적인 이해에 도움이 될 것이기 때문이다.

2000년에 국방부에서 밝힌 '국방획득정책'의 추진방향은 다음과 같다.

첫째, 목표지향적인 국방연구개발 추진으로 전력획득 패러다임을 '국외도입·체계획득' 중심에서 '국내연구개발·기술축적'중심으로 전환한다. 따라서 국방과학기술 개발역량을 발전시키기 위해 첨단 핵심기술개발에 대한 투자와 연구를 촉진하여 군사혁신이 이루어질 수 있는 기반을 강화한다. 이를 위해 1) 첨단 선진기술 습득과 개발비용 절감을 위해 국제협력 공동개발도 적극 추진한다. 2) 중점추진 무기체계 및 핵심기술 부품 위주의 연구개발을 추진한다. 3) 그리고 정보, 지휘 통제 및 정밀타격 분야와 선진국이 기술이전을 기피하거나 기술 파급효과가 큰 무기체계에 대한 연구개발을 우선적으로 추진한다. 4) 중장기 소요 무기체계에 대한 획득방법 결정 시에는 연구개발을 통한 획득을 우선 고려하고, 이미 국외도입으로 분류된 사업도 필요에 따라 다양한 방법으로 국내 연구개발을 활성화시키며 연구개발 투자비를 점진적으로 증대하여 2015년까지 국방비 대비 10% 수준까지 확대하여 나간다. 5) 방위산업체의 기술개발능력 및 경쟁력을 강화하기 위하여 업체자체 개발이 가능한 분야는 군 관리업체 주도로 연구개발 방법을 우선적으로 적용하고, 방위산업체의 중소기업 벤처

기업의 방산 참여를 확대시켜 나간다.

둘째, 획득사업의 경제성의 극대화를 추구한다. 이를 위해서는 먼저 무기도입선 및 기술 협력선을 다변화하고, 국외 기술도입 방법을 택할 경우에는 향후 제3국 수출이 가능하도록 적극 협상한다. 그리고 국외에서 도입할 경우에는 다년간 분할구입으로 인한 가격상승과 행정력 낭비를 방지하기 위해 가능한 한 통합적으로 계약하고 도입은 분할하여 추진한다. 저비용·고효율 획득을 위해 상용품목 사용을 최대한 확대하고, 새로운 개발이 필요할 때는 기존의 규격화된 부속을 최대한 활용한다. 공개경쟁을 점차 확대하여 시행하고, 사전 사후의 평가와 비용통제를 강화한다.

셋째, 다수의 장비와 체계가 연계된 통합체계(system of systems)의 중요성이 증대될 것이므로 효율적인 통합전력발휘를 보장해야 한다. 이를 위해 1) 종합군수지원 요소 및 이를 둘러싼 정비와 장비·물자 등을 패키지로 개발하고, 2) 고도화된 정보체계와 무기체계 간의 상호운용성을 증대시켜 통합전력 발휘가 극대화되도록 한다. 아울러 과학적인 시험평가 기법을 발전시킴과 동시에 획득단계에서는 작전운용성능을 합리적으로 평가할 수 있도록 하여 구매의 효율화를 추구한다.

넷째, 민·군 겸용기술 개발사업에 적극 참여하여 산업경쟁력과 안보역량을 동시에 제고하고, 산·학·연 교류와 기술협력을 활성화한다. 국가 초고속 정보통신망과 같은 국가산업기반을 최대한 활용하는 등 국가산업과의 연계성을 강조한 획득사업이 되도록 노력한다.

다섯째, 획득제도 및 절차상의 낭비요소와 불합리 요소를 발굴 및 제거하고, 효율적인 획득 관련 정보의 수집과 활용을 위한 전산망과 자료를 구축함으로써 정보화시대에 부응하는 획득업무체계를 발전시킨다. 아울러 이러한 업무를 담당할 전문인력 양성제도를 지속적으로 발전시키고, 체계적인 인력관리체계를 확립해나가며, 협상, 계약, 외환관리 등 전문성이 필요한 분야는 민간전문인력을 적극 활용한다. 즉, 획득업무의 합리성과 전문성, 투명성을 증진시킨다.

이상에서는 국방획득사업의 정책개발방향에 대한 이해를 돕기 위해 국방백서의 내용을 소개했다. 이들 중 정보와 첨단무기를 둘러싼 통합체계의 추구, 민·군 겸용기술 개발사업의 추진 등은 1990년대와 2000년대에 등장한 개념으로서 미국을 중심으로 한 선진국의 국방기술개발 정책의 근간을 이룬다. 획득과정에서의 협상력 강화와 첨단기술의 국산화 노력은 우리나라가 OECD 회원국이 될 정도의 국력을 갖추고서야 실질적인 정책목표로 설정이 가능하게 된 부분들이다.

2. 국방획득정책의 특징과 절차

국방획득정책은 전력증강을 위한 방위력 개선사업으로 국방목표에 따라 군사력의 건설과 유지 및 운영방향을 종합적·체계적으로 모색하여 합리적인 자원의 배분·운영을 달성하기 위한 국방기획 관리제도에 입각해서 추진된다. 국방기획 관리제도는 제한된 국방자원을 효율적으로 사용하기 위한 국방부의 다각적인 노력을 체계적으로 결집시킨 종합적인 자원관리체계로서, 국방자원의 소요를 산출하고 사업을 계획하고 집행하며, 추진한 사업을 성과 분석할 수 있도록 하는 제도이다.4)

---

4) 국방관리기획제도는 1970년대에 들어와서 미국의 군사원조가 급격히 감소되고 우리의 자체부담 국방비가 현저히 증가함에 따라 군사원조시대의 관리체제로부터 탈피하여 새로운 국방관리체제로 전환해야 한다는

국방기획 관리제도는 기획(Planning), 계획(Programming), 예산(Budgeting), 집행(Execution), 그리고 평가분석(Evaluation)의 5단계로 구성되어 있으며, 각 단계의 첫 글자를 따서 보통 PPBEES라고 불린다. 국방기획 관리제도의 다섯 단계는 <그림 1>에서 보는 바와 같다.

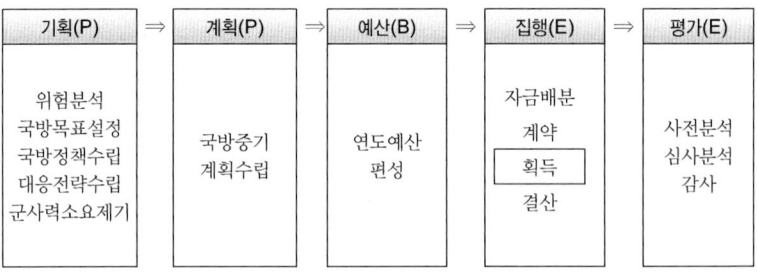

출처: 국방부, 『한국 안보와 적정국방비』(서울: 국방부, 1997)

〈그림 1〉 국방기획 관리제도의 5단계

이 중 넷째 단계인 '집행단계'에는 자금배분, 계약, 획득, 결산 등이 포함된다. 이 가운데 특히 '획득'에 관한 업무가 바로 방위력 개선사업의 핵심인 무기체계 획득업무에 해당한다. 획득임무는 크게 연구개발과 국외도입으로 나뉜다. 연구개발은 국내 연구개발과 국제협력 연구개발로 나뉘고, 국외도입은 기술도입생산과 직구매, 임차로 나뉜다. 획득업무는 국방부 훈령 610호 '국방획득관리규정'에 의거해서

당위성이 고조되었다. 특히 1975년에 방위세가 신설됨에 따라 국방예산에 대한 과학적 관리기법의 필요성이 제기되어 우리 군은 1979년 최초로 국방부 훈령 제253호로 국방기획 관리제도를 제정하였다. 국방부, 『국방백서 1996』(서울: 국방부, 1996), 4부 '국방관리', 1장 '국방기획' 참조. 그 후 1983년 예산개혁 작업이 추진되면서 자원배분과 관리기능을 포괄하는 자원관리체계를 제도화하였고, 1986년에는 국방관리회계제도가 도입되어 기획관리체계에 자원관리정보를 제공할 수 있도록 보완하였다. 이후에도 여러 차례에 걸쳐 동 제도를 개선하였으며, 1997년에는 국방부 및 합동참모본부의 조직개편과 함께 국방부 훈령 제553호로 국방기획관리 기본규정을 개정하여 방위력 개선사업 추진의 효율성과 책임성을 강화시켰다. 주요 개선내용은 무기체계 획득단계의 축소, 기획 및 계획 단계 유사문서 통폐합, 방위력 개선사업과 관련된 예산 집행조정 기능부서 단일화, 의사결정시간 단축 및 객관성 제고를 위한 검토절차의 단순화 등이다.

실행된다.5)

　　KFP 사업 당시 무기체계 획득절차는 <그림 2>에 나타나는 바와 같이 9단계를 거쳐 이루어진다.6) 단계별로 간략히 설명하면, 먼저 각 군이나 기관에서 무기체계에 관한 소요를 제기하면 그것이 합당한지를 결정하고, 무기체계를 선정한 뒤 획득방법을 결정한다. 방법이 결정된 이후에는 시험평가와 협상을 통해 구매방법과 기종 및 도입방법을 결정하면 마지막으로 무기체계를 채택하게 된다.

　　KFP 당시 무기체계 획득절차를 보다 구체적으로 살펴보도록 하자. 먼저 무기체계 소요제기는 합참의 '장기 합동군사 전략기획서', '장기 합동 무기체계 발전개념서'와 '전략목표기획서', 그리고 국방과학연구소의 '국방과학 기술조사서'를 통해 이루어진다. 특히 획득무기의 궁극적인 사용자인 각 군의 소요제기가 많은 경우 무기획득을 성사시킬 가능성이 높으며, 이 소요제기가 합참의 '전략기획서', '무기체계 발전개념서', 그리고 '전략목표기획서'의 틀 속에서 이루어질 때 다음 단계로의 진행이 이루어진다.

---

5) 강성진, "국방력 개선사업 분석평가 모델", 국방대학원 정책연구보고서 99-28, 1999, p.2.

6) 또한 배진수, "방위력 개선사업의 제도적 규범과 진전과정", 제4회 한국군사학회 국방·군사 세미나 주제발표 논문집, 『한국군의 전력증강과 무기획득』, 1997년 11월 25일, p.13 참조.

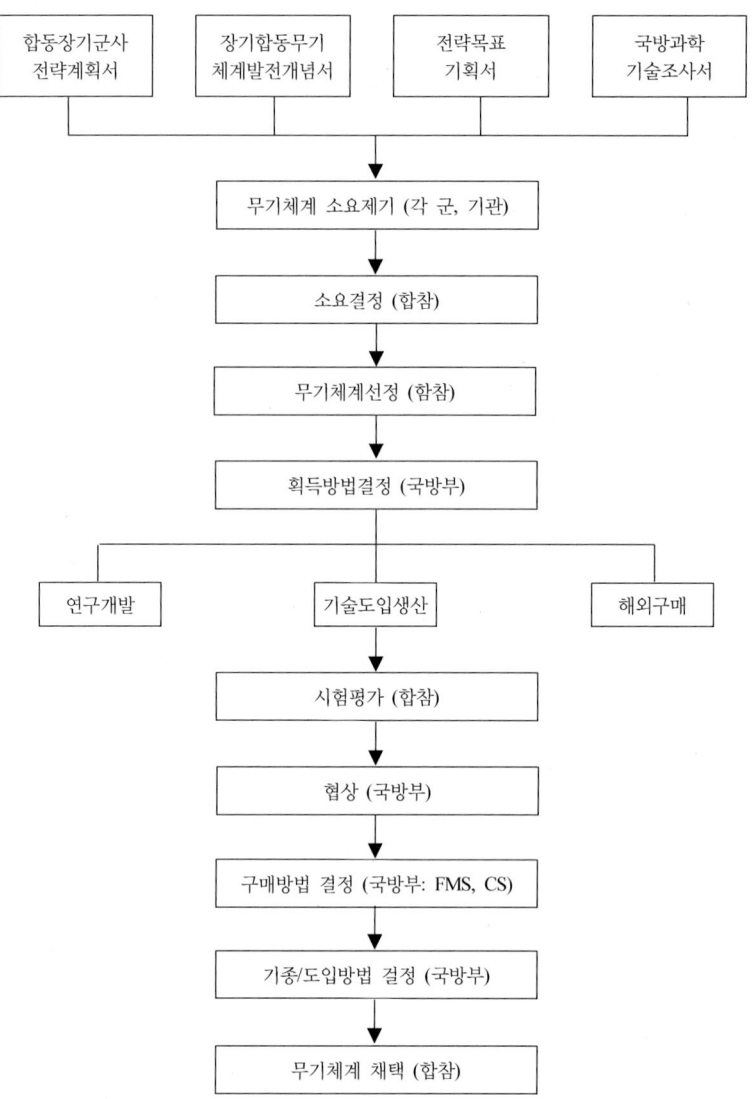

출처: 김성조, 『효율적인 전력증강 사업관리』(서울: 국방부, 1990), p.111; 이원형, "방위력 개선사업 관련 제도 개선에 관한 연구", 『한국군사』, 5권(1997), p.180 재구성

〈그림 2〉 KFP 당시 무기체계 획득절차 9단계

다음으로 무기체계선정이 이루어지면 획득방법을 결정하게 된다. 획득방법은 크게 연구개발과 기술도입생산, 해외구매로 나누어 규정되어 있다. 연구개발결정은 연구를 통해 국내기술진에 의해 개발되고 획득되는 사업으로 개발완료와 규격제정의 단계까지가 여기에 포함된다. 그리고 기술도입생산의 경우에는 외국에서 이미 개발이 완료되어 생산 중인 장비의 기술을 들여와서 국내에서 생산하는 방식으로 기술도입의 정도에 따라 면허생산, 조립생산, 공동생산으로 분류된다. 이는 획득하려는 무기에 대한 국내기술 수준에 따라 방식을 달리하게 된다. 해외구매사업은 직구매사업과 임차사업으로 나누어진다. 전자는 완성된 장비를 국외로부터 수입하는 방식의 사업을 말하며, 임차사업은 수량과 비용을 고려하여 직구매보다 경제적으로 유리하거나 기술도입생산이나 구매사업으로는 전력화가 필요한 소요시기를 충족하지 못할 경우에 선택하는 획득방식이다.

획득방식이 결정되면 획득계획서를 제출하게 되고 국방중기계획과의 조정을 거쳐 예산배정을 결정한다. 이 과정에서 최종적인 무기체계의 기종이 결정되고 시험평가와 운용 혹은 기술에 대해 평가한 다음 최종적으로 무기체계를 선택하고 채택한다. 합참에서는 그 무기를 전투현장에서의 사용가능 여부와 상호운용성 등을 평가하여 표준화작업을 거치고 실제 생산과 구매를 거쳐 예산을 집행하고 배치와 운영에 들어간다.

이와 같이 국방획득정책은 몇 가지 공통적인 특성을 갖고 있고, 이 특성 속에서 획득절차가 구성된다.7) 이러한 특성들을 파악할 때, 이

---

7) 김종하, "무기획득정책의 분석영역과 분석내용에 대한 고찰", 『군사논단』, 제17호(1999), p.106.

논문에서 문제 삼고자 하는 정책결정에 있어서의 관료적 정치에 의한 부패문제를 이해하는 데 도움을 받을 수 있다. 국방획득정책의 특성을 살펴보면 다음과 같다.

첫째, 무기획득정책은 방대한 조직과 오랜 기간에 걸쳐 이루어진다는 점이다. 예를 들어 획득업무의 주요 단계는 중기 계획작성의 과정, 예산편성절차, 무기체계 구매절차, 무기체계 소요기획절차, 무기체계 시험평가절차, 전력화지원요소 확보절차 등 수많은 복잡한 절차들이 중복되고 연결되어 이루어진다. 그리고 시간이 지나면서 애초의 정책방향과는 다른 쪽으로 수정과 개정을 반복할 수도 있고 크게 변화되기도 한다.

둘째, 무기획득과 관련된 정책결정과 무기소요의 제기가 동일 정책결정자들에 의해 이루어질 수도 있고, 동시에 그 소요제기를 위한 위기조성과 상황설정의 주체가 됨으로써 거대한 국가정책이 불합리한 정책과정을 거쳐 부조리한 결과로 진행될 가능성이 있다. 특히 군사전략 자체가 기밀인 부분이 많으며 고도의 전문성을 요하는 만큼 일반인들의 관심에서 멀리 떨어져 있을 뿐 아니라 쉽게 이해하기도 어렵다.

셋째, 국가안보와 방위를 위한 대규모 투자와 비용이 투입되는 사업이라는 점이다. 국가공공사업 중에서도 우선순위에 있어서 상위를 차지할 뿐 아니라 최첨단 장비와 기술력의 경쟁인 만큼 어떤 정책보다도 단위비용이 크고 관련된 사람도 많다.

3. 1980년대 무기체계 획득정책의 한계

지금까지의 무기체계 획득절차는 국방부 내에서의 절차를 중심으로 소개한 것이다. 이 시기의 절차에 대해서는 다음과 같은 점들이 한계점으로 지적되어왔다. 첫째, 당시의 절차에 따른 업무추진에 있어서 관련 부서와 기관이 기능별로 권한과 책임이 분산되어 있었다. 전체적으로 진행상황을 파악하고 조정과 통제를 할 수 있는 중앙집권적 통제제도가 없었기 때문에 문제가 발생하면 적시에 필요한 조치를 취할 수 없었으며 책임소재도 불분명했다.

둘째, 전력증강 소요제기의 이원화로 불합리성을 초래할 수 있는 대표적인 한계점을 노정하고 있었다. 합참 내에서도 전략소요와 무기체계소요라는 두 가지 방식의 전력증강 소요제기 방식이 존재했다. 합참전략기획국에서는 국방기획 관리제도인 PPBEES를 거치면서 집행단계에서 전략소요제기를 하였으며, 합참무기체계국에서 소요가 확정된 이후 합참과 국방부본부의 관련 부서가 무기체계소요의 고유기능을 실행에 옮겼다. 이로써 사업의 관리가 이원화된 상태로 운영되어 무기획득과정이 복잡하면서도 관리가 되지 않는 상황을 연출했다.

셋째, 국방부를 중심으로 전력증강이 계획되고 집행되었으나 국방부 내에서는 전력증강 전담부서와 운영부서의 엄밀한 구분이 없이 무기획득기능과 운영유지기능이 혼재된 상태로 유지, 관리되어 왔다. 위에서 무기획득절차의 특징으로 지적한 정책결정부서와 무기소요제기부서가 동일할 가능성에서 본 바와 같은 구조적 특징을 보여주는 것으로 무기획득과 평가분석을 동일한 부서나 비슷한 부서들이 수행해왔던 것이다.

넷째, 국방부의 현역군인 순환보직의 관행이 있었다. 무기체계획득 담당부서의 인력들이 일정기간 근무 후 다른 보직으로 옮겨감으로써 정책의 일관성 유지가 매우 어려웠을 뿐만 아니라 전문인력의 양성도 거의 불가능했다. 그리고 자신이 속한 군종에 대한 충성을 중시하는 모군주의(母軍主義)는 때때로 획득업무수행에 있어서 기본적으로 추구해야 할 국익우선보다도 앞섰으며 따라서 객관성, 합리성을 기하기가 어려웠다. 그러므로 국방부 내국요원들의 문민화와 동시에 민간 전문가들의 영입이 절실히 요구되어왔다.

무기체계 획득과정에서의 국방부 내 조직문제를 해결하기 위한 노력들의 결과가 2006년 1월에 창설된 방위사업청의 신설이라고 할 수 있다. 이에 대하여는 제5장 4절에서 상세하게 논의할 것이다.

제2절 한국전투기사업(KFP)의 배경

모든 국방획득기획의 배경에는 국방과 방위산업의 발전이라는 두 가지 목적이 있다. 국방은 가상 적국의 공격으로부터 국가의 안전을 보장하기 위한 것이다. 그리고 이를 위한 군사전략에는 첨단장비뿐 아니라 이를 확보하고 생산할 수 있는 독자적 능력, 즉 방위산업이 핵심적인 역할을 한다. 전투기획득 사업인 KFP 사업의 배경을 위의 두 가지 측면에서 설명하고자 한다.[8] 여기에서 국토방위는 국제사회

---

8) "KFP 사업은 1) 북한을 비롯한 주변국들의 공군력증강에 대처하기 위해 한국 공군의 전력을 강화하고, 2) 낙후된 국내 항공산업을 발전시킨다는 두 가지 정책목표하에 추진되었으며 제3차 방위력개선사업의 핵심 프로그램으로 집행되었다." Jong Ha Kim, "The Policy Process in Korea: Defense Policy and the Selection Process of the Korean Fighter Programme(KFP)", Unpublished Ph. D. Dissertation, University of Bristol, 1996, p.8.

의 환경 속에서 직접적인 위협세력인 북한으로부터의 위협을 평가하는 것에서 출발하고, 방위산업의 발전이란 당시 우리 항공산업의 기술력과 발전수준이 어디에 있었는가를 분석하는 것을 말한다. 따라서 KFP 사업의 배경으로서 국제사회의 환경요인과 국내차원의 요인으로서 항공산업을 분석한다.

1. 36대의 F-16 도입: '평화의 가교' 프로그램

미국은 1969년의 닉슨 독트린 발표에 이어 1971년 3월에는 미 7사단을 한국에서 철수했다. 주한미군 철수 논의는 북한과의 전력 불균형에 대한 우려와 함께 억제전력의 필요성에 대한 인식을 낳았다. 박정희 대통령은 1973년 3월 한국군이 베트남에서 철수한 후 처음 실시된 '을지훈련 73'을 순시하던 자리에서 자주국방건설을 위한 지침을 내렸다. 이에 합참은 '국방 8개년 계획(1974~1981)'을 수립하여 1974년 2월 25일 대통령의 재가를 받음으로써 최초의 자주적 방위력 개선 계획이 확정되었다. 입안자들은 1974년 2월 25일 사업착수와 함께 이를 '율곡사업'이라고 명명했다.[9] 그리고 1970년대 중반부터 공군력의 증강에 대한 논의가 시작되었고 당시의 기술력을 감안하여 합작생산을 고려했다. 이를 위해 1978년에는 미국으로부터 당시의 최첨단전투기였던 F-16의 도입을 추진했다. 그러나 당시의 카터 행정부는 F-16의 판매를 승인하지 않았다. 카터 행정부와 박정희 대통령은 한국의 인권문제를 둘러싸고 양국관계가 다소 마찰을 겪고 있었으며, 박정희

---

9) 국방부, 『율곡사업의 어제와 오늘 그리고 내일』(서울: 국방부, 1994), pp.17~24.

대통령의 대북 강경 성향은 미국으로 하여금 최신전투기의 대한국 판매로 인한 부작용을 우려하였기 때문이었다.

1981년 레이건 행정부의 출범은 이러한 상황에 대한 변화의 시작이었다. 전두환 대통령은 취임 직후 미국을 방문했고, 백악관 방문 시 레이건 대통령에게 F-16의 판매를 요청했으며 레이건 대통령은 이를 수락하였다. 이때 F-16의 구매를 건의한 것은 공군이었으며, 서울의 방공망이 취약하다는 것이 이유였다. 그리고 당시에는 F-16이 MD에서 제작한 F-15를 제외하고는 서방측의 전투기 중에서는 가장 우수하다고 평가되었다.[10]

세계전략차원의 강화를 추구한 미행정부는 전력증강과 관련된 한국의 역할을 평가하였으며 그 결과 대통령과 레이건 대통령 사이에 미국의 해외군사판매(FMS)를 위한 협정서를 체결했다. 1981년 12월에 체결되고 '평화의 가교(Peace Bridge/Victory Falcon)'로 명명된 FMS 프로그램에 의하여 36대의 F-16C/D Fighting Falcon을 한국에 판매하기로 결정했다.[11] 이 결정에 의하여 1986년과 1988년 두 차례로 나누어 각각 30대의 F-16C와 10대의 F-16D의 완제품이 한국에 도입되었다.[12] 우리 측이 요구해온 기술이전 문제는 장기적으로 검토하기로 하였으며, 단지 GD사는 완제품 판매 후 국내 부품생산업체들

---

10) 당시 한국에 F-4 팬텀(Phantom)을 공급해온 MD 측에서는 F-16의 성능과 한국 정부의 구매결정에 대해 이의를 제기했었다고 한다. 정선섭, "한국의 FX 실체와 전망", 『월간군사비전』, 1989년 5월. p.44.

11) 최초의 평화의 가교는 Peace Bridge I이라고 부르고, 이 프로그램과 비교하여 F-16 120기를 도입하게 되는 KFP 사업을 Peace Bridge II, 그 후속으로 추가 도입하게 되는 20대 분에 대해서는 Peace Bridge III 라고 부른다.

12) 계약 당시의 기수와 도입 기수 사이에 차이가 나는 것은 원래 계약가격인 9억 3,100만 달러(약 6천백 15억 원)에서 약 20% 정도의 경비절감이 발생하였고 그 차액만큼 4대를 더 도입할 수 있었기 때문이다. 경비절감 요인 중에는 미 달러화의 평가절하가 주요 원인이었으며, GD의 경험과 대량생산체제 또한 무시할 수 없는 요인이었다는 것이 GD 측의 주장이다. 심재율, "F16 대 F18의 로비 공중전: 3조~5조원 전투기 시장 쟁탈전의 내막", 『월간조선』, 1989년 3월. p.433.

(대우중공업, 대영산업 등)과 부품공급 계약을 맺고 협조하에 생산을 시작하도록 했다.

F-16의 도입이 확정되고 공동생산계약이 진행되자 장기적인 전투기생산계획의 필요성과 항공산업 발전의 필요성에 대한 인식이 확산되기 시작했다. 아울러 당시 북한의 주력기였던 MiG-21, MiG-23, 그리고 소련에서 실전 배치되기 시작한 차세대 첨단전투기 MiG-29에 대응하기 위해서, 그리고 1980년대 말 F-4 및 일부 F-5 기종의 퇴역을 고려한다면 앞으로 도입될 36대의 F-16으로는 부족하다는 판단이 서게 된 것이다. 이러한 이유에서 공군의 전투력 증강과 항공산업의 발전이라는 목표하에 F-X 프로그램이 마련되기 시작했다.

1983년 F-X 프로그램을 입안할 때의 계획은 다음의 네 가지로 요약할 수 있다. 첫째, 주야간 전투능력과 공대지, 공대공, 공대해 3차원에서의 독자적 작전수행능력을 갖춘 공군력을 확보하는 것을 목적으로 한다. 이는 적어도 MiG-29에 대응할 수 있는 전투능력과 전천후 작전능력을 필요로 한다는 것을 의미한다. 둘째, 항공기술력을 축적하여 대한민국 항공산업 발전의 기틀을 마련한다. 합작 또는 공동생산에 참가하는 민간기업들로 하여금 F-X에 소요되는 선진기술을 익히고 습득하여 뒤처진 우리나라의 항공기술력을 향상시킬 수 있는 계기로 삼고자 했다. 셋째, 이 계획에 이은 F-XX, F-XXX 등 차후 계획들을 진행한다. 계속해서 향상되고 있는 최첨단의 전투기기술을 받아들여 전투기의 성능개량과 함께 지속적인 기술력의 축적을 추구할 것인 바, 이들 계획과 연계성 및 연속성을 확보할 수 있는 전투기를 도입대상으로 한다는 것을 의미한다. 넷째, F-X와 함께 헬기사업인 H-X를 공동 추진한다. 헬리콥터가 전투상황에서 중요한 역할을 수행할 수 있다는 판단하에 헬기도입사업을 병행하여 진행할 것을 계획하고 있었다. 이를 위해 F-X 사업에서는 최신예전투기 120대를 배치한다는 계획에 그치지 않고, 그 세부계획으로 완제품 도입과 조립생산은 각각 3대와 20대로 국한하고 97대를 공동 생산함으로써 국내 생산의 물량을 최대화하기로 하였으며 대응구매 비율을 50%로 설정했다.[13]

2. KFP 사업의 추진과정

우리 정부는 공군의 전력증강과 국내 항공산업의 육성을 목적으로 1982년에 사업검토에 착수하여 1983년에 차세대전투기 구매 및 생산계획을 발표했다. 국산전투기의 단계적인 자체생산을 목표로 한 이 정책은 애초에는 차기전투기(F-X) 계획이라 호칭되었다.[14] 이는 1992

---

13) 정선섭, "한국의 FX 실체와 전망", p.44.

14) 당시 F-X 사업을 차세대전투기사업이라 불렀다. 당시의 '차세대'전투기란 세대 분류상 4세대에 해당하는 것이며 2000년대에 진행된 전투기사업은 4.5세대전투기 사업에 해당한다. 전투기의 세대별 구분은 다음과 같다. 1세대 제트전투기는 미국의 P-80과 6·25전쟁에서 공중전을 벌였던 F-86과 소련의 MIG-15 등이다. 제1.5세대전투기는 기존 제1세대 제트전투기보다 좀 더 빠르고, 공중전용 레이더 화력제어 시스템과 제1세대 공대공 미사일을 장착한 전투기를 말한다. 미국의 1.5세대 제트전투기로는 제1세대 공대공 미사일을 장착한 공군의 F-84F, F-86D/K/L, F-94, F-89, 해군의 F-3H, F-4D-1, F-7U 등이 있다. 2세대전투기는 F-100, F-105나 소련의 Su-7 등 전투폭격기와 F-101(장거리용), F-102 및 F-104(근거리용), 소련의 MIG-19, MIG-21, 영국의 라이트닝, 프랑스의 미라지-Ⅲ 같은 요격기였다. 당시에는 미사일이 기관포를 대체할 것이며, 비가시거리(Beyond Visual Range=BVR)에서 공중전이 벌어질 것이라는 믿음의 결과로 요격기는 미사일과 강력한 레이더를 장비하게 되었고, 속도를 우선시하여 기동성을 희생시켰다. 이 시대를 풍미한 '미사일 만능주의'는 베트남전쟁에서 미사일만으로 무장한 F-4 등이 소형 미그전투기에 고전하면서 잘못된 사상임이 곧 드러나게 되었고, 전투기들은 다시 기관포를 장착하게 되었다. 3세대전투기는 고성능 다목적 레이더, 중거리 공대공 미사일 운용능력, 공중급유를 통한 장거리 비행능력, 음속의 2배의 최고속도 등을 특징으로, 근접공중전뿐 아니라 다양한 유형의 항공작전을 수행할 수 있었다. 2.5~3세대인 MD의 F-4 팬텀은 1961년부터 실전 배치되었으며, 중거리 공격이 가능한 스패로 미사일을 4발씩 장착한 데다 단거리 사이드와인더 미사일도 4발 등 강력한 무장을 갖추었고 대지공격능력도 탁월하였다. 3세대의 다목적전투기로는 프랑스의 미라지 F-1, 영·독 합작 토네이도, 소련의 MIG-23 등이며, MIG-25, Su-15 요격기, Su-17 전투폭격기도 3세대에 속한다. 4세대전투기는 1970년대의 개념으로 설계되어 대략 1970~1990년까지 개발된 전투기들이다. 새로운 전투기 설계개념은 이전 세대 전투기의 경험에 따른 영향을 많이 받았다. 4세대전투기의 대표적인 예는 F-14, F-15, F-16, F/A-18 등의 미국전투기들과 소련의 MIG-29, SU-27 등을 들 수 있다. 이 제공전투기들은 이전 시대의 요격기와 달리 BVR 공격뿐 아니라 공중전(dog-fight)을 위해 민첩하게 기동할 수 있도록 설계되었다. 그 이유는 가시영

년부터 1998년까지 120대의 전투기를 구매 및 합작 생산하는 것이었다. 120대 중 3대는 완제품을 도입하고, 20대는 국내에서 조립생산하며, 나머지 97대는 미국의 면허하에 국내에서 자체 생산하겠다는 계획이었다. 또한 대응구매 비율을 50%로 하여 기술이전을 최대화하려는 목표를 정하고 있었다. 또한 이 사업은 기종선정 단계, 협상 및 계약단계, 그리고 집행단계라는 3단계 추진계획에 따라 진행되도록 되어 있었고, 민간이 항공산업의 발전을 이끌어나가도록 하기 위해 주계약업체를 선정한 후 그 업체로 하여금 조립과 생산 관련 협상을 이끌어나가도록 하고자 했다.

F-X 사업은 1985년부터 제3차 방위력개선사업(1987～1992)의 핵심 프로그램으로 진행되기 시작하였으며, 그 이름도 KFP 사업으로 바뀌었다.[15] 그리고 효율적인 사업의 진행을 담당하기 위해 국방부 내에 전투기사업단이 탄생했다. 1985년에는 부총리를 위원장으로 정부 6

___

역 내(Within Visual Range=WVR)에서의 직접적인 전투에서는 공대공 미사일의 효용성이 기대했던 것보다 떨어지는 것으로 판명되었기 때문이다. 또한 F-4의 성공으로 F-16, F/A-18, 프랑스의 미라지 2000 등은 다목적전투기로서도 인기를 얻게 되었다. 4.5세대는 공기역학기술, 슈퍼컴퓨터로 가능한 제한적인 스텔스 기술, 마이크로칩 및 반도체 기술로 가능한 발전된 기술을 응용하여 전자기술 면에서 괄목할 만한 성장을 이룬 시기다. 전형적인 사례는 근본적으로 1970년대 설계의 업그레이드이기는 하지만, 보잉 F/A-18E/F(슈퍼 호넷)과 F-15E(한국형 K)이다. 걸프전에서 유명해진 F-117 스텔스전투기(사실상 폭격기), F-X 경쟁기종이었던 프랑스의 라팔, 러시아의 SU-37(SU-27 개량형) 등도 이에 속한다. 이 전투기들은 조종석에 부착된 복잡한 계기판이 사라지고 4대의 다기능 표시판에 비행상태, 주변지형, 적기의 움직임, 대공포의 위치 등의 주요 정보가 일목요연하게 자동으로 표시된다. 미사일의 컴퓨터와 전투기의 컴퓨터가 서로 연결되어 최적의 공격방법인가를 조종사에게 제공한다. 개발 중인 5세대전투기는 항공기로 추력 방향변환 노즐, 복합재료 동체, 초음속순항(supercruise), 스텔스와 같은 새로운 기술로 개발 중이다. 또 엔진 분사구의 방향을 바꾸는 추력 방향전환 노즐(thrust vectoring nozzle)을 이용한 탁월한 공중기동능력으로써 근접전투(dog-fight)에서 유리한 위치를 차지할 수 있거나, 조종사의 음성만으로도 조종과 공격이 가능해지는 등 지능형전투기의 서막인 셈이다. 최근 개발과정을 마치고 생산에 들어가기 시작한 미국의 F-22 랩터와 그 간편형으로 개발 중인 F-35 합동전투기(Joint Strike Fighter=JSF)가 5세대전투기로 분류된다. 유럽 공동개발의 타이푼이 부분적으로는 F-22에 필적하여 경쟁기종으로 간주되기도 하지만 스텔스 기능의 부재 등으로 인해 역시 4.5세대에 속한다. 양욱, 『하늘의 지배자 스텔스』(서울: 플래닛미디어, 2007), pp.21～44 참조.

15) Korean Fighter Program. 초기에는 F-X라 불렸으나 거의 동시기에 추진된 일본의 차세대전투기사업인 FSX(현재 F-2 공격기로 생산·배치) 계획이 미 의회의 반발을 사게 되자, 그와 비슷한 뉘앙스를 풍기는 F-X에 대한 악영향을 우려하여 KFP로 바꾸게 되었다.

개 부처로 구성된 항공산업육성위원회가 결성되어 범국가적인 사업 지원체제가 구축되었다. 1987년 12월에는 국방부 전투기사업단장과 미 국방성 고위관리 사이에 KFP 사업에 대한 양국 정부 간 협상이 타결되었다. 1992년부터 1998년까지 진행하며 총 120기의 전투기 도입 중 1단계 12대는 미국 해외군사판매방식에 따라 완제기를 도입하고, 2단계로 36대는 부품형태로 도입하여 국내에서 조립하며, 마지막 3단계로 나머지 72대를 국내에서 공동 생산한다는 것이었다. 도입기종의 선택은 F-16 파이팅 팰콘과 FA-18 호넷(Hornet) 중에서 선택하는 것으로 했다. 다만 대응구매 비율은 30%로 하향 조정되었다.

다음으로는 대상기종을 선정해야 했다. 1989년 12월에는 가격대비 성능의 분석, 기술이전의 평가와 산업파급효과의 분석 등을 바탕으로 MD사의 F/A-18이 선정되었다. 편의상 이를 '초기 기종결정'이라 한다. 그러나 당시 대통령은 1990년 10월 26일 돌연 KFP 사업의 전면적인 재검토를 지시하였다. 그 원인은 계약체결을 위한 협상과정에서 F/A-18의 가격이 인상되어 총사업비가 24%나 늘어났기 때문이라는 것이었다. 이에 따라 국방부는 1990년 11월 12일 국방부차관을 위원장으로 재검토추진위원회를 구성하여 획득대수와 시기, 기종 및 획득방법을 검토하기 시작하였다. 급기야 1991년 3월 말에는 GD사의 F-16으로 기종변경이 확정되었다. 편의상 이를 '최종 기종결정'이라 부른다. 1994년 12월 직구매기 12대가 처음으로 우리 공군에 인도되는 것을 시작으로, 1999년 4월 국내생산까지 완료되어 총 120대의 F-16C/D를 조달하게 되었다. 또한 Peace Bridge I을 통해 도입한 40대의 F-16과 구분하여 그 명칭을 KF-16으로 부르게 되었다.

2000년이 되자 한국 정부는 KFP와 동일한 기종인 F-16C/D Block

52 20대를 추가 구매하기로 결정했다. 이는 모두 국내 공동 생산분으로 총 7억 달러가 드는 사업이었다. 이 계획은 2003년과 2004년 납품이 완료되었으며, 이로써 한국 공군은 세 번에 걸친 FMS 프로그램(Peace Bridge Ⅰ, Ⅱ, Ⅲ)을 통해 총 180대의 F-16을 보유하게 되었다.

3. KFP 기종선정의 정책결정과정

모든 무기체계 선정절차는 각 군의 소요제기에서부터 대통령에 이르기까지 일련의 상향식 절차과정을 거치게 된다. 앞에서 살펴본 바대로 합참과 국방부의 심의를 거쳐 무기체계선정과 획득방법을 선정한 이후 시험평가를 거쳐 기종과 도입방법에 대한 심의에 돌입하게 된다. 일반적인 무기체계 획득절차를 바탕으로 KFP 사업의 전투기 기종선정과정에서 단계별 주체들의 역할과 시각, 그리고 이들 간의 상호작용에 대해 살펴보도록 한다.

일차적으로 공군의 소요제기가 이루어지면 합참에서는 전략기획본부 산하의 전략기획부를 중심으로 통합소요에 대한 검토가 이루어진다. 국방부로 보내진 계획서는 전력계획관과 획득개발국, 사업조정관실로 보내져 사업의 소요제기에 대한 심의가 이루어진다. 이때 과학기술적인 심의를 위해 국방과학연구소(Agency for Defense Development: ADD)에 의뢰하여 소요무기체계의 적절한 획득방법에 대한 과학적인 분석이 이루어진다. 즉, 국내 기술력과 비용 등을 고려하여 연구개발, 기술도입생산, 혹은 해외구매의 3가지 방법 가운데 가장 적절한 방법을 선정하여 의뢰를 제기한 합참의 무기체계심의회나 획득개발국으로 보낸다. 무기체계심의회는 합참의 전략기획본부장을 위원장 포함하여 모두 13인의 위원으로 구성되며, 요구성능(Required Operational Capabilities: ROC)에 대한 충족성과 무기체계의 운용을 중심으로 심의한다. 지금까지의 과정에서 긍정적인 판정을 받게 되면 무기획득계획이 '율곡사업'에 반영되게 된다.16)

다음 단계로 무기체계 소요제기서는 국방부 내의 고위정책결정자들로 구성된 무기체계획득심의회와 전력증강위원회의 심의를 거치게 된다. 전자는 국방부 제2차관보를 위원장으로 하고 획득개발국장, 군수국장 등 관련 국장급 위원 8명으로 구성된다. 동 위원회는 후보기종 중 한국군에 가장 적절한 무기체계를 선정하고, 이에 따라 국방과학연구소가 제시한 획득방법의 적절성 여부를 심의한다. 즉, ROC에 대응하는 무기체계를 선정하고, 예산의 확보방안에 대해 심사하는 기구라 할 수 있다.

다음 단계로 후자인 전력증강위원회는 국방부차관을 위원장으로 하고 군수본부장 등 본부장급(중장급) 9명으로 구성된다. 필요한 경우에는 경제기획원, 상공부 등 관련 부서의 관련자들이 참가하여 확대전력증강위원회를 구성하기도 한다. 이 위원회에서는 구성소요제기에서부터 획득심의회의 결정에 이르는 전 과정에 대한 근본적인 재검토를 실시하여 예산배정 여부를 결정하게 된다. 무기획득사업의 규모가 50억 원 이하이면 장관결재로 마무리되나, 50억 원 이상일 경우 장관결재 후 대통령의 재가를 받도록 되어 있다. 이러한 과정을 거쳐 사업이 진행되기 직전이 최종결정까지 60여 개의 결재단계를 거치게 된다.17)

---

16) 1969년 닉슨 독트린과 1971년 주한미군 철수에 따라 박정희 대통령이 추진한 자주적 방위력 개선 계획의 일환으로 1974년 2월 25일 처음 추진되었다. 국방부, 『율곡사업의 어제와 오늘 그리고 내일』 참조.

KFP 사업의 경우, 대통령과 국방부 사이에 또 하나의 주요한 조직이 설치된 것이 과거의 정책결정과정과 두드러진 차이점이다. 즉, 이 추가적인 조직이란 부총리 겸 경제기획원장관을 위원장으로 하여 경제기획원, 국방부, 재무부, 과기처, 상공부, 청와대 외교안보수석이 참가하여 각료급으로 구성된 항공산업육성위원회이다. 항공산업의 발전과 지원을 목표로 하는 이 조직은 국방부 이외에 부서가 정책결정에 참여할 수 있는 통로 역할을 했다.

지금까지의 설명을 바탕으로 KFP 사업에서의 무기체계 선정절차를 그림으로 그려보면 <그림 3>과 같다. 이는 1980년대의 무기체계선정에 개입된 조직과 정책결정자들 사이의 업무 흐름을 보여준다. 개념적으로 각 관련 조직들은 전문성을 고려하여 주요 업무의 분장이 이루어졌다.

---

17) 김철환, 『무기체계 사업관리』(서울: 국방대학원, 1997), pp.85~87.

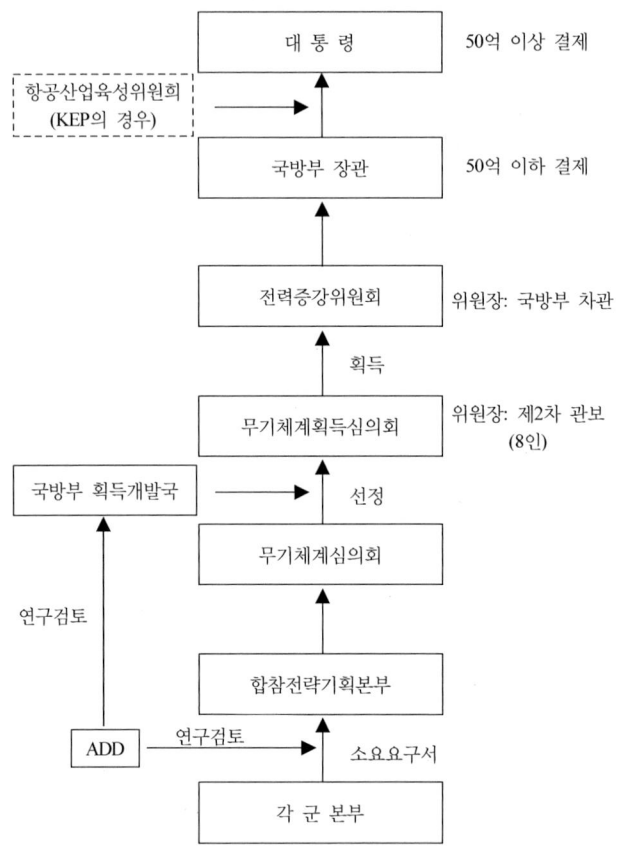

출처: 유윤식, "차세대전투기 기종결정 분석", 국방대학원, 1997, p.12; 김철환, 『무기체계
사업관리』, p.85의 그림을 수정함

〈그림 3〉 KEP의 무기체계 선정절차

　지금까지 살펴본 KFP 사업의 선정절차와 같이 1980년대 중반의 정
책결정과정은 그 이전과 달리 국방부 이외 기관소속 위원들의 참여
가 배제됨으로써 선정절차의 획일화 혹은 폐쇄성의 특징을 띠게 된
다. 이러한 특징을 갖게 된 과정을 역사적 변천을 통해 살펴보도록

한다. 1974년 박정희 대통령이 율곡사업에 착수했을 당시에는 그 추진기구로 국방부에 '5인위원회'를 설치했다. 국방부차관을 위원장으로 하여 합참본부장, 군수차관보, 국방과학연구소장, 청와대 경제 제2수석비서관으로 구성되었다. 1975년 7월 18일 경제기획원차관이 새로 위원으로 추가되어 '6인위원회'가 되었고, 1978년 1월 19일에는 국무총리 행정조정실장과 국방부의 관리차관보, 인력차관보, 방산차관보 등 4명이 추가되어 '10인위원회'가 되었다.

국방부에 추진위원회가 구성된 이후 방위성금의 공정한 처리를 위해 한 번 더 심의하기 위해 청와대에 '5인위원회'가 별도로 구성되었다. 여기에는 안보담당 특별보좌관, 경제담당 특별보좌관, 정무·경제1·경제2 수석비서관 이렇게 5명이 포함되었다. 이처럼 방위력 개선사업의 추진위원회에는 청와대 '5인위원회'와 국방부 '5인위원회'(후에 6인위원회가 되었다가 다시 인원을 늘려 10인위원회로 됨)가 별도로 존재하면서 상호견제기능을 수행하고 있었다. 그러나 박정희 대통령의 서거 직후 청와대 내의 추진위원회와 율곡사업을 전담하던 경제2수석 비서관직이 폐지되었다. 이로써 국방부 내의 추진위원회만 남아 그 명칭을 전력증강추진위원회로, 다시 전력정비추진위원회, 방위력개선추진위원회로 이름이 바뀌면서 존속하였다.

또한 1976년 5월 14일 처음 설치된 '특명검열단'은 대통령 직속기관으로서 율곡사업의 감사기능을 담당하고 있었다. 이 조직은 1980년 중반에 국방부 소속으로 이관되었다. 이는 곧 국방부의 추진위원회가 추진하는 율곡사업을 다시 국방부가 감사하는 형국이 되었다. 이 특명검열단은 1995년 2월 13일 감사업무의 중복이라는 이유로 아예 해체되고, 그 업무가 국방부 감사관실로 이관되었다. 이로써 박정희 대통령 시절에도 은밀하게 진행되었던 율곡사업이 박정희 대통령 서거 후에는 더욱 은밀한 사업으로 변모하게 되었다.[18]

　박정희 대통령의 서거를 전후한 시기에 국방부와 청와대의 율곡사업 관련 조직의 변화는 국방부의 정책결정과정이 더욱 은밀화되어 갔음을 보여주는 동시에 견제기구의 소멸을 의미한다. 이로써 국방부는 군인적인 특성이나 안보우선주의와 같은 군부 원래의 특성 이외에 조직의 특성으로서의 폐쇄성이 KFP 사업에 영향을 미치게 되었다. 그리고 이 특성은 바로 KFP 사업의 정책결정과정에 있어서의 합리적 선택에 큰 영향을 미치게 되었다.

　1974년 전력증강을 목표로 처음 추진된 방위력 개선사업으로서의 율곡사업 이후의 방위력개선 사업과 관련된 사업관리 체제에 대해서는 <표 1>에 잘 나타나 있다. 여기에서 보는 바와 같이 박정희 대통령 시절 감사기능이 대통령 직속기관에 부여된 것에 비해 1980년대 중반 이후부터는 방위력 개선사업에 대한 감사기능도 국방부로 일원화되고, 사업의 주도권도 청와대와 국방부가 양분하던 것을 국방부로 통합된 것을 통해 정책결정과정이 얼마나 은밀화되었는지를 알 수 있다. 이는 또한 과다한 업무와 권한이 국방부로 집중된 것을 의미한다. 이미 <그림 3>의 KFP 무기체계 선정절차에서 살펴본 바와 같이, 당시 KFP 사업의 정책결정과정에서도 대통령을 제외하면 하부과정은 모두 국방부와 관련된 조직임을 알 수 있다.

---

18) 오원철, "'25조 원 율곡사업' 진실", 『신동아』, 1994년 4월, pp.410~425; 『한국형 경제건설: 엔지니어링 어프로치(5)』(서울: 기아경제연구소, 1995); 배진수, "방위력 개선사업의 제도적 규범과 진전과정", p.16.

<표 1> 방위력 개선사업의 관리체계

연도	주요사건	사업시기 구분	예산제도 추진방식	재원마련		사업주도 (추진위원회)	감사기능 (특명검열단)
1974	율곡사업착수	1차 율곡 (74~81)	고정계획 (목표지향형)	방위성금		「청와대 추진위원회」 + 「국방부 추진위원회」	
1975							
1976				76. 1. 1	전액 전력 증강비 투자		76.5.14
1977				방			
1978				위			
1979	박대통령서거				79년	79. 10. 26	
1980		2차 율곡 (82~86)	84. 1. 1	세	초과액 운영 유지비 전용	·청와대추진 위원회폐지 ·국방부주도 추진위원회 만 족속	대 통 령 직속기관
1981							
1982							
1983							
1984							80년대 중반
1985							
1986							
1987		시기구분 없음	연동계획 (매 년 수정보완)				
1988							
1989							국 방 부 소관으로 격 하
1990				90.12.31			
1991							
1992							
1993	율곡감사			국방예산 책 장			
1994							
1995							95.2.13 해 체 (국방부 감사 관실로 이과)
1996	명칭개정 (방위력개선)						
1997	제도개선시행						

출처: 배진수,"방위력 개선사업의 제도적 규범과 진전과정", 『한국군의 전력증강과 무기획득』, 제4회 한국군사학회 국방·군사 세미나 논문집, 1997, p.17

제3절 한국전투기사업의 환경적 요인

특정시기에 추진되는 정책은 국내외적인 환경적 요인들에 의해 정책의 수립과 실행에 영향을 받게 된다. 앞서 KFP 사업의 추진과정에 대해 간략히 살펴보았다면, 사업이 추진된 배경으로서의 국내외적인 요인들을 환경적 요인으로 규정하여 고찰할 필요가 있다. 이 논문에서 분석한 KFP 사업 추진의 환경적 요인은 국제정치적인 차원에서의 '닉슨 독트린'으로 대표되는 자주국방의 시기와 미국의 무기이전 정책의 변화, 한반도 상황으로서의 북한의 위협, 그리고 국내적 요인으로서 남한의 항공산업 네 가지를 주요 요인으로 분석하고 있다.

1. 한반도의 군사력균형

1960년대 초 북한이 행한 흐루시초프 격하 운동으로 인하여 소련은 군사, 경제 원조를 중단하고, 북한에서 군사고문단을 소환하는 사태가 일어날 정도로 북한과 소련의 관계가 악화되었다. 그런데 이는 북한으로 하여금 '국방의 자주' 노선을 택하도록 만들었으며, 1960년대 중반부터 남한의 국방비 지출을 뛰어넘는 군사력증강을 추진하였다. 1960년대 초 남한의 군사력은 공군력의 수적 열세를 제외하고는 육·해군에서 북한에 비해 우세했다. 한국군의 60만 병력은 북한의 40만 병력에 비해 수적으로 우세했다. 그리고 주요 장비의 양과 질은 대략 비슷하였으며, 한국 공군이 수적 열세는 75대의 F-100 초음속전투기로 무장한 미 공군비행단이 교체형식으로 한국에 머무르며 공군력의 격차를 메워주었다.

그러나 1960년대 후반부터 북한은 새로운 군사교리로 무장하고 남한에 대한 무력도발을 강화함으로써 남한 사회에서의 위기감을 고조시켰다.[19] 한 보고에 의하면 북한은 1954년부터 1992년 사이에 3,693명의 무장공비를 침투시켰으며 1967년과 1968년 두 해 동안 전체의 20%에 해당하는 공비침투가 있었다고 한다.[20] <표 2>는 1960년대 후반 북한의 대남도발에 대한 자료와 한미연합군의 인명피해에 대한 자료로 당시의 북한의 위협을 잘 보여준다.

<표 2> 1960년대 북한의 비정규전

상황	1966	1967	1968	1969
침투/도발 건수	37	444	486	67
인민군 인명피해				
전 사	13	126	233	25
투항/포로	18	14	9	4
간첩 검거	205	787	1,245	225
한·미연합군 인명피해				
전 사	35	131	162	46
부 상	29	294	294	44
포 로	0	0	82	3

출처: 함택영, 『국가안보의 정치경제학: 남북한의 경제력·국가역량·군사력』(서울: 법문사, 1988), p.173

---

19) 1960년대 후반부터 1970년대의 북한의 군사전략은 다음의 네 가지 전략으로 구성된다. 첫째, 총력전 전략으로 평화공세와 기만전술로 구성된 정치전을 말하는 것으로 자신들이 발표한 구호, 주의, 주장 등에 사용한 언어로 혼동시킴으로써 한국 국민을 기만하고, 평화공세로 군사력과 전쟁준비를 위장하는 것을 말한다. 둘째, 정규전과 비정규전의 배합전략이다. 한국전쟁에서 얻은 전쟁경험과 전후의 무장간첩 남파투쟁에서 나온 결과를 종합하여 모택동식 유결전략을 수정하고, 거기다 소련식 군사전략을 융합하여 '한국 실정에 맞는 주체적 전략'을 개념화한 것이다. 셋째, 대량기습선제공격전략이다. 이는 김일성이 군사전략을 지휘하는 중요 원칙 중의 하나로 정규전에 의한 대규모 전략적 기습선제공격에서부터 비정규군인 무장특공 게릴라 부대에 의한 전술적 기습선제공격에 이르기까지 공범위하고 다양하게 전개된다. 넷째, 속전속결전략으로 우세한 병력을 집중적으로 운용하여 적의 주력부대를 각개격파함으로써 전쟁을 승리로 종결시키는 전략이다. 최영, 『한반도의 국제정치분석』(서울: 법문사, 1986), pp.324~332.

20) Dick Nanto, "North Korea: Chronology of Provocations 1950~2003", Congressional Research Service, Report for Congress, March 18, 2003.

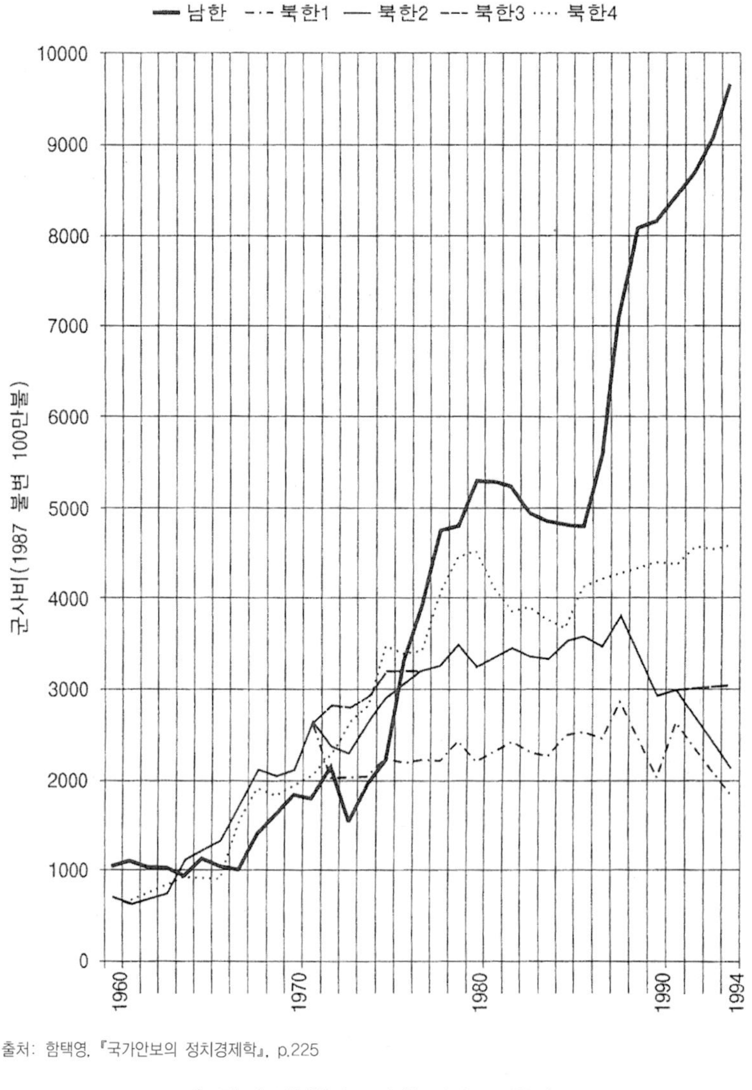

──남한 ─·─북한1 ── 북한2 ─── 북한3 ···· 북한4

출처: 함택영. 『국가안보의 정치경제학』. p.225

〈그림 4〉 남북한의 군사비(국방비+군사원조)

1966년이 되면 국방의 자주노선으로 인한 군사비의 급속한 증가와 소련으로부터의 원조재개로 군사력의 급속한 증강이 이루어졌다. 이는 <그림 4>에도 잘 나타난다.[21] 1966~1971년 사이에 MiG-21 전투기와 Su-7 전투전폭기 등 수백 대의 항공기, SA-2 미사일, W급 잠수함, Osa 및 Komar급 미사일초계정, FROG 지대지 미사일, T-54 탱크및 기타 장갑차량을 대거 도입했다. 이들 중 전투기, 잠수함, 미사일초계정, AK-47, 자동소총 등의 상당 분야에서는 남한에 대한 질적 우위를 확보했다.[22] 그리고 많은 AN-2기의 존재는 해군 고속정의 증가추세와 함께 대남 침투전략을 뒷받침할 수 있는 전력으로 위협적인요소로 판단되었다.

김일성과 인민군이 새로운 전략으로 남조선 침공을 노리고 있을때, 미국은 베트남의 수령에 빠져 있었으며, 한국군도 47,000명을 베트남에 파병하고 있었다. 1968년 1월 21일 124군 부대의 청와대 습격사건, 그 직후의 푸에블로 호 납치사건, 1969년의 미군정찰기 격추사건과 북한의 YS-11 항공기 납치사건 등에서 보듯이 남북한 긴장은당시 최고조에 달했으며 그러한 남북한 관계는 1970년대에도 계속되었다.

김일성이 권력을 완전 독점하고 '수령체제'에 본격 돌입한 것은1960년대 중·후반 이후인 것으로 알려져 있다.[23] 그리고 조선노동당 제5차 전당대회에서 1970년 11월 2일 있었던 중앙위원회 사업총화보고 연설에서 북한의 대남전략을 다음과 같이 밝히고 있다."남한

---

21) 〈그림 4〉의 범례설명은 다음과 같다. 북한1: 북한의 공식발표, 북한2 · 북한3: 연구자의 추정, 북한4: 북한군사비에 대한 남한의 추정값, 북한1이 군사비계산에 있어 최솟값이고, 북한4가 최댓값이다. 함택영, 『국가안보의 정치경제학: 남북한의 경제력 · 국가역량 · 군사력』(법문사, 1998), p.225.

22) *Ibid.*, p.168.

23) 박갑동, "김일성 독재체제의 성립", 『민족혼』, 4권(1990), pp.85~102.

에서 인민들이 요구할 때는 언제든지 나가 싸울 수 있도록 항상 준비되어 있어야 한다. 한반도의 지형조건을 잘 이용하여 산악전과 야간전투, 정규전과 비정규전을 배합한다면 비록 잘 무장한 적이라도 격퇴시킬 수 있다"고 했다.24) 이는 수적으로 우세한 전력으로 기습공격을 감행하고 비정규전과 정규전을 배합하여 속전속결하겠다는 의지를 보여주는 것이었다. 특히 기습공격의 효과를 극대화할 수 있는 공중공격을 위해 평양-원산 지역 이남에 전술기의 41%, 지상군의 65%를 전진 배치했다. 부대의 재배치 없이 언제든지 기습공격이 가능한 상황이었다.25) 1974년 8 · 15 광복절 행사에서는 문세광의 육영수 여사 저격사건이 있었다. 같은 해 11월 최초의 땅굴이 발견된 이래 1976년에는 판문점 도끼만행사건이 발생했으며, 1978년에는 제3땅굴이 남측 비무장지대 내에서 미군기지와 불과 2킬로미터 떨어진 곳에서 발견되었다.

1974년 시작된 율곡사업은 한국군의 전력증강사업이었으며 각종 무기 및 장비의 현대화가 핵심이다. 이 사업의 배경이 된 북의 위협에 대해 당시 율곡사업에 주도적으로 관여했던 청와대 오원철 경제 제2수석은 다음과 같이 말하고 있다. "율곡사업이 시작된 것은 북한이 우월한 군사력을 바탕으로 우리 측에 자주 군사적 도발을 감행하면서부터입니다. 북한은 1950~1960년대 우리보다 우위에 선 경제력을 바탕으로 1968년 이후 1970년대 초까지 청와대 습격사건, 푸에블로 호 납치사건 등 각종 도발을 감행해왔습니다. 게다가 북한 측은

---

24) 김일성, 『김일성 저작 선집』, 5(평양: 조선로동당출판사, 1972), pp.470~491.

25) 서진태, "2000년대의 국가안보와 공군력", 공군본부 편, 『2000년대의 공군과 항공산업』(청주: 공군 교재창, 1988), p.49.

MiG-21 등 최신예 전투기를 도입, 일선에 배치하고 서해함대사령부를 새로 창설하는 등 한반도의 긴장을 고조시키고 있었습니다. 설상가상으로 71년 남한에 주둔하던 미7사단마저 철수하자 박정희 대통령은 위기의식을 느끼지 않을 수 없었던 것입니다."[26] 이와 같은 절박한 상황에서 시작했던 것이 바로 율곡사업이었다.

한편 우리 한국군의 군사전략을 보면 1960년대 후반에는 고수방어전략을 확립하고 있었으며, 1975년부터는 주한미군의 감축 대신에 신설된 한미연합방위체제에 의한 전방방어, 응징보복, 반격의 단계적 작전을 수행하는 적극적 방어개념의 합동전략을 수립하였다. 이는 정규전 이외에 북의 비정규전 부대가 후방지역에 제2전선을 형성하는 것을 거부하기 위한 대비책을 포함하는 것이었다. 그리고 1980년대에는 공세적 방어개념이 등장했다. 여기서 우리는 1970년대의 수세적인 방위력 증가 태세에 머물러 있었으나 1980년대에 접어들면서 보다 적극적이며 공세적인 입장으로 전환하고 있음을 볼 수 있다.[27] 1975년경 한국의 공군력은 F-5가 주력기로 변화하였고, 1980년경에 이르면 F-4가 64기, F-5가 220대로 증강되었으며 F-86은 50대로 감소되었다. 이로써 1970년대 중반이 되면 한국의 공군력은 수적으로 북한에 비해 현격하게 뒤떨어졌으나 질적으로는 거의 대등한 수준에 도달했다.[28] 전체적으로 보면 전체 전력뿐 아니라 공군력에 있어서도 한국

---

26) 하종대, "율곡사업 비리사건의 진상", 『신동아』, 1998년 1월.

27) 율곡사업이 시작되던 1970년대 중반 우리 군은 주한미군이 카터 행정부하에서 70년대 말까지만 주둔할 것이라는 매우 중요한 가정 아래 애매하긴 하지만 나름대로의 단계적인 전력증강 목표를 설정해두고 있었다. 1970년대에는 방위전략, 1980년대에는 억제전략, 그리고 1990년대에는 공세전략의 능력을 보유하도록 투자한다는 것이었다. 지만원, "전투기성능 평가능력: 한국군 30조 율곡사업을 해부한다", 『세계일보』, 1993년 6월 9일.

28) 1960년대 초 한국군의 공군력은 수적, 질적 열세를 면치 못한 상태에서 부분적인 보강만 이루어지는 정도였다. 당시 주력기는 한국전 당시 등장한 F-86 계열의 전투기였는데, 전투반경이 435km, 최대속도가

군은 꾸준한 향상의 경향을 보이고 있었으나 1970년대 말까지는 명백한 열세에 있었음을 알 수 있다.

1980년대 2차 냉전기를 거쳐 고르바초프 대통령의 등장 이후 북한과 소련의 군사관계는 다시 강화되었다. 1984년 5월과 1986년 10월 두 차례에 걸친 김일성의 소련방문이 양국 간 군사협력관계의 기폭제가 되었다. 소련은 1985년 이래 북한에 약 40대의 MiG-23, 20대의 MiG-29, 약 40대의 Su-25 대지공격항공기 등 90여 대의 신형전투기를 제공하였다. 양국 군사협력에는 전투기뿐 아니라 SA-2D, SA-3, SA-5 등 50여 기의 대공미사일과 10여 기의 스커드-B 지대지미사일, ZSU-23/24 자주대공포와 T-62 전차 등이 포함되어 북한 군사력이 질적, 양적으로 크게 증강되었다. 또 북·소 양국 간 군사협력은 무기공급에 그치지 않고 해공군합동의 연합훈련, 군 주요인사의 교류, 전투기와 함정의 상호방문, 군사정보의 교류, 소련 정찰기 및 폭격기의 북한 상공 비행과 소련 함정과 항공기의 북한 기지 이용 등 다양한 분야에서 확대, 심화되었다.

1987년 이후 유럽 측에 대해서는 소련이 개혁과 개방정책을 추구한 반면 북한과 한반도에 대해서는 여전히 냉전적인 정책을 지속하였던 것이다. 소련은 군사 분야 글라스노스트의 일환으로 1988년 9월 소련을 방문한 미 국방장관 일행에게 MiG-29와 블랙잭(Black Jack) 전략폭격기를 공개한 바 있다. 이는 MiG-29가 개발된 이후 서방에 대해 최초로 공개하는 것이었다. 이에 비해 MiG-29는 1988년 6월에 이

___

마하 0.9급 제1세대 제트전투기였다. 이때 북한은 맞수였던 MIG-15와 후계형 MIG-17은 물론 제2세대 MIG-19 요격기(최고속도 마하 1.3)를 보유하고 있었다. 숫자에 있어서 북한이 600대 정도를 보유했던 반면 한국은 200~250대 정도를 보유하여 전투력에서 현저한 열세를 보였다. 김문수, "한국의 군사전략과 무기체계에 관한 연구: 군사력 건설의 시기별 특징을 중심으로", 국방대학교 석사논문, 2001.

미 12대가 북한에 배치되었다. 소련의 이러한 양면정책은 1990년대에 들어서서야 변화하게 되었다.

1988년『국방백서』는 남북한의 군사력 균형을 다음과 같이 기술하고 있다.[29] 북한은 정규군 87만 명인데 반해 한국군은 65만 명으로 비율로 말하면 한국군이 북한군의 75%에 불과했다. 기계화 수준에 있어서도 북한이 앞서고 있었는데 북한의 전차수가 3,500대인데 반해 남한의 전차 수는 1,500대에 불과했다. 북한 해군은 소형함 중심의 연안해군으로 23척의 잠수함을 포함하여 상당 수준의 공격능력을 보유하고 있는 데 비해 한국 해군은 대잠능력과 초계능력을 제한적으로 보유했을 뿐이었다. 공군력으로 보면 북한 공군의 전술기 820대에 반해 한국 공군은 480대를 보유하고 있었다. 이로써 3군 모두에 있어서 북한이 수적으로 압도적 우세를 점하고 있었음을 알 수 있다.[30]

2. 한국의 안보환경

1962년 12월 북한은 조선노동당 제4차 중앙위원회 제5차 전원회의를 개최하여 경제발전을 일정기간 지연시키는 한이 있더라도 군사력을 한층 더 강화할 필요가 있음을 강조하면서 '방위에 있어서의 자주원칙'을 수립했다. 그 배경은 다음과 같다. 북한은 소련과 소원해지면서 중국으로 기울어지는 경향을 보였다. 또한 쿠바 미사일 위기에서 소련이 카스트로의 요구를 무시하고 미국과의 군사적 충돌이나 마찰을 회피하는 데 최우선의 정책목표가 있음을 드러냈다는 것이다. 따

---

29) 국방부, 『국방백서 1988』(서울: 국방부, 1988).

30) *Ibid.*

라서 미국과 타협함으로써 위기를 해결하였다는 점에서 소련의 세계전략이나 대미관계에서 북한 자체의 방위를 보장받을 수 있을지 의심하게 된 것이다. 이로써 북한은 '국방의 자주' 원칙을 선언했다.

그러나 1964년 소련에서 흐루시초프가 실각한 반면, 1966년에는 중국에서 문화혁명이 발발하면서 북한을 교조주의라고 비난하자 북한과 소련의 관계가 복원되었다. 1965년경이 되면 관계회복을 바탕으로 하여 소련의 대북 군사원조가 재개되었던 것이다.

흐루시초프가 재임기간 중에 시작한 평화공존정책과 중소 갈등, 미국과 프랑스의 갈등 등, 양극체제가 완화되는 경향을 보이기 시작하던 국제정세는 1969년 7월 25일 닉슨 대통령이 발표한 '괌 독트린(Guam Doctrine)'의 선언을 계기로 데탕트라는 시기로 돌입하게 되었다. 괌 독트린은 "어떤 나라의 국방과 경제도 미국 혼자만이 떠맡을 수는 없다. 세계 각국, 특히 아시아 및 중남미 국가들은 자국 국방을 책임져야 한다"는 주장이다. 즉, 미국은 아시아 및 극동에 있어 첫째, 우방이 핵공격이 아닌 형태의 재래식 공격을 당할 경우 군사와 경제적 지원만 제공하며, 둘째, 당사국은 미 지상군 병력의 지원을 기대하지 말고, 제1차적 방위책임을 져야 한다는 것이다. 미국은 더 이상 아시아대륙에 불필요한 지상군을 투입하지는 않겠다는 의사표시를 분명히 한 것이다.

이 선언에 따라 주한미군의 감축은 현실로 나타났다. 미국은 1971년 6월 말까지 약 32만 명에 달하는 병력을 아시아에서 철수시켰고, 이는 주한미군 61,000명 중 전투병력 2만 명을 포함한 숫자이다. 주한미 제7사단은 1971년 3월에 철수했다. 북한의 4대 군사노선 추구와 무장공비 남파 등 한국은 북한의 침략 위기에 직면하고 있었다. 뿐만 아니라 미국을 돕기 위해 월남에 5만 명의 한국군을 파병하고 있었기 때문에 주한미군 철수로 인한 충격은 대단했다.

당시 박정희 대통령의 '자주국방' 의지는 절박했고 그만큼 단호하게 자주국방 정책을 추진하게 되었다. 즉, 박정희 대통령이 자주국방의 구현을 기치로 1970년 8월에 국방과학연구소를 창설하면서 우리나라의 국방연구개발이 본격적으로 시작되었다. 1971년 12월 사거리 200km 내외의 근거리 미사일 개발에 착수한 지 6년 4개월이 지난 1978년 9월 26일 첫 공개발사가 실시된 '백곰'(이후 K-1 미사일)이 목표지점에 명중하면서 한국은 세계에서 7번째로 유도미사일 개발국가가 되었다. 그리고 1974년부터는 율곡사업이 시작되었다.

한편 1972년의 유신헌법에 따른 유신체제의 출범은 한국의 상황에 대한 미국의 비판을 촉발하였고, 유신에 대한 반대를 억압하기 위한 박정희 대통령의 긴급조치 발동은 심각한 인권시비를 불러일으켰다. 한미관계의 악화 속에 미국은 1970년대 중반부터는 무상군사원조를 FMS 차관의 형태로 변경했다.

카터 대통령은 1977년 1월 취임하자마자 주한 미지상군 철수작업을 본격화하기 시작했다. 카터의 철군계획은 한국에 잔류하고 있는 유일한 미 보병사단인 제2사단 병력 가운데 1단계로 1개 여단, 6,000명을 1978년 말까지 철수시키고, 이어서 2단계로 나머지 1개 여단과 지원부대의 9,000여 병력을 1980년 6월까지 철수시키며, 3단계로 주한 미군사령부를 해체한다는 것이었다. 뿐만 아니라 카터는 한국 정부와는 아무런 상의나 통보도 없이 한국 정부의 반대에도 불구하고, 1977년 4월부터 일방적으로 한국 내에 배비되어 있던 전술 핵탄두와 미사일 부대를 철수하거나 후방지역으로 재배치하기 시작했다. 물론 미국은 핵무기 도입 때에도 한국과 상의한 바 없다.

한국 정부도 카터의 철군계획에 대해 강력히 반발하였고, 미국 내에서도 군부는 물론 정치권에서도 철군계획에 반발하기 시작함으로써 새로운 국면을 맞이하게 되었다. 카터의 철군계획에 대한 행정부 내부의 반대는 주무장관들 다수를 포함하여 사실상 범정부적인 것이었다. 해럴드 브라운(Harold Brown) 국방장관의 입장은 대통령의 지시에는 일단 순종하면서 이의 철회를 모색한다는 것이었고, 사이러스 밴스(Cyrus Vance) 국무장관의 입장도 대통령의 지시에 대한 그의 반대의견을 일단 묻어두고 대통령의 생각을 바꾸도록 최선을 다한다는 것이었으며, 즈비그뉴 브레진스키(Zbigniew Brzezinski) 국가안보보좌관은 "모든 회의에서 대통령의 입장을 지지하지만 동시에 카터의 생각을 바꾸려 하는 행정부의 다른 동료들의 노력을 방해하지는 않는다"는 입장이었다고 한다.31)

1977년 5월 19일 당시 주한 미8군 참모장인 싱글러브(John Singlaub) 소장은 워싱턴포스트지와의 회견에서 만약 카터 대통령의 철군 계획대로 4~5년 안에 주한미군을 철수시킨다면 그다음에는 반드시 전쟁이 일어날 것이라고 경고하였다. 또한 지난 12개월간의 정보수집 결과 북한전력은 계속 증강되고 있는 것으로 드러났다고 하면서 워싱턴의 정책입안자들은 3년 전의 낡은 정보 속에 묻혀 있다고 비난했다. 이에 대해 카터는 싱글러브 소장을 워싱턴으로 소환하여 질책하고 다른 자리로 보직을 이동시켰다. 이를 계기로 미 군부의 저항은 더욱 확산되는 대신 비공개적인 방법으로 계속되었다.

---

31) 이동복, "베시 사령관, 카터에 항명하고 박정희를 도와 주한미군 철수계획을 좌절시키다", 『월간조선』, 2001년 7월, pp.260~287.

그리고 미국의 정보기관들은 북한 인민군의 전력이 상당히 과소평가되었다는 정보를 1979년 1월 초순 조심스럽게 언론에 흘렸다. 이는 의회에도 알려졌고 그 결과 카터의 철군계획에 대한 의회의 반대는 더욱 거세졌고, 1979년으로 해가 바뀔 무렵에는 주한미군 철수에 대한 사실상 범정부적인 차원의 반대 여론이 조성되었다. 이러한 가운데 카터는 1979년 6월 30일부터 7월 1일까지 2박 3일간 한국을 방문했다. 그리고 7월 20일 카터의 국가안보특별보좌관 브레진스키 박사는 한반도의 군사력균형이 회복되고 긴장완화가 개시되었다는 신뢰할 수 있는 징후가 나타날 때까지 더 이상의 주한미군 전투병력 철수는 1981년까지 중단된다고 공표했다.[32]

데탕트가 진행되던 국제사회에 심각한 변화가 발생한 것은 1979년 12월이다. 소련이 아프가니스탄을 침공한 것이다. 이로써 국제사회는 심각한 미소 대립기로 접어들게 되었다. 데탕트는 물러가고 고르바초프가 입각하기 전까지의 시기, 즉 1979년부터 1985년까지를 소위 '2차 냉전'이라 부른다. 소련의 아프가니스탄 침공은 서유럽의 나토에 대항해서 바르샤바조약기구가 결정된 이후 최초로 외부로 군대를 파견한 것으로써, 공산국가의 요청에 언제든지 응한다는 브레즈네프 독트린을 반영한 것이었다. 이에 대해 서방국가들은 1980년 모스크바올림픽 경기를 보이콧 하는 등, 영국의 대처 행정부(1979년 출범)와 미국의 레이건 행정부(1981년 출범)를 비롯한 보수주의 정권들은 신속하고도 강경하게 대응했다. 이로써 미소 양 진영 사이의 경쟁은 격화되었고 소련은 블라디보스토크와 사할린을 중심으로 한 지역에 군사

---

32) 최영, 『한반도의 국제정치분석』; 함택영, 『국가안보의 정치경제학』, pp.179~180.

력을 강화해나갔다. 1983년 레이건 대통령이 일명 '별들의 전쟁계획'
이라는 전략방위구상(Strategic Defense Initiative: SDI) 계획을 발표하
였다. 이러한 양국 간의 첨예한 경쟁의 와중에 1983년 9월 1일 사할
린 섬 서쪽에서 대한항공 KAL 007기 피격사건이 발생했다.

이러한 2차 냉전의 시작 당시 한국은 10 · 26 이후 복잡한 국내정
세와 북한으로부터 있을 수 있는 도발에 대비해야 하는 긴박한 상황
에 처해 있었다. 그 후로도 제5공화국 정부는 정통성의 약점을 한미
관계의 강화에서 찾으려 했다. 한편 레이건 대통령은 아프가니스탄
이후 소련의 군사적 도발과 동북아에서의 군사력 강화에 대해 대소
강경노선으로 대응했다.[33] 유럽에서는 중거리미사일 배치계획을 발
표하였고, 동북아시아에서는 한 · 미 · 일 군사동맹의 공세적 성격이
강화되었다. 또한 SDI 계획을 발표하여 전 세계에 군비경쟁을 유발하
기도 했다. 당시 정부는 박정희 정부 시절의 '긴장'을 해소하고 미국
의 강경노선에 합류했고, 그 대가로 정권의 정당성을 인정받음으로써
광주사태의 책임에 대한 면죄부를 받은 셈이 되었다. 레이건이 재선에
성공하고 1985년 소련에서 고르바초프가 집권하면서 1980년대 중 · 후
반에는 다시금 해빙기류가 조성되었다.

결론적으로 레이건의 집권과 정책은 '평화의 가교' 프로그램 이외
에도 여러 가지 면에서 KFP 사업에 영향을 미쳤다. 우선 그의 이란
콘트라스캔들은 미 의회로 하여금 미국의 무기판매에 대해 제동을
걸도록 만들었다. 그리고 '레이거노믹스'라 불리는 경제정책은 무역
적자와 재정적자의 쌍둥이 적자를 초래하여 미 의회가 기술민족주의

---

33) 안병준, 『강대국관계와 한반도안보론』(서울: 법문사, 1986); 정낙중, 『국제정치와 우리의 과제: 80년대
   동북아와 한국안보』(서울: 형설출판사, 1988).

경향과 보호주의 정책을 택하게 함으로써 KFP 사업이 지연될 뿐 아니라 협상력에 있어서도 우리 정부를 불리하도록 만들었다. 의회의 경제우선주의와 보호주의 경향은 클린턴 행정부에도 그대로 이어져 1990년대 전반까지도 무기뿐만 아니라 각종 무역마찰을 야기하기도 했다.

3. 미국의 무기이전 정책

데탕트 시기 미소의 화해로 인한 미국 정부의 국방예산의 점진적 삭감조치는 미국의 방산업체에 적지 않은 타격을 주어 매년 수십 개의 주요 방위산업체가 도산되거나 합병되는 결과로 나타났다. KFP 사업의 최종 대상으로 고려된 F-16과 F/A-18의 제작사인 GD사와 MD사도 예외는 아니었다. 한국 정부의 F-X 계획이 발표되자 이들은 한 치의 양보도 없이 판촉전에 돌입하여 자사의 항공기가 선정될 수 있도록 총력을 기울였다.

미국의 무기 구매·이전 정책은 두 가지 정책적 고려에 의하여 영향을 받는다. 즉, 정치·군사적 이익과 경제적 이익이 최적화된 무기이전의 구체적 목표를 결정하는 거시적 측면과 이전 대상국가의 상황을 고려하는 미시적 측면이다. 이들 두 가지 관점에서 판단하는 과정을 거치고 나면, 행정부·의회·관련 이익집단의 의견을 수렴한 합의과정을 통해 결정한다. 특히 KFP 사업 당시에는 정치·군사적인 목적보다는 경제적인 목적이 부각되면서 상무성의 입지가 강화되었다. 자국의 방산업체 보호, 대외무역적자 감소 및 자국 중소기업체의 보호라는 명분을 내세워 경쟁국의 군사기술 이전에 대한 강력한 제재를 가했다.

레이건의 재집권을 전후하여 미국 의회에서는 우방국에 대한 군수판매와 그에 따른 기술이전이 미국의 경쟁력을 저하하도록 해서는 안 된다는 우려가 제기되기 시작했다. 군비증강으로 인해 미국의 재정적자가 심각한 수준에 이르렀으며, 그뿐 아니라 대외무역적자 또한 눈덩이처럼 불어 쌍둥이 적자가 미국 경제를 위협한다는 인식이 날로 높아가고 있었다. 미국이 제2차 세계대전 이후 최초로 선진국들에 비해 '상대적 쇠퇴'를 겪고 있다는 주장이 사회적인 이슈가 되어 논란의 대상이 되기도 했다. 기술이 국가의 운명을 좌우한다는 '기술민족주의' 주장이 제기되어 정책결정의 기준이 되기도 했다.[34] 이러한 상황에서 터져 나온 1986년의 이란 콘트라스캔들은 미 정부의 군수판매 정책을 크게 위축시켰던 것이다.

당시 미국의 방위산업체는 국내수요의 격감에 따라 해외시장 확보가 중요해졌고, 유럽의 방산수출 국가들과의 가격경쟁을 통해 공정한 게임을 지향하기보다 고압에 의해 몇 개를 팔아도 이익을 남기겠다는 판매전략을 채택했다. 이 전략을 구체적으로 살펴보면, 군사전문가 스피니는 "계획과 실제는 별개의 것(Plan/Reality Dismatch)"이라는 의회 청문회 리포트에서 미국의 항공기 제작업체의 생리는 '발부터 들여놓고 보자'라는 상술로 표현했다. 항공기의 입찰가와 구매가의 차이를 군이 사후에 새로운 장비에 대해서 사후원가정산 계약제를 적용하고, 일단 해외에 주 장비를 판매한 후에 이에 소요되는 부수장비, 수리부품, 정비용역에 대한 가격을 독점적으로 인상하여 나가는

---

34) Paul Kennedy, *The Rise and Fall of the Great Powers: Economic Change and Military Conflict from 1500 to 2000*(New York: Random House, 1987).

제도라는 것이다.35)

미국 정부는 F-X 사업과 관련하여 기존 평화의 가교 프로그램의 진행을 고려하여 민간차원의 거래를 승인할 수 있을 것 같은 입장이었다. 그러나 국내정치와 의회의 영향 속에서 정부차원의 대응으로 옮겨가기 시작했다. 미국 정부는 상용판매가 아닌 FMS 방식에 의해 사업을 진행시키고자 했다.36) 미국 측은 한국이 계획하고 있는 120대의 KFP 사업을 FMS의 형태로 진행하고, 그 후속전투기 프로그램도

---

35) 지만원, 『군축시대의 한국군 어떻게 달라져야 하나』(서울: 진원, 1992) p.157에서 재인용.

36) 버튼(Burton, Ltc.), 김진욱 역, "한국방위력 개선사업의 투명성과 대국민 공감대 형성을 위한 제언(Ⅱ): 미 획득 및 해외군사판매과정과 한국 획득과정 간 구조차이 비교연구", 『군사세계』, 26권(1997), p.106; 김병묵, "한국전투기사업(KFP)의 기종선정", p.24. 미 국방성의 군사안보협력국(DSCA)의 홈페이지, http://www.dsca.osd.mil와 http://www.ciponline.org/facts/fms.htm 참조.
  미국의 무기판매는 그 형태에 따라 상용판매(Direct Commercial Sales=DCS)와 대외군사판매(FMS)로 구분할 수 있다. 각국의 미 대사관 내에 있는 안보지원기관(Security Assistance Organizations=SAOs)과 미군이 FMS 관련 업무를 지원한다. 안보지원국은 현지 국방부의 수요조사나 구매계획 수립을 지원한다. 먼저 현지 정부가 SAOs에 필요 장비에 대한 가격 및 가능성자료(Price & Availability Data)를 요청하면 국무성 정치군사국이 심의한다. 승인된 경우에만 SAO가 데이터를 제공하고 현지 정부는 FMS나 DCS 중에서 선택한다. FMS 방식을 선택할 경우 국방성 관련 부서가 판매조건의 협상을 시작하여 양국 정부는 조건수락서(LOA)에 서명함으로써 FMS가 시작된다. 이제는 국방성 소속의 국방안보협력국(DSCA, 해외 안보지원 프로그램 담당)이 제작사로부터 국방성의 군수조달을 통해 장비를 구입한다. 여기서 1년 정도의 시간이 경과되고 때로는 LOA 가격의 변동 발생한다. 이러한 과정의 업무에 대해 3% 행정비(부품이나 장비개조에 따라 3.1% 병참지원비 추가가능)의 추가비용이 발생한다.
  한국 입장에서 본 FMS는 미국 정부가 무기의 판매와 관련된 마케팅과 판매대행 업무를 수행하는 것으로 단순한 거래가 아니라 전략적 차원의 고려가 중요한 요소로 작용하는 거래형식이다. 미국과 구매국의 정치적 관계에 따라 가격에 차이가 있을 수 있으며, 가격 또한 협상의 대상이기보다는 정치적 고려의 대상이라고 본다. 그러므로 가격조정 가능성이 매우 낮으며, 미국 내 판매에서 오는 업체의 이익보다 평균 2.5배 정도가 높은 것으로 설명한다.
  그러나 미국 측은 구매과정에서 LOA 가격은 대부분의 경우 하락하는 것으로 설명한다. 그리고 위와 같은 6% 정도의 추가비용과 느린 구매과정에도 불구하고 외국 정부가 FMS를 선호하는 이유를 다음과 같이 들고 있다. 1) 훈련과 지원 제공이 필요한 경우에 대비하여 양국 군대 간의 접촉을 유지하는 것이 유리하다. 2) 종종 첨단장비일수록 가격이 더 저렴한 경우가 있다. 3) 미 국방성 조달과 동시에 처리함으로써 FMS 추가비용에도 불구하고 단가 하락이 가능하다. 4) A/S와 훈련에 대한 미 정부의 보증을 받을 수 있다. 5) 대신 상용판매에 있어서 업체들이 제공하는 자료보다 훨씬 신뢰도가 높은 자료를 제공받을 수 있다. 특히 첨단장비의 경우 대부분의 자료가 기밀로 분류되어 있거나 대외 유출 시 사업관리자의 승인이 필요한데, FMS의 경우 자료에 대한 접근이 용이할 뿐 아니라 자료의 신뢰성이 보장되는 장점이 있다. 이에 비해 DCS는 외국 정부가 미국의 업체로부터 직접 구매하는 방식이다. 국무성이 여전히 정책적인 고려를 하고는 있으나 판매대상 선정에 있어서 지정된 상용판매 가능물자인 부수장비, 부품 등 보안을 요하지 않는 품목(주요군사물자 및 핵심군사물자로 분류된 물자나 용역을 제외한 방위물자)으로 한정되어 있는 만큼 정부가 크게 개입하지 않는 것이 보통이다. 단지 미 국무성의 승인과 감독을 받아 FMS와 같은 보고기준에 준하여 의회에 보고된다.

FMS에 의해 진행함으로써 사업진행과정에서 국무성의 영향력을 최대화하고 의회의 압력을 최소화하고자 했다.

KFP 사업에 대한 미국의 태도는 마치 FMS 차관의 중단으로 잃었던 대한국 안보 및 방위산업에 영향력을 다시 행사할 수 있는 수단으로 인식하였다. K-1 전차사업의 오류를 반복하지 않으려는 신중성으로 인해, 미국의 국익차원에서 행정부가 직접 통제를 할 수 있는 수단으로써 미국 업체 간 과다경쟁을 방지하고 차후 군수지원 측면에서 독점적 지위를 고수하려고 했다. 또한 한국 업체에 대해 조립 및 부품생산 정도의 기술이전을 희망할 뿐 항공기 생산을 위한 종합기술은 이전되는 것을 원치 않는 방향으로 미국의 국익을 추구하는 방식의 FMS를 우리 정부에 강력히 제시했다.

4. 국내 항공산업

마지막으로 KFP 프로그램의 배경 가운데 한국의 국내적 변수, 특히 항공산업에 대해 살펴보도록 하자.[37] 우리나라의 항공산업도 다른 여타의 선진국들과 마찬가지로 군수품 수리에서부터 시작했다. 1951년 대구 공군기지에 제80항공창이 설립되었고, 1955년 12월 최초로 L-19기의 기체정비를 시작했다. 1960년대에는 우리 공군의 주력기였던 F-86 전투기의 국내 창정비능력을 확보하게 되었으며, T-33 훈

---

37) 항공산업은 사용자에 따라, 또는 쓰이는 목적에 따라 전혀 별개의 산업을 지칭한다. 일반적으로는 항공기 및 관련 부속 기기류 또는 관련 소재류를 제작, 가공, 조립하여 생산하는 제조산업을 지칭하지만, 경우에 따라서는 항공기를 이용하여 여객과 화물을 수송하는 공중교통의 수단으로서의 운송 서비스산업 또한 항공산업이라 부르기도 한다. 일반적으로는 통상 운송서비스산업으로서의 항공산업은 '항공운송산업'이라 한다. 이기상, "국가경쟁력과 항공기산업", 『항공산업의 진흥정책방향』(서울: 한국항공산업진흥협회, 1994), p.6.

련기와 C-46 수송기의 창정비능력을 갖추기에 이르렀다. 그러나 1970년대 중반까지도 새로운 발전보다는 수송기와 군용기 등의 창정비능력 수준에 머물러 있었다.

변화라고 한다면 헬리콥터 분야에서 1976년 미국의 휴스(Hughes)사로부터 500MD 헬리콥터 320기(민간용 20기 포함)를 구입하기로 하고 대한항공이 조립면허생산을 시작한 것이었다. 1977년 1호기가 조립 생산되어 1985년까지 생산이 이루어졌다. 이 사업의 초기에는 휴스가 생산하고 조립한 작은 단위의 구성품을 조립하는 준조립 수준의 작업에서 시작하였으며, 점차로 소수의 부품이 국내에서 생산되었고 그 후 조립기술 향상이 이루어졌다.

헬기가 아닌 고정익으로서 창정비의 다음 단계인 조립생산단계로 진입한 것은 1980년 대한항공이 미국의 노드롭(Northrop)사와 F-5E/F 판매 및 면허생산계약 체결로 이루어지기 시작했다. 이 항공기의 조립생산은 1975년부터 검토되었으나 주변 환경요인으로 500MD 헬리콥터의 조립생산을 먼저 추진하게 되어 1980년에야 시작되었다. 68대의 F-5E/F전투기('제공호') 면허 조립생산은 대한항공이 담당했다. 기체의 68%까지 국내에서 만들어졌지만, 항공기 가격 전체에서 차지하는 비중은 20% 정도에 불과했다. 한편, 1978년 삼성정밀이 UH-1 및 500MD 헬리콥터용 엔진, 그리고 전투기용 각종 엔진의 창정비를 담당하게 되었고 F-5E/F전투기용 제트엔진의 국내 면허조립생산을 1982년부터 시작했다.[38] 이에 따라 1982년 1,300만 달러에 불과했던 항공기 부품수출이 1989년에는 1억 2천만 달러로 10배 가까이 늘어났다.

---

38) 과학기술정책연구원의 자료.
  http://www.stepi.re.kr/researchpub/abstract/ABBB-1999-038-003.HTM(2006. 9. 22).

항공산업의 일반적인 발달과정은 1단계 창정비, 2단계 면허생산 (조립생산에서 부품의 국산화로 발전), 3단계 선진국의 기술공급에 의한 공동개발 또는 기개발 항공기의 모방생산, 4단계 독자개발생산 이다. 1980년대 초반까지의 진행상황을 바탕으로 판단해보면 2단계 의 면허생산을 막 경험하기 시작하여 부품의 국내생산이 시작된 지 얼마 지나지 않은 단계에 있었다고 할 수 있다. 다시 말해 국내 항공 기술은 정비와 가공제작 분야에서는 어느 정도 기술축적이 되어 있 지만 설계·소재 및 시험평가부문은 선진국에 비해 매우 뒤떨어져 있었다.

보다 산술적으로 표현하자면, 국내 항공기술 수준은 미국을 100으 로 할 경우 이보다 훨씬 뒤떨어진 정비기술 80, 설계기술 20, 제작조 립기술 60, 부품생산기술 50, 시험평가기술 50 등으로 극히 초보적인 단계에 머물러 있었다. 대만과 인도네시아, 브라질 등 우리의 경쟁국 들도 그동안 국제공동개발 또는 독자개발 등을 통해 항공기를 자체 생산 할 수 있는 항공 중진국 대열로 들어서고 있는데, 우리는 여전 히 부품하청 및 저급기종의 면허생산단계에 머물러 있었던 것이다. 1980년대 후반의 우리나라 항공기술의 수준은 일본에 비하면 30년, 미국에 비하면 40년 정도 낙후된 것으로 평가되었을 뿐 아니라 대만, 인도네시아보다도 10년 정도 뒤진 것으로 평가되었다.

이러한 맥락에서 KFP 사업목표에 있어서 전력증강뿐만 아니라 항 공산업의 육성 또한 절대적인 목표의 의미를 지닌 것이었다. 그러므 로 1985년에는 항공산업육성위원회를 설치했을 뿐 아니라, 1987년 10 월에는 국회 본회의에서 항공우주산업개발촉진법을 통과시키면서 항공산업 육성사업을 정부 추진 10대 과제 중의 하나로 선정하고,

KFP 사업을 항공산업 육성사업과 동일시하게 되었다. 그러나 항공우주연구소가 1989년에야 설립됨으로써 정부의 육성의지에 의문이 제기되기도 했다. 여하튼 한국 정부는 KFP 사업의 추진에 맞추어 1995년까지는 단순부품의 국산화를 완료하고 훈련기 등 중급 항공기의 설계기술을 확보한다는 전략을 세우고 있었다.[39]

제4절 한국전투기사업의 기종선정에 관한 이론적 접근

무기획득정책의 첫 번째 특징은 방대한 조직과 오랜 소요기간이다. 이는 고가일 뿐만 아니라 기술적으로도 복잡한 무기체계획득에 있어서 전투기의 최종 기종선정에 이르는 멀고도 험한 과정을 이해하기 위해서는 그 과정을 정책결정이라는 틀 속에서 이해할 필요가 있다. '정책결정'이라 함은 제한된 자원을 분배한다는 것을 의미하며 여기에는 사회구성원들의 수많은 요구들 속에서 정책을 결정해야 하는 단수 혹은 복수의 결정권자가 참여하고 있음을 의미한다. 그만큼 각종 요구와 수요 속에서 '필요성'과 '압력'이 그 과정에 대한 참가자들을 각종 딜레마 속에 빠뜨리게 된다. 그만큼 복잡한 과정임을 의미하는 것이다.

여기에 '시간'이라는 또 하나의 중요한 변수가 있다. 대상정책의 중요도가 높을수록, 그리고 주어진 시간이 짧을수록 '위기'상황이라고 한다. 이 경우 제한된 자원으로 많은 관련자들의 운명을 결정해야 하는 만큼 정책결정자들에게는 압력이 더욱 가중되게 된다. 여기에서

---

39) 『한국일보』, 1991년 3월 30일.

정책결정과정에 관련된 인사들의 각종 심리적 변화마저 그 결과를 좌우하는 주요한 변수로 등장한다. 그렇다고 해서 주어진 시간이 길면 과정이 쉬워지는 것은 아니다. 그만큼 집중도가 떨어지고 참가자의 수와 상호작용의 기회가 많아지게 되어 구도에 있어서 더욱 복잡해지는 경향이 있다.

그래함 엘리슨은 쿠바 미사일 위기의 발생에서 해결까지 걸린 그 일주일이라는 시간 동안 케네디 대통령을 중심으로 한 국가안전보장회의의 정책결정과정을 분석했다.[40] 그는 세 가지의 모델로써 그 전체과정을 설명하고 있다. 모델이란 사물을 보는 기본적인 입장이라 할 수 있는 시각과 관련된 기본가정에서 출발하여 논리에 의해 연결된 얼개들로 구성된 그물이라 할 수 있다. 그러한 그물을 세 개 던졌을 때 쿠바 미사일 위기에 대한 이해가 가능했다. 그러므로 인간의 호기심을 충족시켜주기 위해서는 논리적인 설명이 필요한데, 하나의 논리구조만으로는 그 사건을 충분히 설명할 수 없다는 것을 의미한다. 결국 성공적이었던 결정으로 평가되고 위기관리의 전형으로 알려진 그 사건의 정책결정과정을 설명하는 데는 다음의 세 가지 모델이 필요하였던 것이다.

다음에서는 이들 세 가지 모델에 대해 살펴보고, 이에 의거하여 본 연구의 대상인 KFP 기종선정과정을 설명하고자 한다. 그러나 엘리슨의 관료정치모델의 설명력을 높일 뿐 아니라 오늘의 교훈으로 삼기 위해서는 또 다른 시각, 즉 부패라는 설명의 틀을 아울러 논하고자 한다.

---

40) Graham Allison and Philip Zelikow, *Essence of Decision: Explaining the Cuban Missile Crisis*, 김태현 역, 『결정의 엣센스』(서울: 모음북스, 2005).

1. 그래함 엘리슨의 외교정책결정모델

1) 합리적 선택모델

첫 번째 모델은 '합리적 선택(rational choice)'모델이다. 이것은 경제학에서 개인의 경제행위를 설명하기 위한 이론을 바탕으로 정책결정과정을 설명한다. 모든 개인은 자신의 행동에 있어서 목표를 가지고 있으며, 여러 가지 목표들 사이에는 우선순위가 있다. 그에 대한 자신의 효용(utility)을 극대화하기 위해 노력하고 모든 결정에 있어서는 비용과 효용의 역관계(trade-off)를 고려한다. 또한 선택에 있어서는 여러 가지 선택 가능한 옵션들에 대해 그 역관계를 고려한 결과로서의 효용을 비교하든지 아니면 그 외의 다른 이유로 선택의 우선순위를 가지고 있다. 어쨌든 그 개인은 결정을 통해 자신의 효용을 극대화한다. 그리고 그 최선의 결과를 초래하기 위한 합리적 선택을 위해 필요한 정보를 모집하고, 비교하고, 분석한다.

합리적 선택모델은 이러한 개인들의 합리적 선택을 국가나 회사와 같은 조직의 집단적인 정책결정상황으로 연장한다. 실제에 있어서 한 국가나 회사의 정책결정은 복잡한 절차와 과정을 동반하며 그 과정에서 수많은 행위자들이 개입을 하게 된다. 이러한 현실을 단순화하여 개인의 경제적 행위와 비유한다. 모든 정책결정에는 추구하는 정책목표가 뚜렷하게 존재하고 여러 가지 목표들 사이에는 우선순위가 있는 것으로 간주한다. 그다음으로는 복잡한 절차와 행위자들의 존재를 한 명의 정책결정자가 존재하는 것으로 본다. 또한 그 정책결정자는 결정에 필요한 모든 정보를 한정된 시간 내에서도 충분히 갖고 있어서 가능한 정책대안들을 채택했을 경우에 따르는 비용과 혜택을 비교·계산하여 그 결과에 의거해서 최종적인 결정을 내린다. 이러한 결정이 바로 국가이익을 극대화할 수 있는 선택이라고 보는 것이다.

합리적 선택모델은 그 논리적 간결성과 경제학의 성공으로 인하여 가장 강력한 이론 중의 하나로 자리 잡고 있다. 정책결정의 복잡한 과정에 대한 인식의 어려움에도 불구하고, 이 모델은 단순화를 통해 정책결정이 갖는 성과와 합목적성을 가장 잘 설명해줄 수 있다는 장점이 있다. 비합리적으로 생각되는 결정행위 또한 정책결정의 상황이라는 구도화에 따른 합리적인 결정으로 설명할 수 있다.[41]

그러나 또한 합리적 선택모델이 갖는 한계점도 분명하다. 모델의 간결성의 대가로서 현실의 복잡성을 제대로 설명하지 못한다는 점과 실제 정책결정의 결과는 목적달성을 위한 효용을 극대화하는 것이 아닌 경우가 더 많다는 현실과 동떨어진 결론을 유도한다는 비판을 받는다. 이러한 비판에 기초한 것이 바로 두 번째 모델인 조직과정모델이다.

2) 조직과정모델

조직과정(organizational process)모델은 허버트 사이먼이 주장한 '제한적 합리성(bounded rationality)'과 리처드 사이어트와 제임스 마치가 보여준 조직모델에 기초하고 있다.[42] 제한적 합리성이란 모든 개인은 효용을 극대화하는 것이 아니라 많은 경우에 '만족'하는 선에서

---

41) Robert D. Putnam, "Diplomacy and Domestic Politics: The Logic of Two-Level Games", *International Organization*, Vol. 42, No. 3(1988), pp.427~460; George Tsebelis, *Nested Games: Rational Choice in Comparative Politics*(Berkeley: University of California Press, 1999).

42) Herbert Simon, *Reason in Human Affairs*(Stanford: Stanford University Press, 1983); Richard M. Cyert and James G. March, *A Behavioral Theory of the Firm*(Englehood Cliffs: Prentice-Hall, 1963).

결정을 내린다는 것을 의미한다. 그 이유는 바로 정보를 모으고 분석하는 데 드는 비용 때문인데, 모든 옵션에 대해 모든 정보를 비교분석할 수 없기 때문에 최소한의 조건만 충족한다면 결정을 내린다는 것이다.[43] 이것이 조직에 적용되었을 때는 더 분명하게 드러난다. 모든 조직은 바로 그러한 최소한의 기준을 충족시키기 위해 구성되어 있으며 상하로 이루어진 업무처리과정에서는 각각이 맡은 바 임무를 수행함에 있어서 '최선'을 다하거나 '효용의 극대화'하는 것이 아니라 최소한의 기준을 '충족'시키는 것이 임무로 주어져 있다.[44]

이러한 조직의 운영에 있어서 합리성을 벗어나는 또 하나의 장치가 관리운용절차(Standard Operating Procedure: SOP)라 할 수 있다.[45] 모든 조직에는 구성원 개인의 합리성의 극대화보다는 조직의 운영을 위해 필요한 절차를 규정하고 있다. 그 절차를 따르기 위해서는 개인의 합리성은 중요하지 않으며 다음 절차를 위한 최소한의 기능을 충족시키는 것이 무엇보다 중요하게 된다. 업무의 진행에 있어서 각 단계에서는 결정에 필요한 절차와 시기, 업무협조의 대상과 권한이 정해져 있어서 그러한 규정을 따르는 것이 각 단계에서의 담당자들에게 있어서는 가장 중요한 업무라 할 수 있다. 그리고 그 업무의 담당자는 그 분야의 전문적 지식을 축적하게 되어 다른 분야나 단계에 있

---

43) "'충분의 원칙'이 판단의 기준이 된다면, 즉 '그만하면 충분한' 대안 중 맨 처음 떠오르는 대안을 선택하는 것을 기준으로 하면 그 대안들이 제출되는 순서가 결정적으로 중요하다." Allison and Zelikow, 『결정의 엣센스』, p.203.

44) 마치와 사이먼은 '행동논리'를 두 가지로 설명하고 있다. 분석적 합리성으로서의 '결과의 논리(logic of consequences)'와 '적당의 논리(logic of appropriateness)'이다. 적당의 논리는 미리 존재하는 규칙을 상황에 적용하는 것을 일컫는다. James G. March and Herbert A. Simon, *Organizations*, 2nd ed.(Cambridge: B. Blackwell Publishers, 1993), p.8.

45) "조직을 돌아가게 만드는 것은 다수의 개인이지만, 복잡한 업무를 수행하기 위해서는 개인들의 행위는 조정이 이루어져야 한다. 조정이 이루어지려면 표준행동절차(SOPs), 곧 일을 처리하는 규칙이 필요하다." Allison and Zelikow, 『결정의 엣센스』, p.194.

는 담당자들과는 구별되는 그 단계의 고유한 권위와 권한을 쌓아 올리게 된다. 그 결과 모든 최종적인 정책결정은 문제해결에 있어서의 합리성보다는 관리운용절차에 규정된 단계별 업무판단의 합에 불과하게 된다. 이 모델은 단일정책결정자를 가정하는 합리적 선택모델과는 판이하게 다른 현실인식을 보여준다.

다음은 조직과정모델에 있어서 핵심적인 정책결정 양태라 할 수 있다.[46]

(1) 위기가 닥쳤을 때 정책결정자들은 상황을 하나로 보기보다는 기존조직의 업무분장에 따라 상황을 쪼개어 대처하도록 한다.

(2) 시간과 재원의 제약에 의해 제시된 모든 선택들에 대한 최후의 결과에 대해 평가하고 비교하기보다는 제시된 선택지들 중에서 문제를 '적절하게' 해결할 수 있는 최초의 선택지를 택하게 된다.

(3) 지도자들은 눈앞의 불확실성에 대응할 수 있는 선택에 끌리게 되어 있다.

(4) 행동을 할 때는 정부조직의 규정순서와 매뉴얼에 따라 움직인다.

3) 관료정치모델

위의 두 가지 논리적 모델로도 설명되지 않는 또 다른 측면의 정책결정과정이 있다. 위의 두 가지 모델이 최종정책의 합리성에 대해 효용의 극대화냐 효용의 충족이냐는 차이를 두고 있다면, 세 번째의 모델인 관료정치(bureaucratic politics)모델은 정책결정과정뿐 아니라 정책에 있어서의 비합리적 측면을 설명한다. 이 시각에서 정책결정은

---

46) *Ibid*, pp.217~240.

합리성의 결과이거나 절차의 결과가 아니라, 정책결정에 있어서의 참가자들 사이의 타협이나 흥정, 갈등과 야합의 결과물이라는 것이다.[47]

개개인의 참가자는 국가의 정책목표를 고려해야 될 뿐만 아니라, 거대한 관료조직 속에서 자신이 속한 조직에 귀속되는 목표가 있다. 또한 고위관료로서의 개인적인 목표 또한 등한시할 수 없다. 모든 조직은 견제와 균형의 원리로 구성되어 있다.[48] 이는 곧 개인적 합리성의 합이 곧 조직의 합리성과는 차이가 있다는 것을 전제로 한 것이다. 그러므로 각 부서들은 업무진행과정에서 서로 대립하는 경우가 많이 발생하고, 그러면서 업무진행을 위한 상하관계와 영향력의 우위가 가려진다. 그 결과 각 부서의 지도자들은 자신이 이끄는 조직의 영향력 확대를 추구하게 되고 그것이 바로 부서의 지도자로서의 개인의 능력으로 인정받는 근거가 된다. 그 결과 정책결정에 있어 필요한 문제의 해결도 중요하지만, 그 과정에서 자신과 자신이 속한 조직의 영향력 부각이 더 큰 목표가 되기도 한다. 또한 자신이 속한 부서를 기반으로 한 정치적 관계를 차치하고라도 최종결정에 개입하는 참가자들 집단자체가 최고지도자를 정점으로 하는 정치활동의 장이 되기도 한다. 모든 정책결정은 바로 이러한 과정을 거쳐서 이루어진다. 정책의 목적성보다 자기 자신의 목표가 더욱 두드러지는 정책결정과정이라면 그 과정은 합리성보다는 정치적인 과정으로 인식된다.

관료정치모델도 정책결정자의 행태를 다음과 같이 정리한다.[49]

---

47) *Ibid.*, p.319.

48) "권력은 여러 기관이 공유한다." *Ibid.*, p.322: Richard E. Neustadt, *Presidential Power and the Modern Presidents: The Politics of Leadership from Roosevelt to Reagan*, 5th ed.(New York: Free Press, 1990), p.29.

49) Allison and Zelikow, 『결정의 엣센스』, pp.363~382 참조.

(1) 국가의 결정은 정책결정자들 사이의 정치관계와 협상의 결과다.

(2) 정치지도자들의 목표는 동일할지 모르나 개인적인 배경과 이익 때문에 선택은 다르게 나타난다.

(3) 지도자들은 개인적인 카리스마, 성격, 설득력 등으로 인해 그 권력의 정도가 다르게 나타난다.

(4) 커뮤니케이션 문제, 이해성향의 차이, 성격 등으로 인해 그룹으로서는 이해할 수 없는 결정을 지도자 개인은 내리고는 한다.

엘리슨은 이들 시각들 중 어느 것이 우세하다기보다 정책결정이라고 하는 일련의 현실세계에는 이러한 세 가지 시각에 부합하는 면들이 모두 존재한다는 것을 보여주고 있다. 즉, 현실은 이 세 가지 모델이 설명하는 과정들이 혼재하는 형태로 이루어져 있다. 엘리슨이 분석의 대상으로 선정했던 13일간 진행된 긴박했던 쿠바 미사일 위기 상황은 이러한 여러 모델들의 혼재하는 실제정치의 세계를 잘 보여주었다. 핵미사일 발사라는 일촉즉발의 위기상황에서 한 사람의 결정자가 이성적인 판단을 통해 국익을 확보하는 합리적인 면도 있었지만 그렇지 않은 상황도 많았다. 많은 행위자들과 기관들이 전체적인 상황의 통제를 목적으로 하기보다는 규정에 따라 자신의 임무만을 수행하려고 하는 소극적 자세를 보임으로써 문제를 더 어렵게 만들기도 했다. 그런가 하면 주요 정책결정자들은 모두가 자신이 속하고 처한 부서와 조직의 이익만을 최고의 목표로 함으로써 대책의 강구보다는 자신들 사이의 역학관계에 더 신경을 쓰는 모습을 보여주기도 했다. 이처럼 정책결정을 둘러싼 상황이 갖는 복잡하고 혼재된 형태의 특성 중에서 어떤 점에 초점을 두고 분석하느냐에 따라 세 가지 모델의 적용이 각각 달라지는 것이다.[50]

대통령의 자의적 결정이 지배하는 그 과정은 이들 세 가지 모델 중 관료정치모델에 가장 가깝다고 할 수 있다. 그런데 그 모델은 현실에 대한 일정한 가정을 내포하고 있다. 미사일 위기가 있던 그 10여 일 동안 미국의 국가안전보장회의 참석자들 사이에 오고간 개별적 정치적 이익의 밀고 당기기를 엘리슨은 없어져야 할 백악관의 행태로 묘사하지 않았다. 오히려 어디에서나 있을 수 있는, 그리고 급박하거나 중요한 정책결정일수록 오히려 더 두드러져서 나타날 수 있는 현상으로 보았다는 것이다. 그것이 이른바 정책결정과정의 관료정치모델이 내포하고 있는 가정이다. 관료조직에 속한 정책결정과정 참가자들은 개별적 합리성을 나타냄과 동시에 조직 내에서 이러한 성향을 나타내는 것을 피해가기 어려운 속성이 되고 있는 것이다. 바로 이러한 점이 엘리슨이 제시한 세 가지 정책결정모델들이 보편적 적용성을 인정받고 있는 이유라 할 수 있다.

이상 세 가지 모델들은 KFP 기종선정과 관련된 정책결정과정을 분석하는 데 있어서 다음과 같이 적용될 것이다. 첫 번째 질문은 그 정책결정이 KFP 사업의 목적을 충족시켰는가 하는 점이다. 합리적 선택의 가설에 따르면 단순한 만족 수준의 충족보다는 효용을 극대화할 수 있는 기회가 되었는가 하는 질문이 더 적절할 것이다. 다음으로는 당시의 무기획득절차는 어떠하였으며, 전체적인 진행과정은 절차에 충실하였는가, 그로 인한 합리성의 제약은 어느 정도인가, 절차 자체의 합리성은 어떻게 평가할 것인가 등의 질문에 답하여야 한다.

---

50) "각 모델들은 상호보완적이다. 제1모델은 그림의 큰 틀을 그린다. 즉, 대체적인 나라의 패턴과 다들 공유하는 이미지를 그린다. 그 틀 속에서 제2모델은 정보와 대안과 행동을 생산하는 조직의 절차를 그린다. 제3모델은 정부를 이루는 주요 인사들이, 그리고 그들의 서로 다른 인식과 원하는 바가 어울리며 빚는 정치적 과정의 세부를 그려 넣는다." *Ibid.*, p.474.

이는 합리적 선택모델과 조직과정모델 사이에서 어떠한 시각이 더 설명력을 갖는가를 보여주게 될 것이다. 그다음으로는 참가자들 사이의 행위에 적용해보아야 한다. 참가자들 사이의 관계가 어떻게 진행되었는지를 살펴봄으로써 위의 두 모델에서 설명하지 못한 불합리성의 부분을 이 모델에서 설명해줄 수 있을 것이다. 만약 정책결정이 합리적 선택의 기준을 충족한다면 조직과정모델이나 관료정치모델이 설령 적용된다 하더라도 이론적 설명력과 간결성에 있어서 합리적 선택모델과 비교가 되는 않는 만큼, 제한된 설명력밖에 없는 것으로 판단할 것이다.

엘리슨의 세 가지 외교정책결정모델은 정책결정과정을 설명하는 가장 포괄적이며 적절한 모형이다. 실제적인 정책결정의 과정은 대부분 위의 세 가지 모델들의 특성을 모두 함축하고 있고, 특정한 주제나 사례에 따라 서로 다른 모델들이 차별적으로 적실성을 갖게 될 것이기 때문이다. 합리적 선택모델과 관료정치모델은 '합리성'의 차원에서는 서로 상이한 분석결과를 드러내는 것이고, 그럴 경우 정책결정의 비합리성을 설명하는 분석 틀이 관료정치모델이 될 수 있다. 관료정치모델은 "경기자의 입장은 그의 지위·직책에 달려 있다(Where you stand depends on where you sit)"[51]라고 설명하는 이론 틀을 제시할 수 있다. 그러나 그 공식적 지위에 따른 관료들의 입장이 왜 합리적인 결정이 아닌 조직의 이익 혹은 개인의 이익을 추구하게 되는지에 대한 설명을 제공해주지는 못한다.

만약 한 예로서 정책결정이 관료정치모델에 의해 가장 잘 설명될

---

51) *Ibid.*, p.376.

경우 우리는 어떠한 결론을 내릴 수 있을 것인가? 관료정치모델이 가장 적합한 설명양식이 되는 경우란 결국 비합리적 요소가 가장 많이 작용된 사례들임을 의미한다. 이는 곧 정책결정과정에 비합리적 요소로 작용하는 관료정치적 행태가 어느 사례에나 존재하는 측면이며 자연스러운 인간행태의 한 단면인 것으로, 단지 사례에 따라 조금씩 차이가 있을 뿐이라는 결론을 내포하고 있다. 이렇게 된다면 분석 이후 그 사례로부터 우리가 얻을 수 있는 교훈에 대해서는 별로 생각해 볼 여지가 없게 된다.

2. 부패연구

그러므로 본 연구에서는 이 관료정치모델을 부패연구[52]와 관련시켜 분석하고자 한다. 부패란 완전한 순수성, 가치성 혹은 통합성을 파괴하거나 훼손하다는 의미로 과정과 상태를 모두 의미하는 것으로, 그 실제의 양태는 매우 다양하다.[53] 그중에서 관료의 부패는 관료가 국민의 공익추구라는 공직을 망각하고 또한 국민들이 바라는 기대가능성을 저버리고 사회문화적 규범을 위반하거나 일탈하는 행정현상과 관료행위(bureaucratic behavior), 관료체제(bureaucratic system), 그리고 사회문화적 환경 간의 상호 적절한 조정의 결함에서 야기된 관료현상과 일탈행태(deviant behavior)라는 통합적 개념으로 본다.[54]

---

52) Michael Johnston, *Syndromes of Corruption: Wealth, Power, and Democracy*(Cambridge: Cambridge University Press, 2006); Susan Rose-Ackerman, *Corruption and Government: Causes, Consequences, and Reform*(Cambridge: Cambridge University Press, 1999); James C. Scott, *Comparative Political Corruption*(New York: Prentice-Hall, 1972) 참조.

53) 정상화, "부패의 정치경제: 1990년대 이후 한국 무기획득사업을 중심으로", 『세계지역연구논총』, 21호 (1993), p.65.

KFP 사업과 같이 무기 특히 대형 전투무기라는 재화는 그 특성과 거래의 성격이 일반재화와 매우 다르기 때문에 부패와 연결될 가능성이 높다. 즉, 그 사용자는 군이지만 군은 일반국민의 안보를 위한 대리인이며 그 최종적인 활용은 국가안보를 목적으로 한다는 점에서 무기는 일종의 공공재라고 할 수 있다. 또한 활용기간이 장기적이라는 점에서 내구재라고 할 수 있다. 무기의 정비와 부품의 생산을 통하여 기술개발 혹은 기술이전을 도모할 수 있으므로 단순 소비재가 아닌 것이다. 대형 전투무기는 그 가격이 계약 단가별로 흔히 억 혹은 조에 달함으로써 막대한 커미션이 오갈 수 있는, 부패의 유인도가 높은 재화이다. 무기의 구매는 국방부를 중심으로 한 정부의 대리인이 담당하지만, 그 구입비용이 세금에서 충당되고 그 궁극적 혜택을 국민들이 받는다는 점에서 최종 수요자는 불특정 일반국민이다. 따라서 무기라는 재화는 그 구입에 있어 행정부뿐 아니라 다른 국가기관들과 시민사회 모두가 주의를 기울일 당위성이 있다.

한편, 무기시장은 다수의 소비자와 공급자가 상설시장에서 만나는 것이 아니라, 한 국가가 특정무기의 구매를 결정하면 소수의 공급자가 개입하는 일종의 과두적 시장구조(oligarchic market structure)가 형성된다. 따라서 구매자의 입장에서는 최소비용으로 최대효과를 누리기 위하여 경쟁성을 최대한 확보해야 한다. 만약 경쟁성이 확보되지 못한다면 가격은 한계수입보다 커지게 되어(P > MR = MC), 소비자의 잉여는 줄어들게 된다. 과두적 시장구조에서 경쟁성의 확보는 공급자들의 단합을 막고, 공급자들 간에 경쟁의 공정성을 보장함으로써

---

54) 김영종, 『부패학』(서울: 숭실대학교 출판부, 2001), p.7.

이루어진다.[55]

부패연구는 다양한 시각이 있을 수 있으나 부패행위의 행태를 설명하는 데 있어서 다음과 같은 분류가 가능하다. 사회문화적 배경에 의한 부패, 정경유착의 형태, 관료의 부패라는 세 가지 분류는 한 사회에서 문제가 되는 부패의 연구대상 범위를 어디에 두는가에 따라 차이가 있다 하겠다.[56] 사회문화적 배경으로서의 부패란 연구의 대상과 현실로서의 부패가 사회의 많은 분야에 걸쳐 전반적으로 존재하는 부패현상에 주목한다. 그중에서도 특정사회의 주목을 끄는 부패현상으로서 정경유착관계를 보고 그에 대한 설명을 시도하는 연구가 두 번째 범위에 해당한다. 관료의 부패는 이들 중 가장 좁은 의미의 부패로서 정부 관료들의 부패를 중심으로 한다.

그런가 하면 부패의 원인을 분석하는 연구들에 있어서는 사회 수준의 변수들을 강조하는 연구들과 행정가의 개인적 합리성에 기초한 연구로 구분할 수 있다. 이러한 분류는 본 연구의 목적상 좀 더 흥미로운 부분이다. 관료정치모델에 일치하는 비합리성의 원인이 어디에 있으며 어떠한 처방이 정책결정의 합리성 제고에 도움이 될 것인지에 대해 논리적으로 직접적인 관련이 있기 때문이다.

1) 부패의 원인 1: 사회 수준의 변수들

사회 수준의 변수들이란 한 사회의 부패의 수준을 결정하는 데 영향을 미치는 요인들로서 부패와 관련된 주제의 동기나 성향과는 상

---

55) 정상화, "부패의 정치경제", p.73.

56) Arnold J. Heidenheimer, *Political Corruption: Reading in Comparative Analysis*(New York: Holt, Rinehart and Winston, 1978), p.v; 김영종, 『부패학』, pp.137~145; *Ibid.*, pp.5~27; 전종섭, 『행정학: 구상과 문제해결』(서울: 박영사, 1987), p.230.

관없이 사회 수준의 변수들을 중요시한다. 기존의 경험적 연구들에서 나타나는 변수들로는 사회의 감시 시스템의 수준을 나타내는 변수들인 정당정치의 경쟁 수준, 분권화, 여성의 공공부문 참여율, 시민참여에 의한 감시 등이 있다. 또 한편으로는 행위자들의 행동양식에 영향을 미치는 사회환경으로서의 척도인 시장경제의 진행 정도, 관료제의 규모, 기업체들의 규모, 기업의 영업이익 등이 있으며, 마지막으로 국토면적, 총인구, 1인당 GNP로 나타나는 총체적 사회지표 등이 있다.[57]

　감시 시스템 중 가장 중요한 부분은 시민참여라 할 수 있다. 시민들이 공적인 업무에 참여하기 위해서는 정확한 정보를 접할 수 있는 기회가 주어지고 자신들의 의견이 자유롭게 개진될 수 있는 의사소통의 통로로서 자유로운 언론이 필요하다. 이를 바탕으로 사회구성원들 사이에는 정보와 신뢰에 바탕을 둔 '네트워크사회(social network)'로 구축되고 정부의 행정에 대한 감시역할을 수행할 수 있게 된다.

　로즈 액커만은 "언론의 자유는 행정가와 관료를 억제하는 별다른 수단이 없는 비민주적인 국가에서 부패를 통제하는 필수적인 제어장치인 것이다"[58]라고 보았다. 에이디스와 디텔라는 일반대중이 부패에 관심을 갖게 되고 이러한 높아진 관심과 함께 강화된 사회망이 부패의 가능성을 낮춘다고 말했다.[59] 또한 데이비드 강은 소액주주가

57) Alberto Ades and Rafael Di Tella, "Rents, Competition, and Corruption", *American Economic Review*, Vol. 89(1999), pp.982~993; David Dollar, Raymond Fisman and Roberta Gatti, "Are Women Really the 'Fairer' Sex? Corruption and Women in Government", *Journal of Economic Behavior and Organization*, Vol. 46(2001), pp.423~429; George R, C. Clarke and Lixin Colin Xu, "Ownership, Competition and Corruption: Bride Takers versus Bride Payers", *Policy Research Working Paper* 2783, The World Bank(February 2002).

58) Susan Rose-Ackerman, *Corruption and Government: Causes, Consequences, and Reform*(New York: Cambridge University Press, 1999); 진종순, "부패와 시계(Time Horizon)와의 관계: 개발도상국과 미개발국을 중심으로", 『한국행정연구』, 14권(2005), p.188에서 재인용.

59) Ades & Di Tella, "Rents, Competition, and Corruption", p.985.

의사결정과정에 참여하게 되면 경영방식에 있어서의 부패의 가능성은 낮아지고, 경영자는 회사의 효율적 운용에 더 많은 관심을 가질 수밖에 없다는 점을 강조한다.[60]

사회 감시 시스템을 보여주는 또 다른 변수로 자주 거론되는 것이 전체노동력에서 여성노동력이 차지하는 비율이다. 많은 여성이 사회에 진출하게 되면 사회의 부패수준이 낮아진다는 것인데, 여성 자체가 부정을 싫어해서가 아니라 뇌물을 공유하고 뇌물의 거래에 익숙해진 남성의 인맥에 참여할 가능성이 적기 때문이라는 것이다. 또한 여성의 사회진출 기회확대와 역할의 확대가 이루어지는 사회라면 사회적 평등이 이루어져 있음을 의미하는 것으로 그러한 사회에서는 특수한 이익이 적용될 수 있는 여지가 작아짐을 뜻한다. 그 결과 부패와 비리의 가능성이 저하되는 것이다.

정당정치의 경쟁수준과 분권화는 보다 직접적으로 예산을 집행하는 행정부에 대한 감시기능을 말해줄 수 있다. 단순한 정당의 숫자보다는 실질적인 정치적 견제가 가능한 복수정당들의 존재여부와 이들의 안정적 활동이 일정기간 지속될 때 경쟁적인 정당정치가 유지되고 있다고 볼 수 있다. 또한 이들 정당출신 정치인들이 국회의원직이나 대통령 선거결과 당락이 바뀔 가능성이 높을수록 경쟁적인 정치체제라 할 수 있다. 그런가 하면 지방자치제의 자율성 정도에 따라 중앙집권적인지 지방분권적인지를 판단할 수 있다. 지방의 자율성이 제도적으로 보장되고 실제로 운영되고 지방의 의회기능이 지방행정부 기관을 제대로 견제할 수 있을 때 감시기능이 제대로 발휘되고 있

---

60) David C. Kang, *Crony Capitalism: Corruption and Development in South Korea and the Philippines*(New York: Cambridge University Press, 2002).

음을 알 수 있다.

사회의 환경적인 척도들 중 시장경제의 진행정도에 대해 알아보자. 정부가 시장에 참여하거나 개입할 수 있는 기회가 늘어난다면, 행정가들이 시장으로부터 획득할 수 있는 부정적인 이권의 유혹이 늘어날 뿐 아니라 실제로 부정적인 수단으로 시장을 운영할 기회가 많아진다. 이러한 비리행위를 '지대추구(rent-seeking)'라고 한다.[61] 특히 공공투자사업을 통한 지대추구 행위는 대표적이다. 예산을 집행해서 진행하는 투자사업인 만큼 계약업체 선정과정에서 행정가의 영향력이 미칠 수 있으며, 그 대가로 업체로부터 일정부분의 몫을 챙기게 되는 것이다. 이 경우 정부의 시장개입이 잦아지게 되고 기업의 비용증가와 함께 경쟁체제가 확립되지 않는다. 그럼으로써 시장경제가 왜곡되는 계기가 된다. 국내기업의 수익이 클 경우 행정가의 지대추구는 늘어날 가능성이 높아지며, 그러한 측면에서 외국자본의 직접투자가 차지하는 비중이 클 때 위에서 본 행정가의 시장개입이 상대적으로 줄어들 수 있다. 외국인이 투자를 하거나 운영하는 다국적 기업에 대한 행정가의 영향력이 미칠 수 있는 연결고리가 약한 편이며 정부의 영향력 또한 상대적으로 약한 만큼, 국내외 시장에서의 경쟁이 강화되고 시장경제체제의 운영도 보다 원활해질 것이다.

이러한 사회환경은 총체적 지표에서도 나타날 수 있다. 국가나 사회, 특정집단의 규모가 커질수록 사회적 상호통제의 메커니즘 구성이 어려워지고 구성원에 의한 개인적 비리라 발각될 가능성이 낮아져

---

61) 지대추구(rent-seeking) 개념에 대해서는 A. O. Krueger, "The Political Economy of the Rent-Seeking Society", *American Economic Review*, Vol. 64(1974), pp.291~303; Gordon Tullock, "The Welfare Costs of Tariffs, Monopolies and Theft", *Western Economic Journal*, Vol. 5(1967), pp.224~232 참조.

부패의 가능성이 높아진다. 반면 작은 사회일수록 사회적 합의와 상호견제가 용이하여 보다 면밀한 제도적 네트워크의 구성이 쉽다. 그러므로 부패의 가능성은 사회범위가 확장되고 사회의 시스템이 복잡할수록 높아지며, 주로 대규모 국가인 연방제 국가에서 높은 수준의 부패가 존재한다는 것이다. 이를 나타내는 지표로 총인구수가 많을수록 부패의 지수 또한 높아지는 것으로 알려져 있다.

지대추구를 초래하는 또 하나의 지표로는 원목, 원유, 천연 다이아몬드 등의 천연자원의 부존규모를 들 수 있다. 지하자원이 풍부한 사회에서는 제조업을 통한 국부의 축적 필요성이 낮으므로 면밀한 제도적 네트워크의 필요성과 효율적인 시장경제의 운용능력이 하락할수밖에 없다. 채취비용 이외에는 다른 비용이 들지 않으면서 큰 부를 창출할 수 있는 만큼 소수의 거대자본만이 소유권을 갖는 반면 다수는 적극적인 경제활동에 참가할 수 있는 동기가 부족하게 된다. 그리고 그 소수의 자본은 천연자원 확보를 위해 치열한 경쟁을 하게 되고 그 과정에서 행정가와의 결탁 가능성은 높아진다. 특히 정부가 자원생산을 독점하고 있을 경우에는 공공투자사업의 특성에서 보다시피 정부의 시장개입 가능성이 높아지고 부패의 가능성 또한 높아지게 된다.

이와 같은 사회적 변수들에 의한 부패의 설명은 다음과 같은 특성을 지닌다. 첫째는 관료정치모델에 대한 사회적 불합리성을 지적하고 있다. 즉, 정책결정과정과 그 결과가 합리적이지 못하였음을 지적하면서 그 원인을 사회적인 변수로 보고 있는 것이다. 그 결과 모든 불합리성과 부패는 사회적인 배경을 마련하고 있는 셈이다.

2) 부패의 원인 2: 개인의 합리성과 행정가의 시계

그렇다면 초점을 바꾸어 정책결정자 개인의 합리성에 원인이 있다는 입장을 살펴보도록 하자. 관료가 부패와 부정을 저지를 경우 자신의 관직으로 인한 결정권에 따른 혜택을 특정 상대방에게 넘김으로써 그 대가를 수령하는 것이 바로 지대추구임을 살펴보았다. 이때 지대추구의 배경으로써 중요한 환경이 있다면 사유재산제도의 확립 여부를 들 수 있다. 시장경제가 잘 확립되어 있을수록 효율적인 자원분배와 공정경쟁체제가 갖추어져 있을 수 있으나, 그 반대로 사유재산과 시장경제가 없다면 관료가 지대추구 행위를 할 동기가 부족하게된다. 그렇다면 시장경제와 관료부패 사이에는 어떠한 관계가 설정될 수 있을까? 원활한 시장경제가 전제조건이라면 그 속에서 제대로 작동하지 못하는 정부체제와 법체계를 상정할 수 있다.

이러한 상황에서 행정가의 부패연루 동기에 대해 알아보도록 하자. 기존의 연구들에 따르면 행정가의 '시계(time horizons)'가 그 동기를 결정한다고 한다.62) 여기서 시계란 행정가 자신이 관직에 있을 수 있을 것으로 예상되는 시기를 말한다. 예를 들면 시계가 짧은 행정가는 장기적인 이익을 포기하고 단기적인 효율을 추구하려 할 것이다. 그러므로 가능한 한 빨리 그리고 제한된 시간 내에 많은 지대를 추구하게 된다. 이 경우 비효율적인 제도와 정책, 그로 인한 제한적인 경쟁체제도 개선의 대상이 아니라 자신이 활용할 수 있는 배경이 된다. 반면 장기적인 시계를 가진 행정가라면 단기적인 이익보다는 보다 먼 안목에서의 자신의 복지를 내다보게 될 것이고, 당장의 지대추구

---

62) David C. North, Institution, *Institutional Change and Economic Performance*(MA: Cambridge University Press, 1990), pp.3~7; Rose-Ackerman, *Corruption and Government*, pp.118~119.

보다 원활한 시장 메커니즘의 완성을 위한 정부가 법률체계를 개선하는 데 더 관심을 가질 것이다. 따라서 그만큼 부패에 연루될 가능성은 줄어들게 된다. 행정가의 임기와 부패와의 관계는 후진국이나 개발도상국에서만 있는 일이 아니라 선진국에서도 발생하는 현상이라는 것이 연구결과 밝혀지기도 했다.[63] 즉, 행정가의 재임 가능성이 적을 경우 마지막 임기 동안에 세입을 증가시켰던 것이다.

행정가는 관련된 관료행위자의 입장에서 볼 경우 부패와 관련된 행위들은 오히려 개인적 합리성 추구의 결과라 할 수 있다. 각 행위자들은 자신이 처해 있는 상황에서 개인의 복리를 극대화시킬 수 있는 선택을 한 것으로 해석되게 된다. 그렇다면 결국 관료정치모델에 참가하고 있는 정책결정자들은 그들이 속해 있는 조직과 사회에서 가장 합리적인 행동을 한 것이며, 그 불합리성에 대한 수정은 결국 사회 감시 시스템과 사회환경의 변화에서 출발해야 한다는 결론에 다다른다.

3. 본 연구의 분석모형

위의 이론들을 바탕으로 본 연구는 다음의 세 가지 부분에 초점을 두고 있다.

첫째, 기종변경과 관련된 의문에 실마리를 제공하고자 한다. 이에 대한 설명을 제공하기 위해서는 다음의 두 가지에 대한 대답이 이루어져야 한다. 우선 가격인상이 사실이 아니라는 것을 어떻게 입증할

---

63) Philip Keefer and Stephen Knack, "Polarization, Politics and Property Rights: Links between Inequality and Growth", *Public Choice*, No. 3(2002), pp.127~154.

것인가? 그렇다면 우리 정부에서 기종변경의 가장 큰 이유로 제시한 가격인상에 대해 피해자인 MD는 왜 항의하지 않고 침묵하였는가?

둘째, 엘리슨의 세 가지 모델에 적용했을 경우, 가장 적절한 설명 모델은 무엇인가? 만약 다른 연구들과 마찬가지로 관료정치모델이 가장 적절하다면 부적절한 기종변경을 어떻게 설명할 것인가?

셋째, KFP의 정책결정과정을 부패라는 측면에서 관료정치모델과 대통령의 자의적 결정을 연결하여 설명하고자 한다. 정책결정과정에 참여하는 소수의 고급관료와 정치 지도자들은 각 개인의 위치에 따른 권력게임과 영향력 확대에 주력하게 되고, 그 역학관계 속에서 탄생되는 정책은 비합리적 요소를 가질 수밖에 없다. 그렇지만 이 현상은 어느 사회에나 존재하는 정책결정과정의 특징일 수도 있다. 그러므로 본 연구에서는 관료정치적 행태가 권력의 지나친 집중현상과 만날 때 부패라는 현상으로 전이됨을 보여준다.[64]

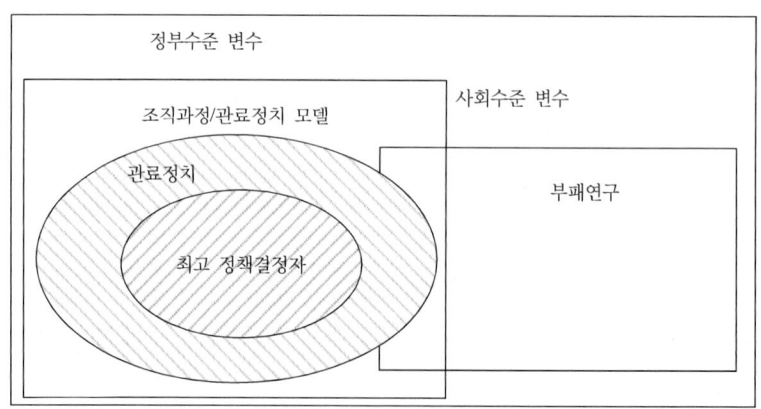

〈그림 5〉 KFP 결정과정분석 틀

---

64) 임명수. "제도와 부패: 한국 국방획득사업 사례를 중심으로", 연세대학교 정치학 석사학위논문(2001).

우리는 KFP의 기종변경을 부패라는 측면에서 쉽게 설명할 수 있다고 속단할 수도 있다. 그러나 이를 단순한 부패의 차원에서 봄으로써 부패연구의 핵심시각들 중의 하나인 '제도주의'에 빠짐으로써 단순히 사회적 견제를 유도할 수 있는 제도적인 개선이 필요하다는 결론을 내리게 된다. 본 연구는 부패와 관료정치모델을 연결시킴으로써, 그리고 기종변경 결정과정을 주 계약업체 선정과정과 함께 분석함으로써 제도보다는 사회 전체적인 발전에 더 많은 주안을 두고 있다. 이러한 논의를 바탕으로 KFP 결정과정에 관한 분석 틀을 모형으로 제시하면 <그림 5>와 같다.

KFP 사업 자체는 국제적 전략 '환경'이 제기하는 위협과 기회가 국가로 하여금 행동하게 하는 것으로서,[65] 당시 미국의 전략적 후퇴와 북한의 위협의 증가, 국내 항공산업의 발전을 위한 기회에 대한 합리적 대응으로 볼 수 있다. 또한 KFP 사업의 추진과정은 여러 가지 법률안 규정에 입각한 무기체계의 획득절차와 표준행동절차에 따라 진행되었다. 따라서 KFP 사업의 추진과정에서 F/A-18로 결정된 1차 결정까지의 과정은 엘리슨의 외교정책결정모델 가운데 합리적 선택 모델과 조직과정모델로 설명하는 것이 보다 적절하다.

그러나 KFP의 기종이 F/A-18에서 F-16으로 변경되는 과정에서는 합리적인 설명이 불가능하다. 즉, 기종변경을 둘러싸고 관련 군 기관과 재무부, 사업 관련 기업체의 입장이 판이하게 달라진 것이다. 이는 정책결정이 참여한 기관과 조직이 서로 다른 합리성과 이익에 기반을 두고 대립과 갈등을 빚고, 정치적인 협상이라고 보는 관료정치의

---

65) Allison and Zelikow, 『결정의 엣센스』, p.65.

행태를 보였음을 의미하는 것이다. 그러나 최종 기종선정의 과정에서는 복수의 대등한 행위자에 의한 게임이 아니라, 대통령의 자의적 판단에 의해 기종이 결정되었기 때문에 엘리슨의 정책결정모델만으로는 설명이 불가능하다.

KFP 사업은 무기획득이라는 관점에서 정책적 수혜가 국민 전체이지만, 결정은 소수의 대리인을 통해 이루어지는 공공사업이다. 그러나 정책결정은 정보를 독점적으로 소유하는 정책결정자에 의해 이루어지는 것으로, 정보공개의 폐쇄성으로 인해 전체의 이익과 지대추구를 통한 개인적인 이익추구라는 갈등적 상황이 발생한다. 이러한 과정이 부패구조로 연결될 가능성이 매우 높다. 특히 실제로 KFP 사업의 기종변경에 있어서는 대통령 1인에 의한 자의적인 결정이 가장 큰 원인이었으므로, 부패에 대한 논의가 반드시 필요하다. 따라서 위에 제시한 분석 틀은 엘리슨의 조직과정모델과 관료정치모델과 부패이론의 접합부분에서 정책결정의 행위자에 초점을 맞춘다. 즉, 조직과정과 관료정치 중에서 최고 정책결정자가 부패로 이어지는 부분에 초점을 맞추는 것이다.

본 연구는 KFP 기종선정 및 기종변경을 보다 실체적 사실에 부합하게 재구성하고, 이에 의거하여 정책결정과정을 체계적으로 분석하려는 것이다. 연구의 첫째 질문은 그 정책결정이 KFP 사업의 목적을 충족시켰는가, 다시 말해 합리적 선택의 가설에 따르면 단순한 만족수준의 충족보다는 효용을 극대화할 수 있는 기회가 되었는가 하는 것이다. 둘째, 당시의 무기획득과정이 절차에 충실하였는지, 그로 인한 합리성에의 제약은 없었는지, 합리성에 제약이 있었다면 그것을 어떻게 설명할 것인가 하는 것이다.

이를 위하여 이 논문에서는 먼저 업체선정과 기종선정의 절차와 그 과정에 참가한 행위자들의 행위와 관계에 대한 1차적 서술이 필요하다고 본다. 기종선정에서 갑작스런 기종의 변경이 합리적 계산의 결과가 아니라고 한다면, 그 설명에는 관료정치모델을 적용해야 할 것이다. 그러나 관료정치모델이 모든 정책결정의 과정에서 행위자나 기관이 어느 정도의 정치적 갈등과 타협을 한다는 것을 전제로 하기 때문에 이 과정에서 드러나는 비합리성의 원인을 적시할 수 없게 된다. 따라서 정책결정과정의 현실세계를 분석하기 위하여 부패이론을 원용한다. KFP 사업이 추진되던 당시의 무기획득과정에는 국방부를 제외한 다른 기관의 참여나 시민사회 등 정부기관 외부행위자들의 참여나 감시가 거의 제한되어 있었다. 이러한 구조적 상황은 당시 시대적 상황에 맞물려 불투명한 부패행위가 드러낼 개연성이 매우 높았던 것이다.

제3장

한국전투기사업의 초기
기종선정과정

이 장에서는 KFP 사업이 진행된 당시의 정책결정과정 전체를 순서대로 살펴보도록 한다. 여기에서는 KFP 사업의 정책결정과정을 크게 두 부분으로 구분한다. 첫째는 KFP 사업의 전반적인 절차를 진행해 나갈 민간주체로서의 주 계약업체를 선정하는 과정이며, 둘째는 KFP의 대상기종선정과 관련된 절차라 할 수 있다. 이들 두 과정으로 나누어서 살펴봄으로써 하나의 사업이 진행되는 동안에 일어난 두 개의 정책결정과정을 살펴보고 비교할 수 있는 기회가 될 수 있다. 그리고 두 결정과정을 비교함으로써 KFP 사업을 보다 폭넓은 창을 통해 바라볼 수 있는 이점을 지닌다.

기종선정과정에 참여하는 기관들은 대상기종의 평가에 있어서 각자의 역할에 따라 영역이 나뉜다. 전투기의 성능에 관해서는 수요군인 공군이 최고의 관심을 가지면서도 동시에 평가역할을 맡고 있으며, 운용성에 대해서는 합참이, 기술이전과 항공산업에 대한 기여도에 대해서는 항공산업육성위원회가 맡게 되었다. 그리고 최종적으로 이 모두를 종합하고 분석하여 평가하는 역할 또한 동 위원회가 맡도록 되어 있다.

제1절 한국전투기사업의 업체선정과정

1. 한국전투기사업 출범 및 업계 동향

공군에 의한 최초의 차기전투기 소요제기는 1983년에 이루어졌으나, 1985년까지 이렇다 할 진전을 보이지 못하고 있었다. 오히려 1984년에는 대우중공업과 GD사 사이에 36대의 F-16 전투기 구매에 대한 절충교역협상이 진행·타결되었으며, F-X 사업은 이 계약이 이루어지고 나서도 한두 해 뒤에야 진행되기 시작했던 것이다.[1]

1981년 이후 열린 한미 연례안보협의회의 공동성명에서는 미국이 한국에 대한 FMS의 조건을 상당히 개선하겠다는 것이 주요 내용으로 등장했다. 이를 계기로 당시 대통령은 항공산업 육성을 기본정책 목표의 하나로 정하고 무기구입 시 절충교역(offsets)[2]을 의무화하기로 했다. 1981년 양국 대통령들은 F-16 36대를 FMS 형태로 구입하기로 합의하고, 이를 실행에 옮기기 위해 체결한 '평화의 가교' 계약을 절충교역 의무화의 첫 번째 대상으로 적용하기로 했다.

절충교역사업에 대한 우리 측의 제의에 대해 1983년 3월 GD사는

---

[1] 이 부분은 김종하, "방위력 개선사업과 무기획득정책 평가", 『군사논단』, 12호(1997), pp.97~115에서 주로 인용했다. 이 연구는 KFP 주 계약업체 선정과정에 참여하였던 대한항공, 대우중공업, 삼성항공 그리고 국내 항공산업 관계자들과의 인터뷰와 그들로부터 입수된 문서를 일차자료로 분석하였다고 밝히고 있다.

[2] 절충교역이란 외국으로부터 군사장비, 물자 및 용역을 획득할 때 외국 계약자에게 기술이전 및 부품 역수출 등 일정한 반대급부를 요구하는 조건부 교역을 말하며, 이는 획득하고자 하는 군용물자와 관련된 기술이전 및 부품수출에 관한 직접절충교역과 획득하고자 하는 군용물자와 직접 관련이 없는 간접절충교역의 두 가지 형태로 구분함. 대한민국 합동참모본부, 『군사용어사전』(http://www.jcs.mil.kr/main.html(2006. 3. 21). 또한 U. S. Senate, Appropriation Committee, Subcommittee on Foreign Operation, "Economic Costs of Arms Exports: Subsidies and Offsets", Testimony of Lora Lumpe, Director, Arms Sales Monitoring Project, Federation of American Scientists, Hearing on U. S. Conventional Arms Export Policy, May 23, 1995, www.fas.org/asmp//campaigns/suvsidies/lora_testimony.htm(May 18, 2007) 참조.

절충교역계약의 이행을 위해 F-16의 동체 중 세 부분(전방동체, 중앙동체, 배면안정판)의 물량을 제시하고 담당업체의 추천을 국방부에 의뢰했다. 당시 우리나라의 항공산업 기술은 초보적인 조립단계에 머무르고 있었다. 항공기 제작에 핵심이 되는 동체와 날개의 생산에 대한 경험은 전무한 상태에 있었다. 이에 국방부는 다시 상공부에 업체 추천을 의뢰하였고 상공부는 대우중공업, 대한항공, 한국중공업, 대동중공업 등 4개 업체를 추천하였다.

1983년 말 GD사는 4개 업체에 대해 제안서 제출을 요구하는 사업설명회(Request for Proposal: RFP)를 개최했다. 이들 업체들은 GD가 제안한 절충교역사업에 참여하기 위해서는 다음과 같은 문제가 있음을 알게 되었다. 절충교역의 물량은 800만 달러였으나 이를 위한 초기 시설투자에 정부가 3천만 달러를 지원해줄 것을 요청했다. 참여업체들은 정부를 상대로 국내 항공산업의 육성차원에서 보조금으로 3,000만 달러를 지원해줄 것을 요청하였고, 이에 대해 정부는 경제 안정화시책으로 인해 방위산업에 대한 정부보조금이 삭감되었으므로 정부지원이 불가능하다는 입장을 표명하였다. 그 결과 대우중공업을 제외한 3개 업체는 사업참여를 포기하기에 이르렀다.

GD사와 구체적인 절충교역협상에 들어간 대우중공업은 또 다른 어려움에 놓이게 되었다. 즉, GD사 측에서 전투기 핵심기술의 이전을 위해서는 공동생산에 추가로 수반되는 제작비와 교육비, 기술지원비 등이 포함되는 국내지원비(In Country Support Fee: ICFS) 600만 달러를 대우가 추가로 부담하여야 한다는 조건을 내놓았기 때문이다. 협상이 진척을 보이지 않자 국방부가 중재에 나섰다. 600만 달러를 440만 달러로 조정하고, 이 중 초기 2년 동안 필요한 비용 250만 달러는 GD가 부담을 하기로 했다. 그리고 계약수행 2년 뒤 대우가 지불해야 할 190만 달러에 대해서는 다음과 같은 합의에 이르게 되었다. F-X 사업이 추진되어 F-16의 추가구매가 있을 경우에는 GD 측에서 그 비용을 부담하고, 그렇지 않을 경우 대우가 책임진다는 것이었다.

결국 대우중공업과 GD사는 국방부로부터 F-X 사업이 2년 이내인 1985년 이내에는 시작될 것이라는 언급을 받은 것과 같은 셈이다. 대우중공업이 국방부의 중재안을 받아들인 것도 바로 F-X 사업에서 주계약자로 선정될 경우 3,000만 달러 이상에 달하는 초기투자비용을 감당하고도 충분히 보상받을 수 있을 것이라는 계산과 함께 F-X 사업에 대한 선점효과를 기대했을 것으로 추정할 수 있다. GD 측도 마찬가지로 추가요구 금액을 하향조정하였다. 초기 2년의 투자를 감수하면서도 국방부의 중재안을 수용한 것은 대우중공업과 마찬가지로 F-X 사업에 있어서 기종선정에서 유리한 고지를 차지할 수 있다는 기대감 때문이라고 할 수 있다.3)

그러나 1984년이 지날 때까지도 F-X 사업은 뚜렷한 진전을 보이지 않고 있었다. 앞서 절충교역을 위한 시설투자비 지원에 대한 정부의 지원거부나 F-X 사업에 대한 소극적 추진에는 당시 정부의 정책우선순위와 관련이 있다. 이른바 12·12 '하극상 사건'을 통해 정권을 획득한 제5공화국 군사정권은 국내외적으로 정통성 확보가 최대의 관건이었다. 따라서 5공화국 정부는 박정희 정부가 추진해오던 정책적 우선 목표였던 '국가안보'와 '경제발전'보다는 '경제안정화'와 '사회복지'를 최대의 정책목표로 내세웠다. '국가안보'가 국가정책에 있어

---

3) 김종하, "방위력 개선사업과 무기획득정책 평가", pp.104~107.

제1의 정책우선순위에서 밀려난 것이다. 또한 한국 경제는 1980년대 마이너스 성장을 보이기 시작했다. 따라서 '경제안정화'를 정책목표로 내건 5공 정부는 1982년 제5차 경제사회발전계획을 발표하면서 지속적인 경제발전과 동시에 부의 합리적 배분을 통해 국민복리의 향상을 약속했다.

1980년대 어려운 경제여건에서 정부는 이러한 정책목표의 달성을 위한 수단으로 강력한 긴축정책을 실시했다. 1960년대와 1970년대의 연평균 정부예산 증가율이 28%였던데 반해 1983년에는 10.9%로 줄더니 1984년에는 최저 수준인 8.8%에 불과했다. <표 1>에서 보는 바와 같이 1982년에서 1984년에 걸쳐 국방비의 증가율이 최저 수준에 이르렀으며, 정부예산 증가율의 감소 속에서도 GNP 및 예산대비 점유율이 하락하게 되었다.

정부 예산대비 국방비 부담은 1983년 이후에도 지속적으로 감소하였다. 더욱이 5공 정부는 박정희 대통령이 직접 관여하던 방위산업을 국방부와 상공부(현 산업자원부)에 위임했다. 그리고 방위산업을 이끌던 청와대 제2경제비서실을 폐지하기도 하였다. 그리고 때마침 발생한 석유파동은 방위산업체 정리의 계기가 되기도 했다.[4]

---

4) 김동규·신용도, 『국가경제와 방위산업』(서울: 국방대학교, 2001), p.65; 이은영, "ADD 무기개발 삼총사의 핵·미사일 개발 비화", 『신동아』, 2006년 2월, pp.276~287.

연도	국방비 (단위: 10억 원)	국방비 증가율	정부예산 증가율	경상 경제성장률	GNP대비 국방비	정부재정 대비 국방비
1981	2,675.5	15.9	21.9	23.9	5.9	33.8
1982	3,171.2	18.5	16.1	14.6	6.1	34.15
1983	3,357.5	5.9	10.9	18.3	5.4	33.0
1984	3,510.1	4.5	8.8	13.5	5.0	31.7
1985	3,802.5	8.3	12.1	11.4	4.9	30.6
1986	4,327.8	13.8	11.2	16.0	4.8	31.4
1987	4,801.0	10.9	14.5	17.0	4.5	30.4
1988	5,540.0	15.4	14.1	19.1	4.4	30.7
1989	6,165.3	11.3	20.1	12.3	4.3	28.5
1990	6,856.2	11.2	26.7	20.9	4.0	25.0

*1993년 1/4분기 결산기준
출처: 통계청, 『1990~1991년 주요 경제지표』

　별다른 진척이 없던 F-X 사업은 1985년 초 국방부와 공군에 의해 KFP 사업계획으로 공식 표명됨으로써 새로운 전기를 맞게 되었다. 당시 대통령에 대한 공군참모총장의 사업보고가 이루어진 것이 계기가 되었다. 그 보고의 제목은 'KFP 공동생산을 통한 국내 항공산업 발전'이었으며, 핵심내용은 전투기를 과거와 같이 수입에만 의존할 것이 아니라 국내 항공산업의 기틀을 다질 것과 진정한 국방력의 발전을 기하는 정책을 실시해야 한다는 것이었다.[5] 이때부터 방위산업체들이 사업 참여의사를 밝혀 오기 시작하였고 치열한 경쟁양상을 띠기 시작했다. 당시 공군참모총장의 보고 이후, 방위산업체들이 참여의사를 밝히기 시작했다는 것은 1982년 F-X 사업이 논의되기 시작한 직후에는 이 같은 사업계획에 대한 구체적인 발표가 없었음을 의미한다.

---

5) 『신동아』, 1987년 5월.

2. 항공산업육성위원회의 결성과 실사평가

1985년 4월경 국방부와 공군은 기술력과 자본력, 그리고 항공산업의 육성의지, 이 세 가지 평가요소에 대해 참여기업들에 대한 조사를 실시하여 KFP 사업의 주 계약업체 선정에 참여할 수 있는 대상기업들로 대한항공, 대우중공업, 삼성항공을 선정했다. 그리고 1985년 9월에는 세 기업체가 KFP 사업에 대한 참여제안서를 제출했다. 그 후 3개 기업 사이에 경쟁이 치열해지자 정부는 주 계약업체를 합리적인 절차와 방법에 의해 선정한다는 취지에서 1985년 12월 항공산업육성위원회를 발족시켰다.

항공산업육성위원회는 경제기획원, 국방부, 재무부, 과기처, 상공부, 청와대 외교안보수석이 참가하는 각료급으로 구성된 위원회로서 부총리 겸 경제기획원장관이 위원장을 맡게 되었다. 상공부는 항공산업의 육성에 대한 지원이라는 역할을 담당하도록 되어 있었으며, 경제기획원과 재무부는 국가재정지원이라는 측면을 담당했다. 이 위원회는 산하에 항공산업 육성을 위한 실무위원회(Working Level Committee)와 실사평가단(Task Forces)을 두었다. 이들 조직들은 궁극적으로 항공산업육성위원회에서 최종적인 주 계약업체를 선정할 수 있도록 실무작업을 담당하게 되었다. 실무위원회는 위원회 구성 부처들의 차관급으로 구성되었으며, 실사평가단은 국방과학연구소, 서울대 항공우주공학과, 국방연구원, 산업연구원, 항공연구소 등에서 선발된 항공산업 전문가들로 구성되었다. 실사평가단은 주 계약업체 선정에 있어서 참여업체들의 기술적인 능력을 평가하여 위원회에 보고하는 임무를 부여받았다.

위의 세 업체가 제출한 참여제안서를 받은 항공산업육성위원회의
실사평가단은 1986년 6월부터 9월까지 4개월간 이들 참가업체들에
대한 기술능력 평가를 실시했다. 1980년대 초 항공산업을 담당한 주
요 3사의 현황을 보면 <표 2>와 같다. 평가결과 실사평가단은 대우중
공업을 1위, 삼성항공을 2위, 그리고 대한항공을 3위로 평가했다.

〈표 2〉 국내 항공산업 현황(1987년 기준)

구 분		대한항공	삼성항공	대우중공업
사업 착수일		1975. 10	1978. 6	1983. 10
전담부서		항공우주사업본부	항공사업본부	항공사업본부
사업실적		−500MD 헬기 조립/일 부 부품 면허생산 −F-5E 조립/창정비	−J85D 엔진 조립/일부 부품 제작 −PW4000 엔진 개발 참여	F-16 동체부품 제작
투자액		1,113억 원	825억 원	563억 원
종업원 수		1,021명	876명	360명
1987년 수출액		17,000만 달러	300만 달러	5,000만 달러
기술 능력	설계	일부 보유	전무	전무
	제작 생산	−조립생산 −일부 기체부품 제작 및 조립 −수리정비능력	−제트 엔진 창정비 및 수리 −일부 부품제작 및 시 험 기술	−기체부품가공 −기체부품 조립 및 검사
추진계획		−MD와 520NK 경헬기 공동개발 추진 −Sikorsky사 UH-60 Black Hawk 기술도입 생산추진	−FX 전투기 조립생산 −Bell사 Bell-412 헬기 합작 생산	−Sikorsky사와 합작으로 S-76 헬기 생산 추진

출처: 한국항공우주학회, 『한국 항공우주과학기술사』(서울: 한국항공우주학회, 1987), pp.144~156

이 표에서 대우중공업이 설립역사에 있어서도 가장 짧고, 투자액,
종업원 수, 수출액 등 모든 면에서 항공 3사 중 가장 열악한 상황임을
알 수 있다. 그럼에도 불구하고 항공산업 발전에 대한 강한 의지와

충분한 투자능력을 보유하고 있다는 점과 항공산업에 필요한 관련 산업인 기계, 전자 등의 산업능력을 골고루 갖추고 있다는 점, 그리고 무엇보다 F-16 절충교역 시의 무리한 투자에도 불구하고 항공산업을 시작하겠다는 강한 의지가 선정에 큰 영향을 미친 것으로 평가되었다. 삼성항공의 경우는 J85D 엔진 조립생산과 PW4000 엔진 개발참여 등 엔진 제작에 대한 노하우는 축적되어 있으나 항공기 제작과 관련된 기반 기술, 그중에서도 동체제작능력이 전혀 없다는 것이 약점으로 평가되었다. 대한항공의 경우 <표 2>로만 판단하면 설립역사와 투자액, 종업원 수, 1987년의 수출액 등으로 보아 세 업체 중 가장 앞서 있는 것으로 보인다. 그러나 항공운수와 항공서비스 전문업체로서 기계나 전자, 제조에 대한 기반이 없다는 것이 3등의 평가를 받은 주요 요인이었다. 또한 500MD 헬기 조립생산과 F-5E/F 제공호의 조립생산 경험에도 불구하고 축적된 기술이 거의 없다는 점이 항공산업의 발전에 대한 의지가 부족한 것으로 판단되었다.

1986년 9월 말 실사평가단은 항공산업육성위원회에 평가결과를 보고하였다. 동 위원회는 실사평가단의 평가결과를 바탕으로 내부회의를 거쳐 실사평가단의 결과를 수용하여 대우중공업을 주 계약업체로 선정하였으며, 그 결과를 대통령에게 보고했다. 그러자 대통령은 항공산업육성위원회의 선정결과에 의문을 제기하고 재검토 후 복수추천을 할 것을 지시했고, 위원회는 내부회의를 실시한 후 1위와 2위로 평가된 대우중공업과 삼성항공 두 업체를 복수추천으로 다시 제출했다. 1986년 10월 항공산업육성위원회는 국내 항공산업의 발전에 대해 강한 의지를 표명한 삼성항공을 KFP 사업의 주 계약업체로 선정한다고 발표하였다.[6]

3. 주 계약업체 선정에 대한 평가

지금까지 살펴본 주 계약업체 선정과정에 대해서는 두 가지 측면에서의 평가가 필요하다. 첫째는 주 계약업체 선발에 있어서의 합리성 문제이며, 둘째는 대통령의 자의적 정책결정권의 문제다. 먼저 주 계약업체 선정의 합리성 문제를 살펴보자.

첫째, KFP 사업이 대형 국책사업으로서 장기적으로 국내 항공산업의 발전을 목적으로 한 것이라면 계약업체 선정에 있어서 보다 신중하고 전략적인 접근이 필요했다는 점이다. 3개 업체를 경쟁시킬 때에는 뚜렷한 기준과 판단기준이 있어야 함에도 불구하고, 서로 다른 경험과 주력분야를 가진 업체들을 마치 어느 업체나 할 수 있는 작업인양 평면적인 경쟁의 장으로 불러들인 것이다.

선정과정에 참가한 세 업체의 경우 항공기술과 관련하여 서로 다른 경험과 주 업무를 가지고 있음이 명백하다. 대한항공의 경우 창정비와 조립생산을 주로 담당한 경험이 있으며, 삼성항공은 엔진의 생산과 개발에 대한 전문성과 경험을 보유하고 있었고, 대우중공업은 동체의 부품제작을 주로 담당해왔다. 이들이 가진 기술력과 경험은 모두 초보적인 수준에 지나지 않았고, 그럼에도 불구하고 정부당국에서 KFP 사업을 담당할 주 계약업체를 모집에 있어서도 일정 정도의 기준을 제시하지 않았다는 것은 KFP 사업을 누구나 담당할 수 있다는 사업으로 판단했을 가능성이 높다. 이는 항공기술의 난이도에 대한 안이한 평가라 할 수 있다. 이후에 밝혀지듯이 절충교역을 통해 새로운 항공기술을 획득하게 되더라도 그 장비와 항공산업의 발전으

---

6) 김종하, "방위력 개선사업과 무기획득정책 평가", p.98.

로 연결시키기 위해서는 천문학적인 자금을 필요로 한다. 따라서 한 기업체에 전적으로 사업의 모든 비용과 부담을 이전시키는 것이 아니라, 각 항공사들의 경험과 장점을 살려 전문화할 수 있는 분야를 개발하도록 유도한 다음 주 계약업체를 선정하는 방법이 더욱 합리석이었을 것이다.

항공산업 선진국들의 경우, 업체별로 고도로 전문화되어 있을 뿐 아니라 항공기 생산에 있어서의 중심역할을 기체생산업체가 담당하고 있다.[7] 세계유명업체의 경우, 기체를 담당하는 업체에서 날개와 동체가 연결된 단일 동체를 생산하기도 하고, 전투기의 동체 제작부품들과 부분들의 시스템통합(system integration)을 담당하여 항공기 생산의 주 계약업무를 수행하도록 되어 있다. 선진국들의 경우, 엔진 전문업체가 시스템통합 업무를 담당한 경우가 없다고 한다. 이는 엔진과 기체는 제조공정상 기술과 설비가 완전히 다르며 연구개발, 인력활용 등의 많은 분야에 있어서 상호연계성이 거의 없기 때문이다. 그러므로 항공기 제조사업을 분류할 때 가장 큰 기준이 기체생산과 엔진생산으로의 분류가 된다.[8] 이것은 당시 KFP 주 계약업체 선정에 참여한 한국의 방위산업체들의 능력을 고려한다면, 비교의 기준이 없는 완전한 경쟁상태가 합리적인 결정이 아닐 수 있었음을 의미한다.

주 계약업체 선정 이전부터 당국은 KFP 사업계획을 보다 치밀하게 준비했어야 했다. 삼성항공은 엔진 전문업체로서의 역할을 수행하도

---

7) 유병호, "항공산업의 발전방향 사례연구", 동국대 경영대학원 석사학위논문, 2006; Michael Hoff, "The Trend of New International Aviation Policy of United States", 『항공산업 정책연구』, 3(1996), pp.161~172. 권오화·홍순길, 『일·소의 항공산업과 정책』(고양: 한국항공대학출판부, 1991) 참조.

8) 오원철, "갈팡질팡 항공산업 정책 재벌 무한경쟁 불렀다: 박정희 대통령 재임 시 율곡사업 총책임자 오원철 증언", 『신동아』, 1996년 4월, p.368.

록 유도하고, 대한항공은 조립과 정비, 대우중공업은 기체생산을 담당하도록 했더라면 3개 업체를 출발점에서부터 단순 경쟁하는 상황은 피할 수 있었을 것이다. 또한 이로서 국내업체들의 전문분야 특화에 따라 국내 항공산업의 발전이 보다 효율적으로 진행될 수 있었을 것이다. 무리한 설비투자를 떠안은 속셈은 별개의 문제로 하더라도 대우중공업이 F-16의 절충교역에서 얻었을 기체생산 관련 기술을 활용하지 못하게 되는 결과는 피할 수 있었을 것이다. F-X 사업의 구상단계에서부터 주 계약업체 선정에 대한 적절한 계획이 없었기 때문에, 항공산업 분야의 최고 전문가들이 모인 실시평가단의 실사에서도 연구개발과 기술력에 최고의 우선순위를 두는 제대로 된 평가가 이루어지지 못했다.9)

둘째, 최고 정책결정권자의 최종결정도 미리 계획된 절차가 아니라 자의적인 절차의 변경에 의해 독단적인 업체선정으로 마무리되었다. 장기간에 걸친 전문가 집단의 실사결과에 대해 마지막 순간에 복수추천을 강요하고, 객관적인 평가기준이 아니라 항공산업에 대한 강한 의지라는 모호한 기준으로 업체를 선정한 것이다. 앞서 밝힌 바와 같이 선발기준도 문제가 있지만, 마지막 순간에 과정을 변경한다는 것은 절차상으로도 합리적이지 못하다고 할 수 있다. 이러한 원칙의 붕괴는 도미노처럼 번져갔다. 당시 최고 정책결정권자는 주 계약업체 선정에서 탈락한 대우중공업에 대한 보상으로 방위력 개선사업의 핵심 프로그램 중 하나인 잠수함사업을 독단적으로 대우중공업에 배분했다. 이로써 대우중공업은 무기획득절차를 밟지 않고 잠수함사업에

---

9) 김종하, "방위력 개선사업과 무기획득정책의 평가", pp.111~113.

진출하는 특혜를 누리게 되었다.

왜 그런 무리한 정책결정이 발생하였는가? 대우중공업과 대한항공 관계자들의 말에 따르면 삼성그룹과 정부의 최고 정책결정권자가 회동하였으며 여기에서 영향력 행사에 관한 토의가 있었다고 한다.

이상에서 우리는 항공산업육성위원회의 결성과 활동으로부터 많은 전문가그룹이 참여했음에도 불구하고 실질적인 정책의 합리성을 실현하기에는 항공산업에 대한 전문성과 장기적인 안목에 바탕을 둔 절차상의 준비가 부족하였으며, 그나마 위원회의 합리적인 판단이 정책으로 실현되기에는 최고 정책결정권자의 독단적 결정이 너무나 중요하게 작용하였음을 알 수 있다. 정부의 정책적 배려와 노력에도 불구하고 6개 부처 공동으로 구성된 항공산업육성위원회에서도 실질적인 조치가 이루어진 것이 많지 않으며, 항공산업에 대한 청사진을 제시하지도 못했다. 그렇다면 결국 KFP 사업의 정책결정과정, 특히 주 계약업체 선정에서 주요 정책참여자는 국방부와 대통령이라고 할 수 있다.

제2절 한국전투기사업의 기종선정과정

1. 공군의 소요제기와 후보기종 상정

공군은 전체적인 무기획득과정에 있어서 소요제기, 획득시기 요청, 성능평가 및 검토에 있어서의 임무를 수행하도록 되어 있다. 또한 기종이 선정된 이후에도 실제로 무기체계를 운용하는 부서로서 무기획득에 있어서 핵심적인 행위자라 할 수 있다. 그중에서도 KFP의 출발점이라 할 수 있는 공군의 소요제기는 1983년에 최초로 이루어졌으며 KFP라는 이름으로 공식적으로 출범한 1985년에도 두 번째의 소요 제기가 있었다.

이러한 공군이 새로운 전투기 체계의 필요성을 제기하게 된 상황은 다음과 같은 세 가지로 나누어 설명할 수 있다. 첫째, 전략적인 차원에서 1970년대 말과 1980년대 초의 국제정세 변화와 북한으로부터의 위협에 대한 대응이었다. 1970년대 닉슨에 의해 제기된 아시아 및 중남미 국가에서의 '자주국방 책임론'과 더불어 카터집권 당시 주한미군의 감축에 따라 '자주국방'의 당위성이나 필요성이 증대되었다. 더불어 주체사상에 근거한 '수령체제'를 확립한 북한은 '국방에서의 자위'를 기치로 방위력을 확대하던 시기였다. 북한과의 군사력 대비에 있어 공군력의 수적 열세가 확실했기 때문에 북한의 공군력에 대해 질적인 우위를 확보하고자 하는 의지가 강했다.

둘째, 보다 직접적인 전술적인 차원에서는 기존 전투기의 역할 종료시기가 다가오고 있었다는 점이다. 한국 공군은 당시 40대의 F-16C/D를 포함하여, F-4D/E, F-5 구형(A/B) 및 신형(E/F), A-37 등의 전술기 500대가량을 보유하고 있었다.[10) 전투기의 수명을 통상 30년으로 산정할 경우, 10년 단위로 약 150대가량의 전투기를 교체해야만 그 숫자의 전투기를 확보할 수 있다는 계산이 나온다. 그래서 120대 도입을 목표로 설정한 것이다.[11) 공군은 당시의 주력기였던 F-4 및 F-5가

---

10) International Institute of Strategic Studies, *The Military Balance, 1983~1984; 1984-1985*(London: II SS, 1883/1984).

11) 2차 차기전투기사업(KFP II)도 1차와 마찬가지로 현재와 미래의 위협에 대비하기 위해 적정 전투기 보유 수준을 유지하기 위한 것이 1차적인 목적이었다. 구형전투기 도태에 따른 전력의 공백을 메우고 1990년대 말 운용 중인 KF-16 전투기의 제한된 작전반경과 무장능력을 보완하기 위하여 성능에 있어서 한 단계 다음 세대의 전투기를 확보하기 위한 것이었다. 1994년에는 합동참모본부 JSOP에서 120대의 신규소요를 제기하였으나 늘어난 재원에도 불구하고 예산부족으로 인해 40대로 감축되었다. 또한 연구개발로는 전력화 요구시기를 충족시킬 수 없어서 획득방법을 해외구매로 전환했다. 그 결과 2002년 4월 19일

1980년대 말부터 퇴역하게 됨에 따른 대체 전투기를 필요로 하고 있었다. 또한 1982년에는 F-5E/F 제공호를 국내 최초로 대한항공에서 자체 조립 생산함으로써 자신감을 갖게 된 것과도 관련이 있다.

셋째, 최신예전투기의 확보를 목표로 한 이상 소련에서 개발한 최첨단기술의 전투기 MiG-29에 대응하기 위한 전투력을 확보하는 것을 목표로 했다. 당시 미국의 전투기들은 정밀타격능력을 확보하기 위해 보다 정교한 레이더와 정확도 높은 고성능 무장을 필요로 하였고 그러기 위해서는 전투기의 기체가 크게 제작될 수밖에 없었다. 여기서 F-15와 같은 대형 제공전투기(air superiority fighter)가 만들어졌고, 이들에 대한 보조적인 역할을 수행하기 위한 전투기로서 F-16 같은 저가이면서 소형인 전투기를 제작하게 되었다. 1960년대 후반부터 진행된 미국의 신형전투기개발 계획에 대한 대응책으로 러시아는 Su-27과 MiG-29기의 개발을 결정하게 되었다. 전술항공기를 경전투기와 대형전투기의 두 종류로 구분하여 개발하는 소련 공군개념에 의해 1972년에 수립된 경량 전방전투기 개발 프로그램에 의해 개발이 시작된 것이 MiG-29 펄크럼(Fulcrum) 프로그램으로서 F-16과 F/A-18에 대응하기 위한 것이었다. 소련은 또한 F-15에 대응하기 위한 대형전투기로 Su-27을 개발하였다.

MiG-29는 결함수정과 성능향상을 위한 많은 설계변경 끝에 1982년부터 양산이 시작되어 1983년에는 전방 항공부대에 최초 배치되기 시작하였다(소련은 방공군 이외에도 전방 항공부대 등 독자적으로 작전을 수행하며, 전투기를 보유하고 조종사를 양성하는 기능을 가진

F-15K를 차기전투기로 결정하였다.

별도의 '항공세력'을 보유하고 있다). 1985년부터 운용에 들어갔으며, 이후 북한에도 수출되었다.

공군의 관심사인 전투능력에 있어서는 공대공, 공대지, 공대해 전투능력을 말하는 것으로 전천후전투기를 요구하고 있었다. <표 3>이 공군의 요구 성능을 기록한 것인데 양 기종의 제원을 비교하고 있다. 이 비교는 F-16 블록 32(Block 32)를 기초로 한 것이다. 이에 따르면 양 기종 모두 거의 대부분의 요구 성능을 충족시키고 있음을 알 수 있다. 이는 다시 말해 F/A-18과 F-16의 차이를 선택의 수단으로 삼을 만한 구체성 있는 ROC를 제시하지 못하였음을 의미한다. 양 기종 모두가 선택대상이 될 수 있는 낮은 요구 성능을 제시했기 때문에 선택이 어려워지게 된 것이다. 따라서 두 기종 간에는 일견 차이점보다 공통점이 많았다.

그러나 두 기종 사이에는 어느 정도 제원의 차이가 존재했다. F-16의 우위는 전자장비 중 레이더 비콘(radar beacon)은 F-16의 경우 장착 가능하나 F/A-18에는 개발 중에 있다는 점에 있었다. 그러나 그 밖에 적지 않은 분야에서는 F/A-18이 우월했다. 첫째, 보다 큰 F/A-18이 내장 연료 용량 및 외부 탑재량에서 우월하기 때문에 화력, 작전의 신축성 및 향후 개발 여력 면에서 유리하였다. 둘째, 쌍발 엔진이어서(한국 공군 주력기는 초기의 F-86 이후로는 F-4, F-5 모두 쌍발 엔진이었다) 고장이나 전투에서 피격될 경우 등 조종사들의 심리적인 안전 신뢰도가 높았다. 셋째, 중거리 공대공 유도탄인 AIM-7(반능동식 레이더 유도)이 F-16에는 장착되어 있지 않아 개발 중에 있었다.[12] 한편 적의 감시 및 추적 레이더 등

---

12) AIM-7 스패로우는 반능동식 레이더 추적(semi-active radar homing: SARH) 공대공 미사일로서, 전투기에서 발사된 전파가 적기에 반사되어 나오는 전파를 따라가서 파괴한다. 스패로우 개량형은 1950년대 후

방공망을 교란시키는 전자방해장비(electronic counter measure: ECM) 장비가 F/A-18에는 내장되어 있으나, F-16의 경우는 단좌 모델인 C형에만 장착이 개발 중에 있다는 점 등의 차이점을 들 수 있다.

공군은 GD와 MD의 자료뿐 아니라 일본이나 캐나다 등 두 기종을 경험한 바 있는 14개국으로부터 자료를 수집하였으며, 기종선정에 앞서 우리 국내 조종사들로 구성된 비행평가팀을 구성하여 세 차례에 걸쳐 미국 현지에서 시험비행을 실시했다. 비교 결과, 항공관계자들의 판단은 양 기종 모두 우수하며, 어느 기종이든 작전 수행 면에서는 큰 차이가 없다는 것이다.[13] 그러나 실수요자인 공군은 계획초기부터 F/A-18을 선호한 것으로 알려져 있다.[14] 쌍발 엔진의 F/A-18이 단발 엔진인 F-16에 비해 생존능력이 뛰어나다는 점에서 조종사들 사이에서 F/A-18이 유리한 점수를 얻었으며, 70% 이상이 산악이면서도 삼면이 바다로 둘러싸인 한반도의 지형특성을 감안하면 해공합동작전에 유리하다는 판단이었다. 또한 F/A-18이 야간 및 전천후 공격능력에 있어서도 우위에 있는 것으로 평가하였다.

반부터 1990년대까지 서방의 주요한 비가시거리(BVR) 공대공 미사일이었다. 걸프전에 이르러서는 성능이 향상되어 F-15가 이룩한 전과는 주로 스패로우에 의한 것이었다. 스패로우는 아직도 운용 중이지만, AIM-120의 등장으로 점점 사라져가고 있다. AIM-9 사이드와인더는 대표적인 단거리 공대공 미사일로서 보다 간편한 적외선 유도방식이다. 미국전투기는 대부분 기본무장으로 탑재할 수 있다. AIM-120 암람 (Advanced Medium-Range Air-to-Air Missile: AMRAAM)은 최신예 공대공 미사일로서, 유도하는 거리에 가까워지면 스스로 레이더 탐색기를 작동시켜서 목표물을 찾는다. 목표물이 거리 안에 있거나 예상 지점보다 가까이 있으면, 미사일은 목표물을 찾아서 스스로 유도되기 시작한다. 가시거리의 단거리용으로 발사하면, 발사와 동시에 능동식 추적장치를 작동시키는 소위 '파이어 앤 포겟(fire-and-forget)' 미사일이 된다. http://www.globalsecurity.org/military/systems/ munitions(2007. 5. 16).

13) 김태곤, "FX 사업의 개발방향", 『월간 군사비전』, 1989년 6월, pp.38~41.

14) 최창희 "기술이전, 약속대로 진행되어야 한다", 『월간항공』, 1990년 2월, pp.15~25. 지만원에 의하면 묵직하고 승차감이 좋다. 착륙할 때 바퀴가 튼튼해서 편안하다는 점들도 F/A-18을 선호하는 이유들에 포함되었다고 한다. F/A-18의 착륙 시 안정감은 랜딩기어가 F-16에 비해 대형이며 튼튼하기 때문인데 이는 F/A-18이 항공모함 함재기이기 때문에 항공모함의 짧은 활주로에 착륙 시의 큰 충격을 순간적으로 흡수하고 제동거리를 짧게 하도록 제작되었기 때문이라는 주장이다. 『세계일보』, 1993년 6월 2일.

〈표 3〉 F–16과 F–18의 성능 비교

구분		F-16	F/A-18
무장	단거리 공대공 유도탄	AIM-9, 6발	AIM-7, 4발
	중거리 공대공유도탄	장착 개발 중	AIM-7, 4발
		개발 중	개발 중
	기총	Vulcan×1	Vulcan×1
	저고도 항법 및 정밀폭격장비	장착	장착
	정밀유도폭탄	장착 가능	장착 가능
	일반폭탄	장착 가능	장착 가능
	로켓	장착 가능	장착 가능
탑재 RADAR	공대공 LOOK UP	53.9NM	54NM
	공대공 LOOK DOWN	46NM	52NM
	공대지 모드(TV)	보유	보유
통신전자 장비	피아식별장비	장착	장착
	전자장비	능력 보유	개발 중
		장착	장착
	ECM 장비	장착 가능	장착 가능
		장착	장착
		개발 중(단좌용)	장착(단·복좌)
사격통제 장비	HUD WACS	장착	장착
	INAS	장착	장착
일반성능	최대속도	마하 2.07	마하 1.83
	최대추력	29,100	17,600×2
	추력 대 중량비	1.21	1.14
	상승고도	60,000FT	54,950FT

　　결국 공군은 1차 기종선정에 앞서 1989년 6월 정부의 무기체계심의회에 F-18을 건의하였다. 그러나 동 심의회에서는 F-16이 7 : 3 정도로 우세하여 최종결정이 유보되었다.

2. 후보기종의 비교: 성능 및 제원

여러 가지 전략적 이유와 판단에서 F/A-18을 무기체계심의회에 건의한 공군의 판단에 대해 여러 가지 논란이 있다. 공군의 평가에 대한 적절성 여부를 판단하기에 앞서, 여기에서는 두 후보기종에 대한 객관적인 성능을 비교해보도록 한다. 객관적 성능 비교를 통해 F-16과 F/A-18 사이에서 어떤 기종선정이 어떤 이유로 선정되는지를 정책적인 합리성 차원에서 판단하기 위해 필요한 작업이다.

1) 가격과 기본용도의 차이

F-16과 F/A-18의 기본성능 및 제원은 <표 3>에서 보는 바와 같다. 가격에 있어서도 두 기종은 큰 차이를 보이고 있다. 1980년을 기준으로 미국 내 납품단가를 보면 F-16의 경우 900만 달러였던 반면, F/A-18은 4,100만 달러였다. F/A-18의 경우 개발 초기였던 만큼 주문량이 많지 않았던 점을 반영한 가격이다. 그리고 KFP의 기종선정 시기에 가까운 1990년을 기준으로 하면 각각 1,700만 달러와 3,670만 달러였다. 같은 기종에 대해 10년 사이에 이렇게 많은 차이가 나는 이유는 1980년대 후반 고르바초프의 개혁과 개방의 물결을 타고 미국의 군사비가 삭감되어 미국 내 주문량이 큰 규모로 줄어들었기 때문이다. 결국 두 기종 사이에는 미국 내 가격에 있어서 2배 이상의 차이가 있었음을 알 수 있다.[15] 그러나 1989년 1차 기종결정 당시 MD와 GD의 제안가격을 비교하면 F-16이 2,840만 달러였고 F/A-18이 3,550

---

15) 지만원, "한국군 30조 율곡사업을 해부한다", 『세계일보』, 1993년 6월 2일.

만 달러였으므로, 25% 정도 F/A-18이 더 높게 제시되었음을 알 수 있다. 그러므로 미국 내 가격만을 기준으로 양 기종을 비교하면 큰 오차가 날 수 있으므로 주의하여야 한다.

그리고 두 기종 사이에는 기본적인 용도의 차이가 있다. F-16은 그 샘플기종인 YF-16이 대형의 F-15 전투기와 함께 F-4 전투기의 뒤를 이을 미 국방성의 다목적전투기로 채택되면서 1975년부터 양산체제로 돌입하게 되었다. 월남전 이후 조종사들의 요구를 반영하여 주간 임무 위주의 항공기로서 반드시 야간 및 전천후 지원 가능 항공기의 전력을 필요로 한다. 미 공군에서 주력 전천후 제공전투기의 기능을 담당하는 것이 F-15다. 반면 F/A-18의 경우는 노드롭사의 F-17 모델이 성능시험에서 미 국방성 공중전투기 선정에 실패한 후에 미 해군의 전투기로 선정되었으며, 1980년부터 MD에 의해 F/A-18로 양산되고 실전 배치되기 시작했다. F/A-18은 미 해군의 항모용 주력기에 해당하며, 따라서 F-16이 간단한 구조의 싼 전투기라면 F/A-18은 복잡하고 비싼 전투기라 할 수 있다.

여기서 해군전투기와 공군전투기의 구분의 중요성이 지나치게 강조되어서는 안 된다. MD의 F-4 팬텀(Phantom Ⅱ)은 원래 미 해군의 순수한 함상용 요격기로 설계된 기종이었다. 그러나 탑재량이 많고, 속도가 빠를 뿐 아니라 기체가 견고하여 공군, 해군, 해병대 모두 사용하는 다목적전투기로 변신하는 데 성공함으로써 3세대전투기로 등장할 수 있었다. F-4는 개량을 통해 다목적전투기의 출발을 알린 기종이 되었던 것이다. 실제로 F/A-18의 경우도 이후 미 해병대, 캐나다, 스페인, 호주, 쿠웨이트 등 여러 나라에서 공군의 주력기로 선정되어 활약해오고 있다.

2) 기능적인 차이

기능면에 있어서는 F-18(F/A-18)의 성능이 앞선다는 것이 중론이었다. 전투기로서의 전투기능 이외에 공격기로서의 대지공격기능을 갖춤으로써 미국 역사상 처음으로 전천후 전투공격기라는 의미에서 'A'라는 명칭이 추가되기에 이르렀다. 해수에 대한 내구성을 높이기 위해 특수재질을 사용하였다. MD사의 주장에 따르면 야간뿐 아니라 구름 속에서도 공격이 가능하다고 한다. F/A-18의 특징 중 하나가 조종실의 배치다. 계기판은 이전의 다이얼 방식이 사라지고 다기능 디스플레이 장치(Cathode Ray Tube: CRT) 스코프가 역할을 대신하는데, F-16에는 2개의 CRT 스코프가 있고 F/A-18에는 3개가 설치되어 있다.[16] 전면투과 디스플레이(Head Up Display: HUD)는 조종석 눈높이에 비행 및 전투상황의 정보를 보이도록 하여 1명의 조종사가 신속하고도 원활하게 작전을 수행할 수 있도록 하는 장비이다. 이는 1960년대에 실용화되기 시작하여 1980년대에는 거의 대부분의 전투기에 적용된 기술이다. 이외에도 생존능력, 야간공격능력, 무기투하의 정밀성에서 F/A-18이 우세하다고 한다.

기능적인 면에서 F-16의 특징이라면 동체 하부의 단발엔진 흡입구였다. 이전 전투기들에 비해 큰 영각(혹은 받음각, angle of attack) 비행이나 옆으로 미끄러질 때 안정적인 기류를 확보하여 부드러운 비행이 가능하다는 점이 입증됨으로써 기동성 높은 비행기의 표준설계로 인정받게 되었다.

공군의 ROC의 가장 핵심부분인 공대공, 공대지, 공대해 임무와 관

---

16) 김광열, "F-16과 F/A-18-제3자적 비교", 『월간군사비전』, 1989년 5월, p.72.

련하여 성능을 비교해볼 필요가 있다.17) 먼저 공대공 전투성능을 비교하면 다음과 같다. 레이더 탐지장비를 통해 가시거리 밖에 있는 적기와 교전하는 가시거리 밖(beyond visual range: BVR) 전투에서는 먼저 적을 발견하고 공격하는 것이 중요하다. 이를 위해서는 레이더와 중거리 미사일을 연결하는 화력제어 시스템(fire control system: FCS)이 필요한바, 바로 이 FCS의 레이더가 현대전투기에 있어서 가장 중요한 장비에 해당된다. F-16 블록 52의 경우 APG-68 레이더를 사용하고, F/A-18C의 경우 APG-65 레이더를 사용한다. 이 두 레이더는 탐색거리에 있어서 후자가 전자보다 25~40% 정도 긴 것으로 알려져 있다. 한 연구에 의하면 APG-68의 탐지능력이 40마일인 반면, APG-65는 80마일이라고 한다.18)

그런데 탐지각도에 있어서 APG-65는 140도를 확보할 수 있는 반면, APG-68은 120도를 확보한다. FCS의 탐색거리가 단순히 직선거리를 탐색하는 것이 아니라 3차원을 탐색해야 하는 점을 고려하면 탐색 가능 체적을 구할 수 있다. 이 경우 APG-68은 APG-65의 49%의 체적만을 수색할 수 있는 셈이다. 이는 곧 후자가 전자의 두 배에 달하는 공간을 탐색할 수 있음을 의미한다. 다른 전자장비에 있어서는 큰 차이가 없다고 한다. F-16 블록 52에 와서는 ECM도 같은 장비를 장착하고 있고, CHAFE/FLARE 역시 같은 장비를 사용하고 있으며 레이더경보수신기(radar warning receiver: RWR)에 있어서도 능력의 차이가 없다.

---

17) 정재욱, "제1·2차 차기전투기 기종결정에 관한 연구: 합리성을 중심으로", 국방대학교 안전보장대학원 석사논문, 2003, pp.33~36.

18) 정재욱, "제1·2차 차기전투기 기종결정에 관한 연구", p.71.

일반적으로 가시거리 내(within visual range: WVR) 교전에서 F-16
이 우수하다고 알려져 있다.[19] 그러나 세부사항을 살펴보면 반드시
그렇지도 않음을 알 수 있다. 첫째, 최대 순간선회율로 이는 근접전뿐
아니라 공대공 미사일 발사 시에도 중요한 기능이다. F/A-18은 F-16
에 비해 29%가량 높은 선회율을 갖는다. 이 정도면 '압도적 차이'라
고도 할 수 있다. 둘째, 최대 지속선회율도 에너지 손실 없이 선회할
수 있는 능력으로 근접공중전투(dogfight)의 '꼬리잡기'에서 매우 중
요한 기능인 바, F/A-18이 10% 높다. F-16이 다른 전투기보다 기동성
이 우수하다는 것은 바로 이 최대 선회율을 말하는데, 이는 비무장상
태에서의 선회율을 비교한 것이다. 중무장할 경우에는 공기저항 증가
가 심하여 기동성이 현격히 떨어지고, 결국 F/A-18이 더 우수한 것으
로 평가된다. 셋째, 최소 선회반경인데 반경이 작을수록 적기가 선회
하는 원의 안쪽으로 파고들 수 있어서 전투에서 유리한 위치를 확보
할 수 있다. F/A-18의 선회반경이 F-16의 74%로 더 작은 선회반경을
갖는다. 넷째, 가속능력으로 저속에서는 F/A-18이 유리하고, 고속에서
는 F-16이 우수한 편이다. 다섯째, 기체를 좌우로 회전시키는 횡전율

19) 지만원은 전투기 성능 비교의 기준을 다음의 네 가지로 제시한다. 첫째는 기습달성도로서 예전의 요격전
투기의 핵심이었던 BVR 교전을 위한 미사일과 같은 무장의 우수성이 중요한 것이 아니라 빠른 운항능력
과 전투기의 체공대수, 조종사의 정신과 기량이 관건이라고 한다. 둘째는 체공대수의 수적 우세로, 크고
복잡하고 비싼 전투기일수록 많은 정비시간과 정비회수를 요하며, 운용비용도 많이 들기 때문에 F/A-18
의 경우 수적 우세를 유지하기 어렵다. 셋째, 기동성으로서 공중기동과 수적 우세를 이용하여 적의 편대
조직을 교란하고 적전투기 조정사의 전투의지를 박탈하는 것이 몇 대의 전투기를 격추시키는 것보다 훨
씬 더 중요하다는 주장이다. 넷째는 격추능력으로서 중동전에서의 격추의 70%, 월남전에서의 미군기의
대부분의 손실이 가시거리 내의 기총 사격에 의한 것이었다. 그리고 중거리 유도탄인 스패로우(AIM-7)의
격추율은 8%에 불과했지만 단거리 유도탄인 사이드와인더(AIM-9)의 격추율은 24%였다. 그런 만큼 공중
전에서 중요한 무기는 단거리 유도탄과 기총이라고 주장한다. 이 비교에 의하면 〈표 3〉에 나타난 차이 가
운데 스패로우 중거리 유도탄에서 F-16의 열세는 중요한 것이 아니라는 결론에 이른다. 지만원, 『군축시
대의 한국군 어떻게 달라져야 하나(하)』(서울: 진원, 1992), pp.171~174. 그러나 미사일 기술 발달로 인
해 걸프전에서 공중전 전과의 과반다수를 책임진 것은 BVR용 스패로우였다. James F. Dunnigan and
Austin Bay, From Desert to Storm: High-Tech Weapons, Military Strategy, Coalition Warfare in the
Persian Gulf(New York: William Morrow, 1992), pp.215~216.

(roll rate)에서는 F-16이 개발 당시부터 전 세계에서 가장 우수한 것으로 알려져 있으며, F/A-18에 비해서도 20%가량 빠르다. 문제는 인간의 반사신경이 그 차이를 감지하지 못하기 때문에 그다지 중요하지 않은 차이라고 한다.

이상의 비교를 종합해보면 공대공 실전에 있어서 BVR의 상황이든 WVR의 상황이든 F/A-18이 상당부분 약간씩 우월함을 알 수 있다. 전자전의 경우 FCS가 교전능력을 결정한다고 할 수 있으므로 F/A-18이 유리하며, 근접전투의 경우에도 예상 외로 F-16이 유리하지 못하다고 할 수 있다. 단, MiG-21/23급의 전투기에 대응할 경우는 양 기종 모두 우세를 점할 수 있으나, MiG-29 이상의 첨단전투기와의 공중전에서는 F/A-18이 보다 유리하게 전투를 할 수 있다.[20]

공대지 임무의 수행에 있어서는 F-16은 중동전과 걸프전에서 성공적인 임무수행으로 잘 알려져 있으며, F/A-18 역시 걸프전에서 지상목표에 대한 공격을 성공적으로 수행한 바 있다. 두 기종 모두 지상공격 무기를 장착한 채로 공중전을 수행하고 지상에 대한 공격임무도 수행할 수 있는 능력을 갖추고 있다. 또한 ECM은 적지를 비행할 때 상대방의 레이더나 유도무기 같은 전자장비를 무력화시킬 수 있는 능력을 갖출 수 있게 해준다. 적지에는 유도무기, 레이더, 지대공미사일, 기총소사를 통한 방공망 등이 있어서 ECM 장비가 있을 경우 피격률을 낮출 수 있다.[21] 그러므로 공대지 작전수행능력을 위한 필수장비라 할 수 있는데 양 기종 모두 갖추고 있다. 그리고 대지공격의 정밀성에 있어서도 큰 차이가 없다. 그러나 무기장착능력에 있어

---

20) 정재욱, "제1·2차 차기전투기 기종결정에 관한 연구", pp.33~36.

21) 심재율, "F16 대 18의 로비공중전: 3조~5조원 전투기 시장 쟁탈전의 내막", 『월간조선』, 1989년 3월.

서 차이가 난다. 최대 무장탑재량에 있어서 F-16이 약 5톤, F/A-18이 약 7톤에 달한다. 폭격기를 보유하지 않은 한국 공군에 있어서는 F/A-18이 공격기로서의 기능까지 수행할 수 있어 공대지 작전에 더 적합하다.

마지막으로 공대해 임무도 삼면이 바다로 둘러싸인 우리나라 지형에 있어서 없어서는 안 될 기능이라 할 수 있다. 공대해 임무에 있어서는 F/A-18이 원래 해군기로 개발된 만큼 해상작전능력이 우월하다. 고성능의 레이더를 이용하여 발사할 수 있는 사거리 50Km의 하푼 (Harpoon) 대함 미사일을 4기 장착할 수 있다. 공중에서 적의 항공모함이나 군함을 공격할 능력을 갖추고 있고, 동시에 기뢰부설을 통한 항만봉쇄능력도 있다고 한다. 그러나 F-16은 공군기로 제작되었기 때문에 공대해 무기가 기본무기로 장착되어 있지 않다. 1989년 초 기종결정 당시만 해도 F-16에는 해상 공격무기를 장착할 수 없었다. 그 후 1991년 최종 기종결정 때에는 F-16 블록 52형을 개발하여 하푼 대함 미사일 2기를 장착할 수 있게 되었다.

3) 운용 면에서의 차이

F/A-18은 기술상의 우위만큼 정비에 어려움이 있을 것으로 평가되었다. 계기와 컴퓨터 시스템이 까다로우며, 1980년대 당시에는 F-16에 비해 운용국가들이 많지 않아 부품공급이 원활하지 않을 수 있다는 평이었다.

〈표 4〉 F-16과 F-18의 주요 성능 비교

		F-16		F/A-18
		F-16C	F-16D(복좌)	(F 전투; A 공격)
외장 (m)	전폭	9.45		11.43
	전폭(미사일 장착)	10.00		12.31
	주익 하반각	3.0		3.5
	전장	15.03		17.07
	전고	5.09		4.66
	전고(미익 포함)	5.58		6.58
	차륜거리	2.36		3.11
	축거	4.00		5.41
익면적 (㎡)	주익면적	27.87		37.16
	미익면적	5.09		8.18
중량 (KG)	자체중량	8,316		10,455
	내부연료	3,162	2,624	4,926
	외부 연료탱크	3,066		3,053
	최대외부탑재량	5,443		7,710
	(전투)이륙중량; 최대이륙중량	11,372; 17,010	11,114; 17,010	16,651(F); 22,328(A)
	엔진 최대출력	10,637		14,515(7,258×2)
성능	최대속도	M 2.0(12,200m 상공기준)		M1.8+(좌동기준)
	순항속도	-		M 1.0
	최고상승고도	15,240m+		15,240m
	최대행동반경	925Km		740Km(F)/1,065Km(A)
	최대항속거리(ferry range)	3,890Km		3,706Km

출처: *Jane's All the World's Aircraft* 1989~1900, pp.412~415, 452~454

    〈표 4〉에서 볼 수 있는 바와 같이 F/A-18이 F-16에 비해 중량(자중 및 이륙), 전장, 전폭, 익면적, 내장 연료 등에 있어서 더 큰 비행기라고 말할 수 있다(동체 크기에서 F-16이 F/A-18의 83% 정도). F/A-18은 전자장비와 무장이 늘어날수록 더 무거워지게 되고, 연료소모율이 20% 정도 더 많기 때문에 최대 전투행동반경은 F-16보다 짧다. 전투

력을 동등하다고 가정할 경우, F-16을 150시간 이상 공중에서 가동시킬 수 있는 비용으로 F/A-18은 100시간 정도밖에 체공시킬 수 없다고 한다.

배치실적을 비교해보면 F-16의 경우 1975~1992년 사이에 3,800대를 생산 배치하였으며 1993년까지 유럽, 중동, 아시아의 20여 개국에 판매된 당시의 현존 전투기 중 '베스트셀러'에 해당하는 기종이었다. F/A-18의 경우는 1980년에 실전 배치되기 시작하여 1992년까지 전 세계에 1,100여 대가 배치되었으며 호주와 스페인, 캐나다, 쿠웨이트, 스위스 등지에서 공군기로 활용되기도 하였다.

엔진 수의 차이에서 오는 중요성은 바로 사고율이다. 1988년 1년 동안 F-16과 F/A-18의 사고 건수는 총 24건이었는데, 이 중 F-16의 사고수가 F/A-18보다 2배 더 많았다. 반면 지난 6년 동안 일어난 양 기종의 사고총수는 비슷한 것으로 알려졌다. 보다 자세한 자료에 의하면 지난 6년 동안 전 세계에 배치된 각 전투기들의 총 비행시간에 대한 총 손실대수를 계산한 10만 비행시간당 손실률에 있어서 F-16이 F/A-18에 비해 1.26대 정도로 손실대수가 높은 것으로 나타났다.[22] 미 공군과 해군에 있어서의 손실률을 보아도 여전히 F-16이 약간 높은 손실률을 보이고 있으나, 그 비율에 있어서 전 세계에 배치된 전투기들 중의 손실률에 비해 훨씬 낮은 비율을 보여주고 있다. 즉, 미국 내의 전투기 경우 두 기종의 손실률이 비교적 유사한 것을 의미한다. 이는 지역에 따라, 운영능력에 따라 손실률이 다르게 나타난 것으

---

22) 비망록.

로 해석할 수 있다.

　엔진의 수와 사고율에는 상관관계가 없다는 주장도 있다. 현대 공중전은 미사일 위주로 진행되므로 미사일에 명중되면 전투기 전체가 폭발하지 엔진 한 개만 소실되지 않는다는 설도 있다(그러나 미사일이 기체 근방에서 폭발하는 경우가 많아 쌍발이 약간 더 안전하다고 볼 수 있다). 또한 두 개의 엔진에서 오는 단점으로 무게가 더 나가고, 더 비싸지며, 고장률도 증가한다는 것이다(그러나 엔진 고장 시 생존율에서는 쌍발 항공기가 보다 안전하다). 따라서 수리시간과 부품비용도 두 배가 필요하다. 또 다른 의견으로는 "전투기가 엔진 두 개를 장착하는 것은 설계문제이지 안전문제는 아니다"는 주장이 있다.[23]

　손실률 문제는 단순히 공군 조종사의 생존의 문제에 머무르지 않는다. 조종사의 생존이 전쟁 자체의 승패 기로를 결정할 수도 있기 때문이다. "한 사람의 조종사 양성에 최소한 10억 이상 수십억이 소요되고 역사상 우수한 조종사가 수백 대의 항공기를 격추한 기록이 있으며…… 예나 지금이나 조종사들의 기량은 무기의 성능에 우선한다."[24] 그러므로 공군이 복수 엔진을 선호하는 이유를 이기적인 사고의 발로로 인식해서는 안 될 것이다.

　F-16의 초기형태는 F-16A/B인바, A의 경우 단좌모델이며 B는 훈련용 복좌모델이다. 우리나라에 '평화의 가교' 프로그램으로 도입되기 시작한 F-16은 C 및 D형이다(단좌모델은 C, 복좌모델은 D). 우리나라가 직구입 형태로 도입한 F-16C 30대, F-16D 10대는 블록 32 시리즈의 모델에 속한다. 미 공군은 1978년부터 다국적 공동성능개선 프로

---

23) 오원철, "10년 허송세월, '퇴역예정' F16 선택했다", 『신동아』, 1995년 12월, p.148.

24) 곽영달, "왜 전투기 선정이 어려운가?", 『자유』, 1993년 9월, p.37.

그램(Multinational Staged Improvement Program: MSIP)을 운용해오고 있는데, F-16C/D가 이 프로그램에 의해 항공 및 전자장비에 있어서의 구조개선과 발전을 경험하게 되었다. 1980년대 말에는 F-16C 블록 40 시리즈부터 전천후 주야간 공격성능이 장착되었다. 야간적외선 저공 항법·표적포착장비(Low Altitude Navigation and Targeting Infrared, Night: LANTIRN)가 장착 가능하게 되었기 때문이다. 이 기능은 어둠이나 안개 속에서 비행 및 공격을 용이하게 하며 조종사가 기체의 자동지형추적 및 장애물 회피의 이점을 살리면서 시각을 활용할 수 있도록 해준다.[25] 1989년 이후 개량된 블록 50/52형은 중거리 유도탄인 스패로우(AIM-7 Sparrow) 미사일, 최신형 중거리 공대공 유도탄 (AMRAAM) AGM-65D, 매브릭 공대지 미사일, 하푼 공대함 미사일 등 최신형 미사일의 장착이 가능하게 되었다. 또한 인공위성 항법장치인 GPS와 대공제압 유도탄인 HARM도 장착할 수 있게 되었다. 1980년대 국내에 도입된 F-16은 모두 블록 32에 해당하지만, KFP 사업의 도입대상이 된 F-16은 모두 블록 52 이상이 될 예정이었다.

F/A-18의 경우 F/A-18C는 1987년 9월 3일에 첫 비행하였으며, 1989년 11월 이후의 기체는 야간 공격능력이 강화되어 '야간공격형'이라 불릴 정도로 야간작전능력이 강화되었다. 특히 F/A-18D(N)형은 미 해병대의 전천후 야간공격기로서 후방석에는 공격임무를 전담하는 무장운용 장교가 탑승하도록 되어 있다. 이는 LANTIRN과 유사한 저고

---

25) 대당 가격이 수백만 달러에 달하는 고가인 만큼 KF-16의 30%(2005년 기준)에만 장착되어 있으며 새로이 도입된 F-15K에는 내장되어 있다. LANTIRN을 탑재하게 되면, 조종사들이 비행착각을 일으켜 사고가능성을 높이는 야간투시경(night vision goggle: NVG)을 쓸 필요 없이 적의 레이더망에 걸리지 않고 저공 침투가 가능하다고 한다. http://www.globalsecurity.org/military/systems/aircraft/F/A-18.htm(검색일 2007년 4월 11일).

도 야간항법·표적포착장비(NAVFLIR 혹은 후속 모델인 ATFLIR)를 장착하고 있기 때문이었다.

4) 양 기종의 종합 비교

이 같은 차이점들을 종합하여 비교하면 F-16의 장점과 F/A-18의 장점을 다음과 같이 요약할 수 있다.[26]

■ F-16의 장점[27]

① 경제적이다. F/A-18이 F-16에 비해 1.3~1.7배 비싼 것으로 평가되었다.

② 한국 공군이 당시 보유하고 있었기 때문에 각종 지상 장비를 활용할 수 있고 부품공급도 원활할 것이다.

③ 주한 미군의 보유기인 만큼 합동훈련이나 협조 면에 있어서 편리하다.

■ F/A-18의 장점[28]

① 새로운 기종의 채택으로 다양한 경험의 축적이 가능하다.

② 한국 공군이 갖지 못한 폭격기를 대신해서 공격기로서의 역할을 수행할 것이며 무장탑재량에 있어서 F-16보다 우세하다.

③ 레이더 화력통제장치의 탐색거리가 F-16보다 약 2배에 달하므로 탐색거리가 확장된다.

---

26) 김광열, "F-16과 F/A-18 제3자적 비교", p.73.

27) http://www.globalsecurity.org/military/systems/aircraft/f-16.htm 참고.

28) http://www.globalsecurity.org/military/systems/aircraft/F/A-18.htm 참고.

④ 쌍발엔진인 만큼 엔진고장이나 전투 중 손상을 받았을 때 안전성이 높고, 전천후 이착륙이 가능하다

전투능력 면에서는 다음과 같은 차이로 요약할 수 있다. 기동성과 야간저고도 폭격(LANTIRN 장착 시), 그리고 교전능력에 있어서는 F-16이 우수하다. 반면, F/A-18은 임무수행능력과 화력관제기구와 데이터 링크능력을 보유하고 있으며, 요격능력이 우수하고, 공대지와 공대해 임무수행능력을 보유하고 있다. 양 기종에 대한 이러한 평가는 기종결정을 앞두고 F-16의 성능개량과 당시 진행된 걸프전에서의 활약상, 그리고 계약가격의 변화로 인해 큰 변화를 겪게 된다.

3. 합참의 타당성 검토

합참은 공군에 의한 소요제기에 대해 적의 장비 혹은 적의 무기체계에 대한 대응능력, 현재와 미래의 군사전략, 기술의 발전추세, 방위산업과의 연관성 등을 종합적으로 고려하여 소요의 적정성을 평가한다. 그런데 당시 합참의 조직에는 무기체계획득과 관련하여 두 개의 계통이 존재하고 있었다. 전략소요와 무기소요의 구분이 바로 그것이다. 전략소요는 합참의 전략기획국에서 결정하고 PPBEES의 모든 단계를 거치면서 진행되는 과정을 말한다. 그런가 하면 무기소요란 합참의 무기체계국에 의해 각 군의 소요제기에 대한 평가가 이루어지고, 여기에서 내려진 결정은 PPBEES의 네 번째 단계인 집행에 관여하는 부서들을 거치면서 진행되었다. 이 부분이 바로 당시 소요제기의 이원화로 인한 비효율적 관리체계와 책임소재를 모호하게 했다는

지적을 받았다.[29]

여하튼 각각의 과정을 거쳐 제기된 무기체계가 우리에게 꼭 필요한지 여부에 대한 최종적인 판단은 무기체계심의회에서 이루어진다 (제2장 <그림 3> 참조). 선정된 무기체계에 대해서는 중기 무기체계 요구운용능력서(ROC Ⅱ)와 함께 비교분석하여 국방부 장관에게 제출한다. 장관의 승인이 내려지면 합동무기체계목표계획서(JSOP)에 포함시키게 된다. 이 부분이 전략과 무기체계의 일관성과 관련된 과정이라면, 대상 장비의 운용성에 대해서는 국방연구원에 의뢰하여 장비의 효율성을 분석한 다음 획득심의회를 통하여 기종결정과정에 참여한다.

합참이 담당하는 주된 임무인 운용성과 관련된 사항이란 군수지원, 교육훈련, 그리고 한미연합작전을 의미한다. 첫째의 군수지원에 있어서는 기존의 평화의 가교 I에서의 정비지원체계를 활용할 수 있다는 점에서 F-16이 유리한 것으로 평가되었다. 이는 정비의 용이성이나 신뢰성, 보급지원체계 및 기술정보관리 등의 면에서 이미 F-16에 납품하는 국내업체들이 있으며, 정비와 보급을 시행해오고 있기 때문이다. 또한 교육훈련 분야, 즉 조종사와 정비사의 교육훈련의 효율성 측면에서도 F-16이 약간 우세한 것으로 판명되었다. 이 또한 기존에 40대의 F-16을 운용해오고 있기 때문이다. F/A-18을 도입할 경우 배치와 작전수행이 가능할 때까지 시간이 걸리며 조종사 훈련에 인력과 시간이 많이 소모될 것이라는 전망이다. 무엇보다 중요한 것은 한미연합작전에 있어서 작전과 군수운용 측면을 평가해보아도 F-16이 우

29) 김병묵, "한국전투기사업(KFP)의 기종선정에 관한 정책결정연구", 국방대학원 안전보장대학원 석사학위논문, 1996, p.62.

세하다는 것이었다.[30] 이는 한국에 주둔하고 있는 미 공군이 F-16 위주로 무장하고 있기 때문이다. 그리고 일본의 FSX 사업이 F-16을 모체로 공동 개발한 것이어서 아시아 방위체제상 작전호환성이 높다는 점도 지적되었다. 총체적인 면에서 비교하자면 F-16이 F/A-18보다 8.5%가량 우세한 것으로 평가되었다.[31]

4. 항공산업육성위원회

항공산업에 대한 기여도 부분은 절충교역과 한국의 항공산업발전계획서(Aviation Industry Development Plan: AIDP)의 평가, 기술이전과 국산화의 가능성, F-XX와의 연계성에 대한 평가 등으로 이루어진다. 이 분야는 항공산업육성위원회가 전담하여 KFP 사업의 항공산업에 대한 기여도를 평가하도록 되었다. 구체적으로는 기술이전과 국산화, 그리고 AIDP에 대한 평가는 항공산업 실무추진위원회에서 상공부 산하 산업연구원이 주관이 되어 공동생산 타당성 평가반으로 하여금 검토하도록 하였고, 절충교역은 국방부 조달본부에서 검토했다.[32]

KFP 사업의 양대 목표가 공군의 전투력 향상과 항공산업의 육성인 만큼, GD와 MD 두 회사에서는 회장단을 파견하여 자사의 첨단기술의 이전과 한국의 항공산업의 발전에 협조할 것을 약속한 바 있다. 이를 위해 양사에서는 AIDP를 작성하여 한국 정부에 제출했다. 우리 정부에서도 많은 기술과 중요한 기술을 제공하는 측에 사업 참여권

---

30) *Ibid.*, p.64.

31) 비망록.

32) 김병묵, "한국전투기사업(KFP)의 기종선정에 관한 정책결정연구", p.63.

을 부여하겠다는 것이 기본방침이었다.[33]

GD의 계획은 한국의 항공산업에 대한 3단계 발전계획을 제시했다. 제1단계 2000년까지는 항공기제조 분야에 대한 지원을 중점적으로 실시하며, 제2단계 2005년까지는 항공경영지원을 실시하고, 제3단계 2010년까지는 항공기설계 및 개발지원을 한다는 계획이었다. 이는 미국의 항공산업 성장과정과 유사하다고 설명했다. 1단계에서는 전투기생산에서 항공기조립, 부품생산, 농업용 항공기 생산 등이 포함된다. 한국의 경우 F-16의 도입을 통해 부품 및 기타 외부장치를 설계 또는 생산하며, 이를 토대로 항공산업의 토대인 조립공정에 참여한다. 2단계에서는 경영조직의 개선과 산업기술개발, 군수물자 경영기법의 개발 등이 포함된다. 이 단계에서는 도약을 위해 인적 자원을 확보하며, 특히 컴퓨터와 같은 첨단장비를 조작할 수 있는 인력을 필요로 한다. 3단계에서는 인력개발과 동시에 로켓 엔진연구, 상업용 항공기 개발 등을 중점적으로 실시하여 항공선진국에 진입하는 단계다. 한국의 독자적인 모델을 개발하고 민간항공기뿐 아니라 우주 항공산업에도 진출한다는 계획이다.

MD의 계획은 6단계로 구성되어 있다: 1단계 생산과 수출, 2단계 항공산업 장기계획수립, 3단계 항공군수지원체계개발, 4단계 미래의 신규항공 시스템 연구, 5단계 신형항공기 부품개발, 6단계 조합 시스템 개발. 1단계인 생산과 수출에 있어서는 F/A-18 공동생산을 위해 미국에서의 조립과정을 거쳐 한국 내의 조립단계로 나아가고 그다음으로 한국에서 생산하게 되며, 수출은 전 세계 시장을 대상으로 한다

---

33) 김태곤, "FX 사업의 개발방향", p.63.

는 계획이다. 2단계에서는 MD와 한국업체가 합작으로 한국기업이 자체능력의 기반을 닦고, 연구개발을 확충하여 기술발전을 꾀한다. 이리하여 6단계에 이르면 종합 시스템 개발이 가능해져서 정찰·공격전투기 훈련 시스템의 모든 기술을 축적하게 된다. 그 결과 미 공군의 훈련기인 T-38의 후속형인 1천 대의 항공기와 지상 훈련 시스템에 이용할 수 있는 기술을 확보하여 1백억 달러 이상의 시장을 확보할 수 있다는 것이다.

이 같은 두 업체의 AIDP에 따르면 KFP 사업진출의 대가로 2010년경이 되면 한국은 항공산업이 세계적인 경쟁력을 갖출 수 있도록 하겠다는 것이다. 그러나 이는 기술적으로도 실현가능성이 없을 뿐 아니라, 정치적으로도 거의 불가능하다고 보는 것이 옳을 것이다. 1987년 양국 정부 간 합의에 앞서 미국 의회는 항공기술에 대한 보호를 위해 그리고 무역수지 개선을 위해 우리 정부에 직구매를 강요하는 수준의 압력을 넣었으며, 그로 인해 통상마찰로까지 확대될 상황마저 초래한 바 있다. 그리고 일본의 FSX는 독자개발 계획하에 진행되었으나 우여곡절 끝에 공동개발의 형태를 취하게 되었다. 그뿐 아니라 국가 간 관계를 보다 전략적으로 고려한다는 국무성과 국방성에서도 핵심 군사기술의 이전에 대해 엄격한 제한을 가하고 있었다.

이러한 점들을 고려한다면 업체들이 자체적으로 제시한 AIDP는 업체의 들이밀기식 입찰경쟁에 불과함을 알 수 있다. 민간군사 전문가인 프랭클린 스피니(Franklin Spinney)는 미국회청문회 브리핑에서 미국 방위산업체들의 행태에 대해 파헤침으로써 주목을 받게 되었다. 그의 주장은 방위산업체들의 계획가격과 실제가격은 엄청난 차이가 있다는 것이다.34) 그 업체들의 전략 두 가지를 소개하면 하나는 '발

부터 들여놓기(foot in the door)'이며 다른 하나는 '협박(blackmailing)'
이다. 전자는 새로운 장비에 대해서는 개발비용의 불확실성으로 인해
정부가 사후원가정산 계약을 할 수밖에 없기 때문에 사용하는 것으
로, 입찰 시에 어떻게 해서든 수주를 하고 본다는 전략을 말한다. 이
계약방식에 의하면 일단 계약이 이루어지면 예상치 못한 기술개발비
용이나 가격상승, 실패에 대한 위험부담을 모두 정부가 책임지도록
되어 있다. 후자의 전략은 주장비의 판매 시 낮은 가격에 제공하고
이후 부수장비와 부속품, 정비용역 등에 대해서는 독점적인 입장에서
엄청난 가격을 부가하는 것을 말한다.

항공산업육성위원회의 평가결과는 MD 측이 제시한 조건이 GD 측
의 조건보다 유리하다는 것이었으며, 고용증대와 소득향상이라는 국
민경제적인 요소에 있어서도 F/A-18이 유리한 것으로 판단되었다. 그
리고 조달본부의 판단에 의하면 절충교역에 있어서는 양 기종이 대
등한 것으로 드러났다.[35] 계량화해서 보자면 절충교역과 AIDP, 국산
화 및 기술이전, F-XX와의 연계성 등에 있어서의 기여도를 종합하면
F/A-18이 F-16보다 0.6% 높거나 비슷하다는 것이다.[36]

5. 국방부의 검토 및 재원

1987년 12월 국방부 전투기사업단장과 미 국방성 고위관리 사이에
협상이 타결되었다. 1992년부터 1998년까지 진행하며, 총 120기의 전

---

34) Franklin C. Spinney, *Defense Facts of Life: The Plans/Reality Mismatch*(Boulder: Westview Press, 1985).
35) 김병묵, "한국전투기사업(KFP)의 기종선정에 관한 정책결정연구", p.63.
36) 비망록.

투기 도입 중 1단계 12대는 미 FMS 방식에 따라 완제기를 도입하고, 2단계 36대는 KFP 사업의 주계약자인 삼성항공이 국내조립을 담당하며, 나머지 72대는 삼성항공, 대우중공업, 대한항공 등이 국내 공동 생산을 한다는 것이었다. 그리고 대응구매 비율은 30%로 하향 조정되었다. 도입기종의 선택은 F-16 파이팅 팰콘과 F/A-18 호넷 중에서 선택하는 것으로 했다.

이후 국방부는 각 참여기관들의 검토결과를 토대로 기종결정에 돌입했다. 판단기준의 핵심은 바로 비용대비 효과의 문제로 귀결되었다. F-16은 가격에 있어서 700만 달러나 저렴하였다. 이미 국내도입이 이루어져 조종사들이 익숙해져 있으며 군수지원과 한미연합작전 측면에서 유리하다는 점 또한 고려되었다. 운용에 있어서는 F-16이 유리하다는 것이었다. 반면 F/A-18은 가격에서는 고가이지만 북한의 주력전투기 중 가운데 하나인 MiG-23보다 우위에 있을 뿐 아니라, 최신 예기인 MiG-29보다도 생존능력과 탑재무기, 전투반경 등에서 우위에 있다고 평가되었다.

종합적으로 본다면 전투력에서는 F/A-18이 우세를 보인 반면, 운용성에 있어서는 F-16이 우위에 있었으며, 항공산업 기여도에 있어서는 대등한 것으로 평가되었다. 이를 종합하면 성능개량에 대한 불확실성을 고려한다면 양 기종이 전체적으로 대등한 평점을 받았다고 할 수 있을 것이다. 그러나 국방부 평가에 있어서는 공군의 주장이 반영되었다. 국방부획득심의회에서 비용이 어느 정도 더 소요되더라고 미래 한반도의 작전환경과 MiG-29 이후의 북한의 공군력에 대처하여야 한다는 점, 그리고 고가의 장비로 향후 30년 이상 유지해야 하는 현실에 비추어본다면 성능이 보다 우수하고 안정성이 높은 기종을 선택

해야 한다는 것이었다. 이러한 기준에 맞추어 국방부는 F/A-18이 적합하다는 판단을 내리게 되었다.37)

국방부의 또 다른 중요한 역할 중의 하나가 사업을 위한 재원을 확보하는 일이다. 한국의 자주국방을 위한 전력증강사업, 즉 암호명 '율곡사업'은 정부가 추진하는 단일사업으로는 가장 거대한 사업이었으며 건국 이래 최대사업이라고 할 수 있다. 1단계인 1974~1881년간에는 2조 8,864억 원이 투입됐으며, 2단계인 1982~1986년에는 5조 5,757억 원이 투자되었다. 또 3단계인 1987~1992년 기간에는 6년 사이에 무려 14조 152억 원의 예산이 들어갔다. 율곡사업비가 국방예산에서 매년 차지하는 비율만도 30~40%에 달한다. 이 거대한 사업의 재원마련을 위해 신설된 것이 부가세의 일종인 방위세였다. 1990년 말 최종 기종선택을 앞둔 시점에서 확보된 가용예산은 1991~1999년 사이에 47.8억 달러에 달하게 될 것으로 전망되었다.

예산제도에 있어서 추진방식이 1차 율곡사업인 1976~1981년 시기에는 목표지향적인 고정계획 방식이었으나, 1984년부터는 시행 중에 발생되는 제반 변화요인을 매년 수정하고 보완하여 이를 예산에 반영하는 연동계획방식으로 변경되었다. 그리고 재원마련에 있어서 1974년 율곡사업의 착수시기에는 방위성금으로 충당하다가, 1975년 7월 방위세법이 제정되어 1976년부터는 국방비 가운데 방위세 징수액으로써 방위력 개선사업비용 전부를 충당하였다. 1990년 12월 31일로 한시법인 방위세가 폐지되자, 1991년부터는 국방예산으로 충당하였다.38)

---

37) 국회, 『율곡비리 국정조사 국방위원회 회의록』, pp.4~6.

38) 배진수, "방위력 개선사업의 제도적 규범과 진전과정", 『한국군의 전력증강과 무기획득』, 한국군사학회

그런데 감사원이 1993년 10월 국회에 제출한 감사자료에 따르면 정부는 차세대전투기의 기종을 선정하는 과정에서 총사업비를 확정하지 않았을 뿐 아니라, 항공기의 성능 향상, 물가상승 등에 따른 추가소요 재원확보 방안조차 마련하지 않은 채 기종을 결정한 것으로 드러났다고 한다.39) 실제로 1989년 초 기종결정 당시 예상했던 사업비 43억 달러와 최종 기종결정 당시의 52억 달러 사이에는 20%의 차이가 발생했다. 그러나 국방부는 이 문제에 대해 가용예산을 조정하고 사업기간을 1년 연장하여 추진하는 것으로 해결하였다.

당시 우리 국방부의 재정상황은 어떠했는지 살펴보도록 하자. 이에 대해 많은 연구들이 당시 상황에 대해 예산감소로 인한 우리 정부의 어려움을 지적하고 있다. 고르바초프의 개혁·개방 정책 이후 전 세계적인 긴장완화가 시작되었으며, 특히 독일통일과 함께 미국뿐 아니라 우리나라에서도 국방비 감축에 대한 논의가 진행되었다. 실질적으로 당시 국방비의 금액은 감소하지 않았으나, GNP 대비 국방비의 비율이나 정부재정에서 국방비가 차지하는 비율을 보면 1980년대 동안 지속적으로 줄어들었음을 알 수 있다. 1979년 박정희 대통령과 카터 대통령의 정상회담을 통해 한국이 GNP 6%의 국방비를 유지한다는 한미 간 합의가 이루어졌던 바 있으나, 1983년 이후 6%에 이르지 못하였을 뿐 아니라 4% 선까지 지속적으로 떨어지게 되었던 것이다. 또한 KFP와 관련해서는 무기획득 및 연구개발에 지출되는 '전력투자비'가 국방비 전체에서 차지하는 비율이 1987년 이후 지속적으로 감소되어 왔다.

국방·군사 세미나 논문집, 1997, p.18.

39) 하종대, "율곡사업 비리사건의 진상", 『신동아』, 1998년 1월; 『조선일보』, 1993년 9월 8일.

그러나 간과해서는 안 될 것이 있다. 우선 5공 정부는 출범 당시 레이건 행정부의 군비증강요구에 대해 6% 공약을 기꺼이 수행할 의지가 있었다. 이는 두 대통령 사이의 관계와 두 정부 사이의 협조체제에서도 알 수 있는 바였다. 그런데 우리나라 국방비 추이의 변화에서 두드러지는 점이 있다면, 1980년대 첫 5년간의 통계는 국방비의 낮은 증가율뿐 아니라 실질적인 하락을 보여준다. 그리고 1985년 이후에는 국방비 총액이 급격히 증가했다. 그렇다면 왜 이렇게 상반된 현상이 발생한 것일까? 1980년대 초 5년 동안의 통계를 면밀하게 살펴보면, 레이건 행정부의 고금리정책에 의해 미 달러화가 비정상적으로 높은 환율을 유지했으나, 이에 반해 1980년대 중반에는 상대적으로 낮은 달러 환율이 우리의 달러화 환산 국방비를 다소 과대평가하도록 했던 것이다.[40]

그리고 1986년부터 1988년 사이에는 GNP가 폭발적으로 성장하여 연평균 12.7%의 성장률을 달성하였다. 이로 인하여 국방비의 GNP 점유비율은 줄어들었으나 국방비 총액은 여전히 10% 이상 증가하게 되었던 것이다. 또한 당시에는 달러대비 원화환율이 급격이 하락하였던 바, 1985년에 비해 1989년에는 무려 210.6원이나 평가 절상되었다.[41] 이는 달러 표시 방위비를 증가시켰을 뿐 아니라 국방비의 해외무기 획득능력을 강화시켰다고 할 수 있다. 특히 전력투자비의 구매력을 크게 증가시켰을 것임에 틀림없다. 그러므로 KFP 사업의 가격조정과 관련하여 국방예산의 감소로 인한 어려움을 지적하는 것은 그다지 적실성이 없음을 알 수 있다.

---

40) 함택영, 『국가안보의 정치경제학: 남북한의 경제력·국가역량·군사력』(서울: 법문사, 1998), p.186.
41) 현인택, 『한국의 방위비: 새로운 인식의 지평을 위하여』(서울: 한울, 1991), pp.51~52.

6. 미국 국내정치와 KFP 사업의 지연

최초의 KFP 계획수립단계에서는 완제기 3대, 조립생산 20대, 공동
생산 97대로서, 1987년에 이루어진 한미 간 합의보다 완제기 도입의
비율이 훨씬 더 높았음을 알 수 있다. 대응구매 비율도 50%로 책정되
어 있었다. 그럼에도 불구하고 미국 행정부로부터 긍정적인 반응을
받아 실질적인 교섭에 착수할 수 있게 되었다. 우리 측은 도입이 진
행되고 있는 평화의 가교 I의 설비를 활용할 경우 예산부담을 줄일
수 있을 것이라는 기대를 하고 있었으며, 미국은 유럽 기종이 아닌
미국 기종을 택해준 데 대해 만족하였으며 기술이전에 대해서도 그
다지 문제 삼지 않았다.

그러나 레이건의 재집권을 전후하여 미국 의회에서는 우방국에 대
한 군사판매와 그에 따른 기술이전이 미국의 경쟁력을 저하하도록
해서는 안 된다는 우려가 제기되기 시작했다. 군비증강으로 인해 미
국의 재정적자가 심각한 수준에 이르렀으며, 그뿐 아니라 대외무역적
자 또한 눈덩이처럼 불어 '쌍둥이 적자'가 미국 경제를 위협한다는
인식이 날로 높아가고 있었다. 미국이 2차 세계대전 이후 최초로 선
진국들에 비해 '상대적 쇠퇴'를 겪고 있다는 주장이 사회적인 이슈가
되어 논란의 대상이 되기도 했다. 또한 '기술민족주의'가 국가의 운명
을 좌우한다는 주장이 제기되어 정책결정의 기준이 되기도 했다.[42]
그러한 상황에서 터져 나온 1986년의 이란-콘트라 스캔들은 미 정부
의 군수판매정책을 크게 위축시켰던 것이다.

---

42) Paul Kennedy, *The Rise and Fall of the Great Powers: Economic Change and Military Conflict from 1500 to 2000*(New York: Random House, 1987).

당초 미국 정부는 F-X 사업과 관련하여 기존 평화의 가교 프로그램의 진행을 고려하여 민간차원의 거래를 승인할 수 있을 것 같은 입장이었다. 그러나 국내정치와 의회의 영향 속에서 정부차원의 대응으로 옮겨가기 시작했다. 그러므로 상용판매가 아닌 FMS 방식에 의해 사업을 진행시키고자 했다. 미국 정부는 한국이 계획하고 있는 120대의 KFP 사업을 FMS 형태로 진행하고, 그 후속전투기 프로그램도 FMS에 의해 진행함으로써 사업진행과정에서 국무성의 영향력을 최대화하고 의회의 압력을 최소화하고자 했다. 그러나 우리 정부는 KFP 사업에서 진행되는 전투기 생산에 있어서 일정 수의 전투기에 대한 구매는 FMS에 의해 진행할 수 있지만, 나머지는 전량 상용면허에 의해 자체 생산할 것을 계획수립단계에서부터 확고한 입장으로 못 박아둔 상태였다. 그렇게 때문에 주 계약업체를 선정하여 그 업체로 하여금 기종선정 이후의 계약과 생산에 대해 주도적인 입장에서 상대방 업체와 협상을 진행하도록 하였던 것이다.

이 같은 미국 내의 갈등과 분위기로 인해 KFP 사업은 지연될 수밖에 없었다. 1985년 우리 측의 주 계약업자가 선정된 이후 1987년 12월에야 우리 국방부 전투기사업단장과 미 국방성 고위관리 간에 구체적인 협의가 진행되었다. 이때 이루어진 합의에서는 완제기 수입물량이 3대에서 12대로 늘었으며 국내조립 또한 20대에서 36대로 늘어난 반면, 국내 조립생산은 97대에서 72대로 감소하였다. 그리고 대응구매는 50%에서 30%로 감소했다. 미 의회의 압력이 이미 국방성과 국무성으로 하여금 보다 강경한 자세를 취하고 유리한 협상을 하도록 촉구하였던 것이다.

1987년의 한·미 정부 간 협의결과에 대해서도 첨단기술은 이전대상에서 제외시켜야 한다는 주장들이 여기저기서 제기되었다. 미 의회의 보호무역주의 기조는 일본의 차세대전투기사업인 FSX와 한국의 KFP 사업에 있어서의 기술이전에 지극히 민감하게 반응하였으며, 일본과의 협상에서의 우려가 한국과의 협상에 그대로 투영되기도 했다. 의회는 일본의 자체개발뿐 아니라 공동개발계획에 대해서도 완제품 구입을 요구하였고, KFP에 대해서는 일본의 경우에 대비하여 전량의 완제품 구매를 요구했다. 즉, 일본이 지난 30년간 배워간 미국의 기술들이 부메랑이 되어 더 나은 제품으로 미국 시장에 돌아와서는 미국의 경쟁력과 경제를 해치고 있다는 인식을 하고 있었으며, 한국의 경우도 마찬가지가 될 것이라는 우려가 정책협상에까지 영향을 미친 것이다.

구체적인 예로는 1989년 7월 17일 민주당의 앨런 딕슨(Allen Dixon)과 공화당의 존 하인즈(John Heinz) 두 상원의원이 의회에 제출한 건의서를 들 수 있다. 그 제목에 있어서 일본의 FSX를 본 떠 '한국의 FSX'라고 지칭하고 있으며, 대응구매 비율을 30%보다 더 낮은 비율로 낮추고 완제품 도입 대수를 증가시킬 것과 공동생산대수를 최소화해야 한다는 주장을 담고 있다.[43] 다시 말해 1987년의 협상결과를 더욱더 미국 측에 유리하도록 조정하여야 한다는 것이었다. 이러한 미 의회의 요구에 대해 우리 정부는 1987년의 기본합의에서 물러설 수 없다는 입장을 분명히 했다. 부메랑 효과를 우려한다면 북한의 위협에 대항할 수 있는 공군력을 확보는 어렵다는 논리로 맞섰으며, 일부에서는 유럽 기종으로의 전환도 검토해보아야 한다는 강경한 자세

---

43) Stuart Auerbach, "Two Senators Attack South Korean 'Son of FSX' Plan", *Washington Post*, July 18, 1989.

를 보이기도 했다.

덕슨 상원의원을 비롯한 5명의 의원들은 1991년 최종 기종결정 후인 3월 말에는 기종변경에 관한 진상조사를 요구하는 서한을 일반회계국(GAO)에 보내 결정배경과 기술이전 문제 등에 대해 조사 후 통보해줄 것을 요청한 바 있다.44) 또한 1991년 5월 30일 한미 정부 간의 새로운 양해각서가 체결되자 7월 1일에는 인준에 앞서 기술이전과 미국 항공산업에의 영향에 대한 조사를 실시할 것을 요청하는 서한을 미 의회에 제출하기도 했다. 이처럼 마지막 순간까지도 미국의 의회는 KFP 사업과 기술이전에 대해 엄격한 기준을 적용해왔음을 알 수 있다.

제3절 F/A-18 선정

최종 기종결정에는 정부 7개 부처와 항공산업육성위원회, 국방과학연구원, 국방연구원들이 관여하고 있었다. 이들 가운데 직접적인 사용자인 공군과 국방부는 성능 면에서 보다 우월한 F/A-18을 선호하였으나, 경제기획원이나 재경원 등 정부예산을 담당하는 부서에서는 경제성을 이유로 F-16을 건의한 것으로 알려져 있다. 그런가 하면 국내생산업체들 중 대우중공업은 F-16을 도입할 것을 기대했지만, 다른 업체들은 F/A-18의 도입을 원했다. 주계약자인 삼성은 F-16을 구매하면 F/A-18에 비해 기체크기가 작은 만큼 부품물량도 적을 것으로 보고, 따라서 일감이 많고 계약액이 큰 F/A-18을 원했다. 완제품과 조립

---

44) http://www.fas.org/news/skorea/1991/910701-rok-usia.htm(검색일: 2006년 12월 18일).

생산의 비율이 늘어나고 공동생산의 비율이 줄어든 만큼 일감이 많은 기종의 사업성을 더 좋게 보았던 것이다.

1차 기종선정을 앞둔 1989년 6월 무기체계획득심의위원회는 공군과 합참이 상정한 F/A-18을 받아들이지 않았다. 동 위원회에서는 참가인원들 사이에는 F-16이 우세한 상태여서 최종결정을 유보했다. 당시 국방장관은 1989년 여름 워싱턴에서 열린 한·미 연례안보회의(SCM)에서 미국 언론들에게 가급적 9월 초까지 기종선정을 끝낼 것이라고 말한 바 있다. "그러나 청와대 측은 국방부와 공군의 이 같은 재촉에 거듭 제동을 걸면서 '보다 완벽한 검토와 판단'을 주문했다."45) 그리하여 1989년 9월 8일에는 다시 국방부획득심의회에서 심의결과 F/A-18이 유리한 것으로 판명되었다. 이를 바탕으로 국방부는 1989년 10월 13일 대통령에게 1차 보고를 하였고, 대통령은 F-16의 단점과 관련된 사실 여부를 파악하여 보완하라는 지시를 하달했다. 그는 10월 23일에는 추가적으로 기종선정과 관련된 6개 지침을 하달하고,46) 이를 토대로 한 종합결론은 11월 10일까지 보고하도록 했다.

국방부는 관련 부처들과 합동으로 지시사항에 대한 재검토를 실시한 후 11월 16일 다시 대통령의 결정에 앞서 F/A-18을 건의했다. 이에 대해 대통령은 유럽순방(1989. 11. 18~12. 4)에 앞서 다시 다음의 세 가지 지시사항을 하달했다. 첫째, F-16에 중거리유도탄(AIM-7)의 장착이 가능한지 명확히 확인한다. 둘째, KFP 사업으로 중기 방위력증

---

45) 『조선일보』, 1989년 12월 24일.

46) 6개 지침이란 ① 항공기 성능, ② 한미합동군사작전, 준수지원 등의 운용성, ③ 경제성, ④ F-XX 사업과의 연계성, ⑤ 종합적인 군전투력증강 차원에서의 적합성, ⑥ 총투입비용 대 투자 등이었다. 이들은 무기체계 획득과정에서 반드시 고려되어야 할 일반적인 사항들임을 알 수 있다. 김병묵, "한국전투기사업(KFP)의 기종선정에 관한 정책결정연구", p.65.

강계획의 조정이 불가피할 것으로 판단되므로 구체적인 조정방안을 제시한다. 셋째, 기종이 결정된 후에 가격이 인상되거나 핵심기술 이전을 회피하는 사례가 적지 않으므로 어떠한 방법으로든 이런 일이 없도록 확실히 해야 할 것이다.

당시 대통령은 또한 국방부가 아닌 다른 민간정부 부처들이 중심이 되어 재검토할 것을 지시했다. 당시 경제기획원 기획국장을 단장으로 하여 상공부 기계국장을 포함한 5명의 경제부서 국장들, 그리고 국방부 대표인 교역국장이 참가하여 재평가를 실시했다. 여기에서도 다시 F-16으로의 쏠림 현상이 나타났다. 예산상 상당한 정도로 F-16이 저렴했기 때문이다. 당시 심의회에서 유일한 국방부 출신으로서 교역국장이었던 연구자 본인이 이러한 분위기에 이의를 제기하였다.[47] 무기획득에 있어서 무엇보다 중요한 것은 대북 억지력이라는 점, 그리고 전쟁에 이기기 위해서는 어느 정도의 예산초과는 감내할 수 있어야 한다는 의견이었다. 전쟁에서 지자 월남군과 미군의 전투기 500여 대가 월맹군의 수중으로 들어갔다는 점에 비추어볼 때 전쟁억지력과 유사시 승리를 가져다줄 수 있는 군사력 확보가 중요하지, 10여 대 정도에 해당하는 추가구매비용은 그다지 중요하지 않다는 주장이었다. 월남전 참전경험에 의거하여 전쟁에서 승리의 중요성을 호소하였다.

대통령의 지시에 대해 1989년 12월에 나온 국방부와 공군의 검토 결과는 다음과 같았다. 첫째, F-16에 중거리 유도탄(AIM-7)의 장착은 가능하나, 장착 시 항공기의 구조적, 항공역학적 여건상 성능저하가

---

47) 비망록.

올 수 있고, 공대공이나 공대지 복합무장이 제한을 받으므로 작전운용상의 융통성이 결여될 것이다. 둘째, 국방중기계획에 대해서는 일부 조정이 이루어지면 정상추진이 가능할 것이며, 셋째, 기종결정 후의 가격상승을 방지하고 핵심기술의 이전을 보장받기 위해서는 한미 업체 간 합의각서를 체결하여 이행을 보증힐 있다고 했디. 그러면서 국방부는 다시 F/A-18을 공군기의 차기전투기로 건의했다.

우여곡절 끝에 1989년 12월 23일의 기종선정에서는 MD의 F/A-18이 낙점을 받았다. 기종선정을 위해 당시 국방장관과 공군참모총장이 함께 청와대에 들어가 재가를 요청하였다. 대통령은 이들 양자뿐 아니라 다른 관련 인사들 전원으로부터 올바른 선택임으로 확신하는 다짐을 받았다고 한다. 이 직전까지만 해도 F-16이 우세한 것으로 여겨졌다. 앞서 설명한 F-16의 세 가지 장점(가격, 한국군이 이미 보유, 주한공군과의 연합작전능력)을 크게 평가해온 것으로 알려져 있었기 때문이다. 그만큼 이변이라는 평가가 많았다. 기종선정은 이렇게 F/A-18로 결정되었다.

기종선정에 대비하여 F-16의 GD 측은 많은 투자를 해왔기 때문에 여러 모로 당연히 F-16이 선정되리라 믿는 분위기였다. GD사는 1983년 평화의 가교 I의 절충교역협상 때 국내지원비 600만 달러에 대해 정부와의 협상을 통해 440만 달러로 낮추어주었으며, 그중 최초 2년간의 투자비 250만 달러를 부담한 바 있었다. 그리고 계약실행과정에서 대응구매액 2억 달러를 훨씬 상회하는 이익을 한국기업에게 남겨주기도 했으며, 전투기 생산단가를 낮추어 계약액과의 차액으로 F-16 4대를 보너스로 제공했다. 이러한 조치들은 사실상 기종선정에 대한 준비였던 것이다. GD 측의 계산에 의하면 F/A-18이 성능 면에서 조금 우세하다 하더라도, 그 장점보다 훨씬 더 많은 예산을 지출하면서까지 F/A-18을 선택하지는 않을 것이라고 여겼던 것이다. 그러므로 GD 측에서는 '상식적인' 결정을 기대했던 것이라고 한다.[48]

결국 한국 정부는 1989년 12월 23일, 42.6억 달러의 사업비로 120대의 F/A-18을 도입하기로 선정했다. 그리고 이에 기초하여 미 국방부가 의회에 제출한 KFP 사업에 관한 양해각서가 1990년 9월 7일 인준을 받음으로써 양국 간 계약이 체결되었다. 양해각서의 체결을 위한 협상과정에서도 양국 정부는 대응구매 비율문제, 항공기탑재 컴퓨터기술을 포함한 첨단기술의 이전문제, 가격문제 등으로 많은 마찰을 겪어야 했다.

지금까지 업체선정에서 기종선정에 이르는 과정에 대해 살펴보았다. 여기서 나타난 특징을 보자면 첫째, 주 계약업체의 선정과정에서 대통령의 자의적 결정이 있었다. 둘째, 공군의 요구성능이 불명확하고 기종 간의 차별성을 변별할 수 있을 정도의 요구기술이 제시되지 못하였으며, 그 결과 기종 간 제원비교가 복잡하게 되었다. 셋째, 탈냉전 상황에서 미국 내 행정부와 의회의 마찰로 인해 구매과정이 지연되었으며, 기술민족주의 분위기는 KFP 자체에 부정적인 환경을 제공하였다. 넷째, 일단 F/A-18이 선정되었다는 사실이다. 이러한 점들은 제5장의 이론적인 분석에서 다시 제기될 것이다.

---

48) 김창수, "F-16, 대역전극의 막후", 『월간조선』, 1991년 5월, pp.175~176.

<F-16 관련 사진>

F-16 판매이사 헨리 고메즈와 함께

F-16 현장생산공장

<F-18 관련 사진>

MD 본사에서 법률고문 Mr. Tim Moreland의 영접

MD 역사관 설명

우주비행사 출신 MD 부회장 Mr. Conra

MD 역사관 설명

제4장

한국전투기사업의 최종 기종선정과정

KFP 사업의 핵심이라고 할 수 있는 기종선정은 GD사의 F-16과 MD사의 F/A-18을 둘러싸고 국방부 내의 격론뿐만 아니라 국방부와 정부 부처들 간의 논쟁을 야기했다. 1989년 12월 23일 MD 측의 F/A-18로 결정됨으로써 이러한 논란은 일단락되었다. 제3장에서는 이를 편의상 '초기 기종결정'으로 명명하고 그 결정과정에서 어떤 행위자나 기관이 어떤 기종을 선택했는지, 그 이유는 무엇인지에 대해 살펴보았다. 그러나 '초기 기종결정'과 '최종 기종결정'이라는 용어가 시사하듯이, KFP 사업의 기종은 1989년에 선정되었던 F/A-18에서 1991년 3월 28일 GD사의 F-16으로 변경되었다. 제3장에서 살펴본 KFP 사업의 추진과정이 절차를 조직과정에 의한 선택대안의 제시 및 비교적 합리적인 선택을 통해 진행된 사업이라면, 양국 간에 양해각서까지 인준된 이후에 기종이 변경된 이유는 어떻게 설명해야 할 것인가? 이 장에서는 엘리슨의 세 가지 모델 중 관료정치의 모델과 관료들의 행위의 배경이 되는 차원에서의 부패연구에 입각하여 '최종 기종결정' 과정을 살펴보기로 한다.

제1절 가격인상과 최종 기종결정(F-16)

차세대전투기 기종이 F/A-18에서 F-16으로 변경된 데 대한 기존의 공식적인 설명은 F/A-18이 실질적인 계약단계에 돌입하면서 가격을 인상했기 때문에 비용 면에서 훨씬 저렴한 F-16으로 변경했다는 것이 그 주된 이유였다.

당시 미 국방부는 KFP 사업이 47억 달러의 비용으로 의회인준절차를 거쳤다고 발표하였다. 한편 대응구매비율에 대해서는 밝히지 않으면서 한국에 대한 지원내용의 개요만 발표했다.[1] 계약협상에 들어가면서 F/A-18의 총사업비가 50.5억 달러에 이르게 될 것으로 예상되었다. 그런데 계약협상과정에서 MD 측이 60억 달러가 넘는 금액을 제시했다는 소식이 국내 항공업계 주변에서 흘러나오기 시작했다. 1990년 10월 MD 측은 수락서(Letter of Agreement: LOA)를 보내오면서 총사업비 66억 달러를 제시했다.[2] 이는 1889년의 42.64억 달러에 비해 54%가 인상된 것이었다. 우리 화폐로 표기하면 1조 6,000억 원의 예산이 더 필요하게 된 것이다.

이에 국방부는 가격 인하를 요구하였다. 그러나 MD 측이 응하지 않자 한국 정부는 1990년 10월 중 기종선택을 백지화하였다. 기종선정 재검토 결정은 MD 측의 가격인상요구에 대해 신임국방장관이 10월 중 청와대에서 대통령에게 사업의 재검토를 건의한 데 따른 결정이었다고 한다.[3] 10월 8일 취임한 국방장관은 10월 26일 KFP 사업이

---

1) 김창수, "F-16, 대역전극의 막후", 『월간조선』, 1991년 5월, p.177. 양해각서 체결 시의 협상가격이 42.6억 달러였으므로 MD의 제안가격보다 5억 달러나 오른 금액이었다.

2) 신승엽, "한국의 정책결정연구: 차세대전투기 도입계획을 중심으로", 연세대학교 행정대학원 석사논문, 1995, p.33; 『한국일보』, 1990년 11월 2일.

1990년 내 계약체결이 불가능할 뿐 아니라, 1992년의 사업집행 또한 어렵다는 사실을 대통령에게 보고했다. 이때 대통령은 초기 기종결정 시 다짐받은 사항을 상기시키면서 심한 질책과 함께 사업전반의 재검토를 지시했다.[4] 이에 국방부는 11월 1일 KFP 사업의 기종선정을 전면 재검토할 것임을 발표했다.

당시 대통령은 상기의 3개 안이 모두 문제가 있다면 시기조정과 물량 축소뿐만 아니라 기종선정과 획득방법 등 모든 차원에서 총체적으로 다시 검토할 것을 지시했다. 대통령은 "KFP 사업은 방위역량의 확충뿐만 아니라 나라의 산업구조와 기술 수준을 한 단계 높이고자 하는 복합적인 목적하에 추진되고 있는 것인 만큼 국방부 사업관리단 내에 상공부, 과기처 등 관련 부처의 중견 관료들과 전문기술 인력들을 많이 참석시켜 국가차원에서 총괄적인 사업관리가 가능하도록 할 것"을 지시하였다.[5]

이후 국방차관을 위원장으로 하는 별도의 KFP 사업추진위원회가 구성되었고, 그 아래에 합참의 전력발전부장을 중심으로 합참연구위원회를 설치했다. 이 위원회에서 정보판단, 전략개념, 조정, 운용개념의 재정립, 소요시기 재검토 등을 담당하게 하였다. 별도로 국방부 차원에서는 사업관리관을 중심으로 국방부연구위원회를 두고 가용자원의 판단, 획득방법판단 및 기종결정을 연구하도록 했다. 재검토의 핵심은 세 가지의 가능성을 두는 것으로 이미 결정된 기종을 변경하든가, 아니면 구입대수를 조정하거나, 조달기간을 1993년부터 1999년

---

3) 유윤식, "차세대전투기 기종결정분석". 국방대학원 정책보고서. 1997년 12월. p.21; 『세계일보』, 1990년 11월 1일.

4) 유윤식, "차세대전투기 기종결정분석", p.20.

5) *Ibid.*, p.22에서 재인용.

으로 연장하는 것을 의미하였다.[6] 그러나 국방부에서는 그와 같은 계획의 차질을 받아들일 수 없다는 입장을 내보였다.[7]

재검토 발표 5개월 뒤인 1991년 3월 28일 오후 국방부는 청사 2층 제1회의실에서 열린 기자회견을 통해 F-16이 차세대전투기로 선정되었다고 발표했다. 재검토 과정에서의 원칙에 대해 우선 전력증강의 수요를 충족시키는 것을 가장 중요시하였으며, 다음으로 가용예산의 한계, 셋째는 항공산업의 현실을 고려한 단계별 육성 등을 기준으로 삼았다고 발표하였다. 국방부는 F-16의 선정이유에 대해 다음과 같이 밝힌 바 있다.

첫째, 항공기 성능 면에서는 F/A-18이 약간 우세하나, 1989년 기종결정 시에 F-16의 제원에 포함되지 않았던 기능상의 성능향상작업으로 작전상의 요구사항을 충족시키게 되었다는 것이다. 국방부 관계자들은 1차 결정 당시 F/A-18기가 '독수리'라면 F-16기는 '참새'라고 평가했을 만큼 F/A-18기에 매료되어 있었다.[8] 그러나 F-16 기종 중 최신형 블록 50/52형은 1989년 당시 선정과정에서 결정적 결함으로 지적됐던 중거리 공대공유도탄(AIM-7) 장착문제를 해결하고, 야간적외선저고도항법·표적포착장비(LANTIRN) 및 위성항법장비(Global Positioning System: GPS), 개량된 레이더·대공제압 유도탄 등을 장착하여 우리 공군의

---

6) 1990년 10월 8일 새로 부임한 당시 국방부 장관이 대통령에게 세 가지 대안을 제시한 것으로 보인다. Ibid., p.21.

7) 국방부는 차세대전투기의 개발계획을 늦출 수 없다는 입장이었는데, 여기에는 주한미군의 감축계획과 남북관계라는 변수들이 고려되었기 때문이다. 미국 정부는 의회에 제출한 주한미국 감축계획서에 따르면 1992년 말까지 병력 7,000명을 철수시키고, 그 후 1995년까지는 남북한 군사정세와 남북관계의 진전을 감안하여 주한미군의 주력인 2사단의 규모를 조정하겠다는 것이다. 한편 북한은 1990년을 전후하여 MIG-29기 34대와 구소련방의 공화국(카자크스탄)으로부터 구형의 MIG-21기 50대를 부품형태로 도입했다. 『세계일보』, 1990년 11월 1일.

8) 전 국군보안사령관 A모 씨(율곡비리 관련 수사 담당)의 인터뷰(2007. 5. 12).

작전요구를 충족시킬 수 있다는 것이었다. 특히 최신형 F-16 블록 50/52형은 우리 공군에 이미 36대가 보급된 블록 32형보다 구조가 보강되고, 추력이 증강된 신형엔진을 장착하여 최대 이륙중량 및 기동성이 크게 향상되었다는 주장이다.[9]

둘째, 당초 안정성 측면에서 F/A-18이 약간 유리한 것으로 알려졌으나, 국방부 발표는 미군의 실전배치 경험상 비행시간당 손실률에서 두 기종이 비슷한 수준이라고 보았다. 특히 한국 공군이 1986년 이후 한 건의 사고도 없이 F-16을 운영해오고 있었으므로, 엔진이 하나라는 것 때문에 불리할 이유가 없다는 것이었다. 아울러 걸프전의 전과도 크게 고려되었다고 하였다.[10] 기종결정 3일 전인 3월 25일 '디펜스 뉴스(Defense News)'는 KFP 사업을 둘러싼 보도를 하면서 걸프전에서의 양 기종의 성과를 비교했다.[11]

국방부가 파악한 자료는 F-16기는 210대가 참전하여 야간출격 4,000회를 포함하여 총 13,000회의 출격횟수를 기록하였으며, 대당 평균 56회의 출격과 작전수행률 97%란 실전적응력을 보인 것으로 나타났다. 이에 반해 F/A-18은 항공모함에서 가까운 지역에서 작전을 수

---

9) 『한국일보』. (1991. 3. 29).

10) 걸프전에서 F-16은 다섯 곳의 기지에 약 250대가 배치되었고, F/A-18은 해군과 해병에 170대가 배치되었다. 공군구성군사령부에 소속된 F-16C와 해군구성군사령부에 배치된 F/A-18만을 비교하면 아래의 표와 같다. James A. Winnerfeld *et al*./홍성표 역, 『걸프전 항공전역 분석』(서울: 해든아침, 2007). p.305.

구성	항공기	출격횟수	출격률	완전임무수행률 (FMC)	임무수행률 (MC)
공군구성군사령부	F-16C	10,938	1.22	87	88
합동기동군입증군	F-16C	1,677	1.09	83	85
해군구성군사령부	F/A-18	3,574	1.20	91	
해병구성군사령부	F/A-18	4,320			

11) *Defense News*, March 25, 1991.

행하여 적의 심장부가 아닌 국경지대에 대한 폭격 및 해병 지원작전을 맡았으며 가동률 91%에 불과했다는 것이다. 이 같은 실전투입 비교평가 위에 두 개의 엔진을 가진 F/A-18기에 비해 단발엔진으로 안정성 및 조종사 생환율이 낮을 것으로 알려졌던 F-16기의 10만 비행시간당 손실률이 5.1대였던 반면 F/A-18의 경우 4.4대로 비슷한 수준이라는 것이었다. 특히 한국 공군이 1986년 이후 한 건의 사고도 없이 F-16을 운영해오고 있었으므로 엔진이 하나라는 것 때문에 불리할 이유가 없다는 것이었다.[12]

셋째, 항공산업 기여도에 있어서 F-16을 선정할 경우 우리 항공산업을 단순조립 수준에서 공동생산이 가능한 수준으로까지 향상시킬 수 있을 것으로 판단했다.

넷째, 가장 중요한 이유는 가격에 있어서 F/A-18은 66억 달러, F-16은 52억 달러로 14억 달러 가량 차이가 나기 때문이라는 것이다. 다섯째, 당시 북한군은 MiG-29를 포함하여 850여 대의 전술기를 보유하고 있는 데 반해 한국 공군은 480여 대에 불과하여 수적 열세에 있는 만큼, 수적인 보충도 중요하게 고려되었다고 한다. 특히 F-4 및 F-5 전투기 120여 대가 2000년대 초까지 도태될 계획에 있으므로 전술기 120여 대의 보충은 필수적이라는 것이다.[13] 결국 F/A-18에 비해 상대적으로 값싸면서도 성능이 개선된 F-16기가 북한 공군의 최신예 전투기인 MiG-29를 능가할 수 있다고 판단하여 KFP의 대상기종으로 최종 결정하게 되었다는 주장이다.

---

12) 김창수, "F-16, 대역전극의 막후", p.179.

13) Ibid., p.179.

제2절 가격인상설의 진위

1. 가격인상의 진실

1989년 11월 대통령의 지시사항에 가격인상이나 핵심기술의 이전 회피가 발생하지 않도록 하라는 지적이 있었다. 그렇다면 MD 측은 왜 가격인상을 결정한 것일까? 보도에 의하면 MD 측은 다음과 같은 설명을 덧붙였다고 한다. 기본적으로 물가인상이 있었고, 한국 측에 제공될 전투기는 협상단계에서 제작되던 전투기와는 다른 신형전투기로서 성능개량이 포함되었으며, 장착될 무기체계가 변경되어 옵션사항이 달라졌으며, 한국 측이 요구하는 기술이전 분야가 첨단기술인 만큼 이전비가 비싸다는 등의 이유를 들었다. 또 한편에서는 냉전의 종료와 함께 주문량이 급감함에 따라 전투기 단가가 상승했다는 설명도 있다.[14)]

그러나 이러한 요소들은 대통령 지시사항을 무시하면서까지 가격을 인상시켰다는 점은 설득할 힘이 없다. 왜냐하면 7년에 걸친 검토 끝에 양국 정부가 양해각서를 체결하고 사업을 출범시킬 시점에 있어서 대통령의 다짐과 계약을 무시하면서까지 무리하게 가격을 인상할 이유는 그리 높지 않았기 때문이다. 우리나라는 KFP 이외에도 장기적으로 매력적인 시장을 제공하고 있기 때문이다. 한국 정부는 KFP의 후속사업으로 F-XX 와 F-XXX까지도 계획하고 있었으며, 기종선정에 있어서의 주요 평가기준 중의 하나가 F-XX와의 연속성이

---

14) *Ibid.*, p.177.

었던 만큼, 공급회사의 입장에서는 미래의 시장에 대한 가능성을 간과할 수 없었을 것이다. MD는 F-15를 통해 차기전투기사업에 참여할 수도 있었으며, 그 외에 아파치 롱보우(Apache Longbow) 헬기를 개발하여 헬기사업에 진출할 가능성도 있었다. 그러므로 MD사의 입장에서는 한국 정부의 방침을 무시할 하등의 이유가 없었다고 말할 수 있다.

가격인상의 또 다른 이유들이 거론되었다. 미국에서는 1980년대 말 이미 '평화배당금(peace dividend)'라는 말이 방위산업계와 국방관계자들을 중심으로 논의되어왔다. 냉전의 종료를 앞두고 군비축소와 기지폐쇄가 주요 논점으로 떠올랐으며, 이러한 변화는 세계 군수산업 분야에서 최대의 매출을 차지해온 MD 등 항공기 제작회사들에게는 엄청난 시련으로 다가오고 있었다. 게다가 미 국방부의 예산감축으로 해군이 F/A-18 구매를 중단하거나 감소시킬 가능성이 높아졌으며, 스위스에 제공하기로 한 F/A-18 40여 대의 판매마저 취소되었다. 이들 구매취소나 감축 또한 구매수량의 감소로 인한 단가의 상승이 주된 원인이었다. F/A-18의 미 해군 구매단가는 무장가격을 제외하고 전투기 자체 값만으로도 3,700만 달러에 달하였으며, 1991년의 구매단가는 5,000만~6,000만 달러에 이를 것으로 예상되었다. 해외판매 단가 중 스위스에 제시한 가격이 8,000만 달러에 이르렀다.[15] 이처럼 경영상황이 급속히 악화되고 있었기 때문에 대당 가격을 인상했을 것이라는 점이다.[16] 그러나 이 또한 시대상황을 배경으로 발생한 가격조정이며, 그 정도가 어느 정도 범위에 있다면 계약파기의 위험을 무릅쓰고 가격을 인상할 이유가 없다고 하겠다.

---

15) 『한국일보』, 1990년 11월 2일.

16) 김창수, "F-16, 대역전극의 막후", p.178.

<표 1>에서 우리는 MD가 제시한 가격인상의 요인별 인상치를 볼 수 있다. 여기에서 우리는 가격인상분 12억 2,600만 달러의 50%가 물가인상 분이며, 소요추가로 인한 부분이 29%, 그리고 생산량 감소로 인한 부분이 20%였음을 볼 수 있다. 즉, 가격인상의 대부분이 물가인상이었으며, 이러한 정도의 가격변동은 충분히 예상이 가능하였으리라는 판단을 할 수가 있다.[17]

다시 말해 물가인상, 옵션변경, 첨단기술 이전비로 인한 가격인상과 주문감소로 인한 단가상승은 수용할 수 있는 부분이었다. 기종변경의 이유가 될 만한 돌발성 가격인상이 아니라고 할 수 있다. 더구나 <표 2>를 보면 가격인상이 충분히 예상되고 있었음을 알 수 있다. 다시 말해 1987년 이후 초기 기종선정이 이루어진 1989년 12월까지 두 번이나 가격이 변경되어 제안되었음을 알 수 있다. 사실 특정요인에 대한 가격인상은 계약상 허용되고 있었던 것이다.

〈표 1〉 F/A-18 가격인상의 구성요소

구분	인상 금액 (억 달러)	인상분에 대한 비율	인상가격에서 차지하는 비율	비고
물가인상	6.2	50%	12.3%	연평균 2.5%에서 4.7%로 상승
생산량 감소	2.5	20%	4.95%	732대에서 420대로 축소
소요 추가	3.56	29%	7.05%	유도탄, 창정비, S/W, 훈련장비
계	12.26	99%	24.3%	

출처: 김병묵, "한국전투기사업(KFP)의 기종선정에 관한 정책결정연구", p.67. 자료재구성

---

17) 이는 기종선정 당시의 가격이 실제로는 50억 달러에 이를 것이라는 추정과 F/A-18의 사업비용이 62.84억 달러로 인상된 것으로 평가한 결과이다. 김병묵 "한국전투기사업(KFP)", p.66. 〈표 1〉과 〈표 2〉의 수치는 약간 상이함.

〈표 2〉 F-16과 F/A-18의 제안 가격변화(추정)

가격 제안 일자	F-16	F/A-18
1987년 2월	27.7	32.5
1988년 2월	29.5	44.0
1989년 12월	40.8	50.6
1990년 8월	43.9	64.7
1991년 1월	48.0	64.0

출처: 『월간 군사세계』, 1995년 12월호, p.89

2. 가격인상의 허구

가격인상이 예상된 바였으며 비교적 타당한 이유와 수준에서 이루어졌다면, MD의 가격인상이 기종변경의 사유라는 주장을 반증할 수 있을 것이다.

첫째, F/A-18의 가격인상은 사후원가정산방식에서는 있을 수 있는 인상이었다는 점이다. 무기체계 획득과정에서는 입찰과정을 거치도록 되어 있는데, 입찰규정에는 최종가격이 입찰제안서(Quotation)의 가격보다 낮을 수는 있어도 높을 수는 없다는 규정이 있다.[18] 그러나 확정가계약이 아닌 사후원가정산계약에 있어서는 불확실한 미래의 비용에 대해 구매자가 지불하도록 되어 있으나, 이 계약방식에 있어서도 불확실성에 대한 보상방법이 여러 가지로 나뉠 수 있다. 발생원가 이외에 이익금액을 사전에 확정하는 사전가격확정방식(Cost Plus Fixed Fee: CPFF)과 확정이익에 더하여 수요자와 공급자의 원가절감 인센티브 공유방식(Cost Plus Incentive Fee: CPIF), 그리고 발생원가에 계약 시 합의한 이익률을 추가하는 이익률보장방식(Cost Plus Percentage

---

18) 비망록.

Cost: CPPC) 등이 있다. CPFF 방식은 최소한의 가격조정이 허용되어 구매자의 위험도가 가장 낮은 반면, CPPC 방식에 가까울수록 구매자의 위험도가 높아지게 된다. KFP 사업의 계약방식은 CPFF에 가까운 방식을 택한 만큼 확정가계약은 아니지만 불가피하게 발생할 수 있는 장래의 사태에 대해서는 원가계산을 허용하고 있었다. MD의 가격인상은 이러한 계약방식을 준수한 것으로 그동안의 환경변화로 인해 발생한 정당한 가격인상이라고 볼 수 있다.

더욱 중요한 사실은 이러한 가격인상이 MD에서만 발생한 것이 아니라 GD의 F-16에서도 발생하였다는 점이다. <표 3>에서 보는 바와 같이, 120대를 기준으로 할 때 1989년의 초기 기종결정과 1991년의 최종 기종결정 사이 MD의 가격이 54% 인상된 반면 GD의 가격도 51%나 인상되었다. 국방부의 가격인하 요구에 대해 MD 측이 응하지 않았기 때문에 전면 재검토에 들어간 것이 아니라, 가격인하 자체가 상당히 무리한 요구였다고 할 수 있다. 그러므로 MD가 계약을 앞두고 F/A-18의 협상가격을 올렸으며 그로 인해 기존의 결정을 번복하고 F-16을 선택했다는 것은 납득하기 어려운 주장이다.

〈표 3〉 기종별 사업비용의 비교

(단위: 억 달러)

	F-16	F/A-18	차이
1989(120대)	34.14*	42.64	8.50
1991(120대)	51.77**	66.00	14.23
1991(100대)	46.25**	58.63	12.38
120대 기준 가격인상률	51%	54%	

* F-16 블록 50
** F-16 블록 52(개량형)
* 〈표 2〉의 자료와 약간의 차이가 있으나, 최종 선정 시 기종별 사업비용에 대해서는 보다 정확한 가격으로 추정됨
출처: 비망록

다음으로 제기될 수 있는 주장은 MD가 제시한 인상된 가격 66억 달러가 사업예산을 초과했기 때문이라는 것이다. 그러나 두 기종 공히 가격이 인상되었지만 예산상 가능한 F-16으로 선정했다는 주장에는 무리가 있다. 다음에서 보다시피 국방부는 재검토 결과 약간의 사업기간 연장으로 가용예산의 조정이 가능하며, 큰 무리 없이 100대의 F/A-18 기술도입생산이 가능하였다는 점이다. 그리고 F-16 120대의 경우도 어느 정도는 가용예산을 초과한다는 점이다. 국방부 재검토 결과를 자세히 보면 다음과 같다.

첫째, 전투기의 획득 대수가 100대 이상일 경우에는 기술도입생산으로 획득하는 것이 타당하다는 것이다. 직구매로 도입할 경우 애초의 목표였던 항공산업의 기반구축이 불가능하여 선진국과의 군사과학 기술격차가 더욱 심화될 것이다. 그러나 기술도입생산의 경우 전후방 기술이전 효과가 매우 클 것이라고 판단했다. 국방예산의 제약으로 인해 직구매를 해야 한다면 획득수량을 축소하여 현재 운영 중인 F-16 블록 32 기종 40~60대를 1991년에 계약하고, F-15E를 40대 직구매할 수 있는 방안도 제시되었다.

둘째, 1989년 기종선정 시 쟁점이 되었던 F-16의 무장과 장비장착의 현실성에 대한 평가에 있어서 재검토 결과 장착이 가능한 것으로 판단했다. 이를 전제로 총수명주기비용이 동일한 F-16 120대와 F/A-18 100대를 비교하여 전투효과, 운용성, 항공산업 기여도를 종합평가하면 F-16이 3~4% 유리한 것으로 나타났다. 현재 가용사업예산을 고려하면 F-16이 3~4% 유리한 반면, F-XX의 추진현실성과 성능향상의 가능성을 고려하거나 2000년대 이후의 주변국 위협을 고려하면 해군작전이 용이한 F/A-18이 유리한 것으로 나타났다. 그리고

F/A-18을 기술도입 생산으로 조달할 경우에는 가용예산 범위 내에서 80대 획득이 가능하나, 경제성이 미흡하고, F-16 100대와 비교할 경우에는 상대적 전투효과가 낮아 부적합한 것으로 드러났다. 그러나 F/A-18을 선정한다면 100대를 기술도입으로 생산할 경우 가용예산에서 10억 8,300만 달러가 부족하여 일부 비경제적인 국산화물량을 축소하거나, 협상에 의한 비용감소 혹은 사업기간의 2~3년 연장이 전제되어야 한다고 제안했다.[19]

이에 대한 국방부 재검토의 결론은 다음과 같다. 가용 KFP 사업예산(47억 8,000만 달러)이 기종결정의 핵심요소일 경우는 가용예산 내에서 사업추진이 가능한 F-16 120대를 기술도입 생산한다는 것이다. 그러나 KFP 사업 소요기간의 2~3년 연장 및 가용 KFP 사업예산의 조정이 가능할 경우에는 전반적으로 성능이 우수하고 향후 성능개량 탄력성이 높은 F/A-18로 100대의 기술도입생산을 건의하였다.[20]

이상의 선택지에 대한 예상비용을 비교한 것이 <표 4>에 나타나 있다. 가용예산을 47.8억 달러로 계산했을 경우의 부족액을 나타낸 것이다. 유윤식의 연구에 의하면 최종 기종결정과정에서 결정적인 요인은 예산의 가용성으로, 공군이 요구한 ROC에 충족하는 수준에서 질보다는 양을 선택할 수밖에 없었다고 한다.[21] 그러나 <표 4>에 나타나듯이 여기서 우리는 국방부 재평가가 제시한 F-16 120대를 선택했을 경우에도 여전히 예산을 초과하고 있음을 알 수 있다. 그렇다면 최종결정인 F-16의 선택에 있어서 가용예산이 기종결정의 핵심요소

---

19) 비망록.

20) 비망록.

21) 유윤식, "차세대전투기 기종결정분석", p.23.

라고 보기 어렵다는 것이다. F/A-18 100대와 F-16 120대 사이에는 약 7억 달러 정도의 차이밖에 나지 않기 때문이다. 그리고 앞에서 우리는 율곡사업 진행에 있어서 예산은 그다지 중대한 제약이 되지 못했음을 살펴보았다. 그리고 사안의 중대성과 사업규모로 보아 예산상의 어려움은 부차적이었음을 알 수 있다. 8년이나 장기적으로 추진되어온 사업을 일부 예산상의 제약을 명분으로 인하여 졸속의 결정을 내렸던 셈이다.

<표 4> 기술도입 생산비용과 가용예산

(단위: 억 달러)*

기 종	획득대수	획득비용	가용예산(47.8억 달러) 대비
F-16	120	51.77	3.97 (2,928억 원 부족)
F-16	100	46.25	충족
F/A-18	100	58.63	10.83 (8,014억 원 부족)
F/A-18	80	50.83	3.03 (2,242억 원 부족)

출처: 비망록

이러한 상황을 고려한다면 MD의 F/A-18에 대한 가격인상 때문에 최종 기종이 F-16으로 변경되었다는 주장은 설득력이 없음을 알 수 있다. F-16을 지지하는 입장의 주장의 한 예를 들면 다음과 같다. "MD사는 괘씸죄를 감수하면서까지 미 측의 가격을 48%나 올렸다. 경쟁 시의 제안가격으로는 F-16기보다 24%만 비쌌던 것이 83%(1.24~48)나 더 비싸지게 된 셈이었다. 이런 시점에서도 F/A-18기를 꼭 사야한다고 주장하는 사람들, 그런 사람들이 의사결정 지위에 오르지 않은 것이 천만다행이라는 생각이 든다."22) F/A-18을 48% 인상한 값은 최초

22) 지만원, "F-16결정과정의 숨은 스토리", 2001년 2월

의 F-16 가격에 비하면 83%나 더 비싼 값이 된다는 의미다. 그러나 대통령의 지시사항을 숙지하고 있는 MD사가 이를 거스르면서도 가격인상을 했다는 주장과 F-16 생산자인 GD사는 마치 가격인상을 하지 않은 것처럼 주장하는 것은 사실의 왜곡이라고 보아야 한다.

제3절 대안적 가설: 최고 정책결정자와 세력갈등

지금까지 1990-1991년간 기종결정의 변경에 대한 '가격인상설'에 대한 진상을 파악하기 위해 KFP 사업결정의 진행과정을 재구성해보았다. 그 결과 우리는 가격인상 때문에 기종을 변경하였다는 주장은 의도적이든 아니든 부풀려진 것이며, 기종변경의 결정적인 이유가 될 수 없다는 점을 알게 되었다. 그렇다면 대상기종의 변경결정의 보다 중요한 원인은 무엇으로 설명할 것인가? 첫째는 대통령의 독단적 결정이 있었으며, 둘째는 기종선정과 관련하여 정부 내에 서로 상반되는 진영이 존재하였다는 사실이며, 셋째, 제작사들의 치열한 로비가 있었다는 점을 들 수 있다.

1. 대통령의 독단적 결정

최초의 기종결정을 앞둔 1989년 10월 13일, 1983년 최초의 소요제기 이후 처음으로 기종선정과 관련하여 대통령에 대한 보고가 이루어졌다. 이 보고는 7년여의 기간 동안 획득절차를 거쳐 수많은 위원

---

http://www.systemclub.co.kr/bbs/ZBB4PL5/view.php?id=n_5&no=56(2007년 3월 2일 검색).

회와 조직, 그리고 전문가들이 동원되어 심사숙고한 결론을 보고한 것이다. 이 보고서를 제출하기 위해 정부는 GD와 MD는 물론 일본, 캐나다 등 후보기종을 제작하거나 운영한 경험 있는 14개국의 자료를 수집해 723종 총 73,000페이지에 달하는 자료를 검토해왔다고 하였다. 그리고 국내 시험비행조종사팀은 3차에 걸쳐 시험비행을 실시했다. 그러한 자료들을 바탕으로 1,022개의 세부항목을 비교, 검토했다. 그 결과 최종 기종의 후보로 F/A-18을 건의했다.

10월 13일의 이 보고에 대해 대통령은 F-16의 단점과 관련된 사실 여부를 파악하여 보완하라는 지시를 하달했다. 그리고 10월 23일에는 추가적으로 기종선정과 관련된 6개 지침을 하달하고, 종합결론을 11월 10일까지 보고하도록 했다. 국방부는 재검토를 실시한 후, 11월 16일 다시 대통령의 결정에 앞서 F/A-18을 건의했다. 이에 대해 대통령은 다시 F-16에 중거리 유도탄 AMRAAM의 장착 가능성, 예산문제로 인한 중기방위력 증강계획의 조정계획, 계약단계에서의 가격조정 가능성의 배제에 대한 확인을 촉구했다. 이에 대해 국방부는 12월 확인 결과를 보고하면서 다시 F/A-18을 추천하였다.

7년여의 심의결과에 대해 당시 대통령은 단 2개월 동안 세 번의 추가조사를 지시하였고, 이에 대해 국방부는 세 번 모두 F/A-18을 건의했다. 결국 대통령은 F/A-18의 선정을 재가하면서 다른 관련 인사들 전원으로부터 올바른 선택임으로 확신하는 다짐을 받았다고 한다.[23] 여기서 우리는 여러 가지 의미를 살펴볼 수 있다.

첫째, 1985년 주 계약업체 선정을 위해 항공산업육성위원회가 2년

---

23) 유윤식, "차세대전투기 기종결정분석", p.20.

여에 걸친 조사결과 최우수 후보업체를 보고했을 때, 당시 대통령은 마지막 순간에 절차상의 하자를 지적하며 복수추천을 요구한 바 있다. 장기간의 심의 끝에 나온 결과에 대해 문제를 제기한다는 점에서 닮은 모습임을 알 수 있다. 전문가와 여러 관련 기관들의 합리적 절차와 분석에 따라 결론을 내린 선택에 대해 엄청난 권력과 권위가 집중된 대통령이 정책의 재고를 지시했던 것이다. 그 과정에서 전문가들과 실무자들의 연구와 조사, 그리고 수많은 견제와 확인을 거치도록 하는 절차에 따른 준비과정이 대통령의 의견 앞에서는 별다른 의미를 갖지 못하게 되는 것이다.

둘째, 1989년 최종적인 보고가 이루어지기 전까지 F/A-18에 대한 공군과 국방부, 삼성항공의 선호가 기울어진 상태에서 이루어진 국방부의 최초보고에 대해 새로 취임한 신임 대통령의 추가적인 보완지시가 계속 내린 것을 보면, 기종선택에 대해 불만족스러웠음을 미루어 짐작할 수 있다. 전임 대통령 때부터 추진된 KFP 사업을 인수받는 입장에서 대통령이 보완지시와 F-16에 대한 재검토를 당부한 것이다. 이는 신임 대통령이 적어도 업무보고를 받을 때부터, 혹은 그 이전부터 차세대전투기의 기종으로 F-16 쪽으로 평가가 기울어져 있었음을 짐작케 한다. 그런데 전임 대통령이 항공산업 발전에 대한 열의라는 모호한 기준으로 삼성항공을 주 계약업체로 선정한 이후, 삼성항공은 물량이 많은 F/A-18을 선호해왔다. 따라서 신임 대통령은 F/A-18이 차세대전투기의 대상기종으로 선정된다면 자신은 전임 대통령의 결정을 그대로 진행시키는 역할에 그칠 수밖에 없음을 의식하고 있다고 추측할 수 있다. 또한 신임 대통령은 민주화 이후 군부출신으로 대통령에 당선되었기 때문에, 정당성의 확보와 그 정책적 성과에 대한 부담감으로 인하여 다수에 걸친 보완조치와 재고가 이루어졌을 것으로 짐작할 수 있다.

셋째, 대통령의 세 번의 반려에 대해 세 번 모두 동일기종을 추천하는 과정에서 국방부 담당자들과 대통령 사이의 이견과 갈등관계가 있었음을 짐작할 수 있다. 기종결정 시기가 다가오고 있던 1989년 6월의 무기체계획득심의위원회를 앞두고 당시 청와대안보수석은 기종평가와 관련된 기관들(ADD, 조달본부, 국방연구원 등)과 그 밖의 기타 관련 부서에 직접 전화를 걸어 F-16에 유리한 평가를 내려줄 것을 요구한 바 있다.[24] 그 결과 심의회에서는 F-16이 유리한 것으로 나타났으며 결정이 유보되는 일이 발생했다. 그 당시 미국을 방문한 국방장관은 연내에 기종을 결정한다는 이른바 '워싱턴 발언'을 함으로써 보다 완벽한 검토를 요구한 청와대와 대립각을 세우기도 했다. 또한 대통령은 11월 16일의 국방부 보고에 대해 확인을 촉구하면서 경제기획원 기획국장을 단장으로 하고, 상공부 기계국장을 비롯한 4명의 경제부서 국장이 중심이 된 민간인 중심의 정부기관에서 후보기종을 다시 평가할 것을 지시했다. 그럼에도 불구하고 동 심의회에서도 국방부를 대표하여 참석한 교역국장의 강력한 항의 등에 의해 결국은 다시 F/A-18을 추천하게 되었다.

2. 두 진영의 존재

KFP 사업에 대한 소요제기에 따라 항공산업육성위원회가 결성된

---

24) 익명을 요구한 전직 고위관리 수명의 인터뷰 및 비망록.

이후의 기종선정과정에서는 참여자들이 두 그룹으로 나뉘어져 각각의 후보기종을 지지하였음은 잘 알려져 있다. 공군과 합참, 국방부는 전반적으로 F/A-18을 선호하였고, 반면 예산 관련된 역할을 맡은 경제기획원, 상공부, 재무부, 청와대 안보수석 등은 F-16을 지지했다. 특히 청와대 안보수석이 후자 그룹을 총지휘하여 의견집단을 이루었다.25) 그러나 이 자체로는 기종변경을 설명할 수가 없다. 이러한 구도 속에서도 초기 기종선정에서는 F/A-18이 낙점을 받았던 것이다. 그러나 F/A-18과 F-16을 둘러싼 집단 간의 갈등이 있었음을 확인할 수 있게 해주는 것은 당시 KFP 사업을 담당했던 책임자들에 대한 전격적인 교체였다. 그 책임자들의 기종선정에 대한 입장과 엘리트 층 위에서의 연관관계를 살펴본다면, KFP 사업의 기종선정을 둘러싸고 두 진영이 존재했다는 것을 증명할 수 있을 것이다. 기종선정의 역할 구도에 변화가 오기 시작한 것은 1990년 9월 8일 공군참모총장이 경질되고 대신 공군참모차장이 참모총장으로 승진하였으며, 10월 8일에는 국방장관이 경질되면서부터라고 할 수 있다. 경질된 이 두 인사들은 모두 1989년 12월 23일 관련자들과 함께 청와대에 가서 F/A-18 기종결정 재가를 받는 자리에서 대통령에게 기종선정에 대한 확신을 다짐해야 했던 인물들이다.

공군참모총장의 경우 9월 3일 대전 공군본부를 방문했다. 그 이유는 공군대령들이 집단으로 F/A-18의 구매를 요구할 것을 계획할 것이란 소식을 전해 듣고, 이 계획을 무마시키기 위해 헬기로 대전 공군본부를 방문했던 것이다.26) 그날 저녁 참모총장은 갑자스레 종합검

---

25) 전 국군보안사령관 A모 씨의 인터뷰, 2007년 5월 12일.

26) 비망록.

진을 받기 위해 국군수도통합병원에 입원했으며, 지병인 고혈압과 합병증세로 검진을 받고 있다는 것이 국방부 발표였다.[27] 그 이유에 대해서는 1990년 3월과 4월 세 차례 잇따라 발생한 전투기 추락사고에 대해 국방부 검열 및 장관 경고를 받아 지병인 고혈압이 악화돼왔다고도 하고, 공군의 인사 잡음설에 부인이 개입되었다고도 하며, 부동산 투기 의혹도 제기되었다. 그러나 임기 9개월을 남겨두고 교체된 데 대해, 그리고 명예를 중시하는 군인임을 고려할 때, 급작스럽게 제기된 그 같은 주장에 대해 의아해하는 시각도 많았다. 이와 관련하여 공군 참모총장은 "차세대전투기종을 F-16으로 바꾸자는 대통령의 뜻을 거스르다 결국 1990년 9월 강제전역 당했다"며 "마치 비리가 드러나 예편 당한 것처럼 알려진 소문은 전혀 사실과 다르다"[28]고 주장했다.[29]

국방장관의 경우는 다음과 같다. 1990년 10월 4일 국군 보안사령부 복무 중 탈영한 윤석양 이병이 보안사가 민간인 1,300명에 대한 정치사찰 및 동향파악을 해온 사실을 터뜨리고 양심선언을 하게 되었다. 아울러 대민사찰의 자료를 무더기로 폭로했다. 이로써 야당의 공세가 쏟아지게 되었고, 6공의 도덕성 실추와 함께 정통성에 위기를 느낀 당시 대통령은 보안사령관과 함께 국방부 장관을 동시에 경질했다. 새로 취임한 국방장관은 전 육군참모총장으로서 당시 대통령과 경북

---

27) 『조선일보』, 1990년 9월 4일.

28) 하종대, "율곡비리의 진상", 『신동아』, 1998년 1월.

29) 1990년 8월 공군참모총장 강제전역의 이유가 된 보안사의 인사비리혐의 조사는 당시 경호실장 및 주변 인물들에 의해 이루어졌다고 한다. 공군참모총장과 『뉴스메이커』의 전화 인터뷰 내용은 다음과 같다. "1990년 4월경 F-16 제작사인 GD사의 한국인 고문 OOO 씨(공사 1기)가 나를 찾아와 F-16으로 기종을 바꿀 용의가 없느냐고 했다. '다시는 그런 부탁하지 말라'고 내가 자르자 그는 GD사의 로비스트였던 그레고리 전 주한 미7공군사령관이 한번 알아보라고 해서 왔다면서 '총장이 바뀌면 기종이 바뀔 수 있지 않느냐'는 말까지 했다. 지금 생각해보니 그게 다 복선이었던 것 같다." 한기홍, "F-16기 도입, 이현우 개입 흑막", 『뉴스메이커』, 138(1995), p.51.

고등학교, 육사, 그리고 군내 사조직인 '하나회'의 선후배 관계였다.

KFP 사업의 사령탑이자 협상 주역인 국방부 장관과 공군참모총장의 교체는 사업의 향배에 큰 영향을 미칠 수밖에 없었다. 특히 당시 KFP 사업은 어려움을 겪고 있었으며, 이어지는 계약가격의 인상소식이 알려지면서 혼란을 맞이하고 있던 시점이었음을 고려하면 매우 중요한 사건이라 할 수 있다. 이를 계기로 국방부 내에서 F/A-18을 주장하던 세력이 급격히 약해질 수밖에 없었으며, F-16을 지지하는 쪽에서는 국방장관, 공군참모총장, 그리고 전투기사업단장 등 정책결정의 위치에 있어 주요한 3인의 지원을 확보하게 된 것을 의미한다.

이러한 정책결정의 위치에 있는 엘리트의 선호는 직접적으로 정책결정에 반영되기 쉽고, 그들의 성향과 엘리트들 간의 연결관계는 정책결정에 영향을 미치게 마련이다. 이러한 관점에서 신임 국방장관과 공군참모총장의 성향을 살펴보면 그들은 대통령과 학연과 지연의 관계로 얽혀 있는 밀접한 사이라고 볼 수 있다. 따라서 이러한 엘리트 개인의 배경적인 관계를 통해볼 때 이들의 정책결정이 대통령의 영향으로부터 독립적 입장을 견지하기는 어려우며, 오히려 대통령의 정책적 성향을 추종하는 입장을 취하기가 쉬움을 알 수 있다.

두 명의 신임 인사들은 모두 대구출신 인사들이었다. 신임 공군참모총장은 대구 사대부고와 공군사관학교 출신이다. 특히 새로 취임한 국방장관은 대통령과 경북고등학교와 육사 선후배 관계이며, 하나회의 핵심인물이었다. 당시 관련자들에 의하면 신임 국방장관이 부임하자마자 청와대 지시를 받고 곧바로 기종변경이 진행되었다고 한다.[30)]

---

30) A모 씨 인터뷰, 2007년 5월 12일; 김재홍, 『군: 정치장교와 폭탄주』, 2권(서울: 동아일보사, 1994).

청와대 안보수석이 이끄는 청와대팀도 국방연구원에도 영향력을 발휘하기 시작했다. 초기 기종선정 당시 세 차례에 걸친 재고에도 불구하고 일관되게 F/A-18이 우수하다고 보고한 국방연구원의 효과분석에 대해 청와대 외교안보수석과 국방비서관이 직접 국방연구원에 압력을 행사하기 시작했다.[31] 이 당시 국방연구원 무기체계센터 소장은 이후 2002년부터 2005년까지 국방연구원장을 역임하였다. 결국 그는 당초 국방연구원이 제시한 전투기 성능평가를 번복하여 "F/A-18이나 F-16은 효과가 비슷하다"는 보고서를 제출하게 되었다고 한다.[32]

3. GD사와 MD사의 로비전

GD는 1970년대 중반부터 우리나라에 지사를 설치하고 군수품의 판매와 공급을 해왔다. 1981년 계약한 F-16의 판매뿐 아니라 K-1 전차(일명 88탱크)를 한국 측과 공동 개발해오고 있었다. 한편 MD는 박정희 대통령 재임 시 한국이 모방하려 했던 나이키 허큘리즈 유도탄을 개발한 회사이자 F-4 팬텀기를 판매하면서 우리 시장과 친밀한 관계를 유지해왔으며, 그 외에도 여러 가지 프로젝트를 공동으로 수행하고 있었고 군수품 판매실적도 높은 편이었다.

GD는 평화의 가교 I 프로그램에 따라 F-16을 판매하면서 이미 한국 공군이 F-16의 운용기반을 갖추도록 만들었으며 전투기 조종사들

---

31) 외교안보수석은 ADD를 포함한 관계부서에 전문을 보내 F-16이 F/A-18보다 양호하다는 보고를 올리라고 지시하였다. (익명의) 전직 고위 관리 인터뷰.

32) 김종대, "무기도입의 절대권력, 국방부 '획득실'", 통일뉴스,
http://www.tongilnews. com/news/articleView.html?idxno=19284(검색일: 2007년 2월 18일).

마저 확보하고 있는 상황이었다. 게다가 생산단가를 낮춤으로써 계약액과 비교하여 남은 차액을 F-16 네 대를 추가로 공급해줌으로써 좋은 이미지를 남겼다. 또한 대우중공업과의 공동생산 계약 때 국내 설비시설에 투자함으로써 KFP 사업에서의 기종경쟁에 대비한 정지작업도 해둔 셈이었다. 그러므로 기존의 투자와 한·미 연합작전능력을 보유한 상황에서 '상식적인' 선택을 할 것으로 예상되었다. 그러므로 상식에 호소하는 전략을 수립하여 주로 정책입안자들이나 언론 등을 상대로 로비를 진행했다. 예를 들자면 당시 청와대 부속실에 근무하던 김모 씨는 GD의 한국 담당이었던 헨리 소메즈(Henry Somez)와 청와대 인사들을 연결시켜주었으며, 퇴직 후에는 직접 GD의 한국 지사장 역할을 담당한 바 있다. 그는 청와대 안보수석과 고등학교 동창인 것으로 알려져 있다.[33]

반면, MD는 1985년부터 KFP 사업의 경쟁에 착수했다. 1983년 F-X 사업이 출범하면서 한국 정부는 대상기종의 선정을 위해 세계의 5개 사 6개 주요 기종에 대해 제안서를 제출하도록 했다. GD의 F-16, MD의 F-15와 F/A-18, 프랑스의 미라지(Mirage), 영·독·이 3국 합작의 토네이도(Tornado) 가변익 다목적전투기, 노드롭의 F-5 업그레이드 모델인 F-20 등이었다. 이 가운데 미라지와 토네이도는 유럽산이라는 이유로 탈락하게 되었고, MD의 F-15와 F/A-18은 미 국무성에서 대외 판매 금지조치를 취하는 바람에 대상에서 제외되었다. 그런데 1984년 노드롭의 F-20 시제기가 한국에서 시험비행 중 논바닥에 추락하는 사고가 발생하였고, 그것이 뇌물과 관련된 '노드롭 스캔들'로 번지면서

---

33) 익명의 전직 고위관리 인터뷰 및 비망록.

대상에서 제외되었다. 그리하여 1985년에는 MD의 F/A-18이 다시 경쟁에 뛰어들게 되었던 것이다. 그러면서 GD와는 달리 전투기를 직접 운용할 공군조종사와 군관계자들을 주요 로비대상으로 삼는 전략을 내세웠으며, 한국 공군장성 출신의 자사임원들을 홍보요원으로 내세웠다.

이러한 양사 홍보전략의 차이는 지금까지 우리가 본 두 진영의 존재와 궤를 같이한다. F/A-18을 지지한 공군과 합참 및 국방부 장관은 주로 MD의 로비대상이었을 개연성이 높고, F-16을 지지한 대통령, 외교안보수석, 경제기획원과 재무부, 상공부, 그리고 신임 국방장관과 공군참모총장 등은 GD의 직접적인 로비대상이었을 것이다.34)

이들 업체의 로비가 최종 기종선정에 대해 무엇을 밝혀줄 수 있을 것인가? 첫째, 정부가 MD의 '가격인상'을 기종변경의 이유로 삼도록 한 경위에 대해 설명해줄 수 있다. 1990년 9월 8일부터 10월 8일까지의 한 달 사이에 KFP 사업결정의 핵심인사인 국방부 장관과 공군참모총장이 경질되었다. 그 후 1990년 9월 7일 양해각서가 미 의회에서 인준되고 난 한 달 뒤인 10월 MD의 계약가격이 54% 인상되어 제시되었다. 그리고 11월 1일 한국 정부는 기종결정을 전면 백지화했다. 그러나 그 후 어느 시점엔가 우리 정부에 제시된 GD의 제안가격도 51%나 인상되었던 것이다.

결국 GD는 양해각서의 통과 후 최종계약이 다가오는 시점에서 자사 측에도 적용될 수밖에 없는 환경변화에 따른 가격인상이 MD 측

---

34) 전임 대통령의 비자금 사건이 터진 1995년 10월 민주당 OOO 의원은 "노 씨가 전투기 기종을 F16으로 변경하는 과정에서 1억 달러 이상의 비자금을 마련했다"고 주장했다. O 의원은 이어 "이 중 일부가 1991년 3월 12일 대동은행 충무로지점에 김정태라는 가명으로 입금됐다"며 "국방장관이 대통령으로부터 받은 격려금 3억 원도 이 계좌에서 나온 것"이라고 매우 구체적으로 폭로했다. 검찰은 이 주장의 사실 여부를 확인하기 위해 집중조사를 벌였으나 끝내 사실로 확인되지 않았다. 당시 대검 중수부장으로 수사사령탑이었던 OOO 서울지검장은 "당시 O 의원의 주장은 물론 노 씨의 해외비자금 보유여부 등에 대해 집중조사를 벌였으나 아무런 소득도 얻지 못했다"고 밝혔다. 지만원, "F-16 결정과정의 숨은 스토리."

에도 적용될 것으로 예상하고 있었을 것이며, 이러한 예상을 자사를 지지해온 청와대에 흘렸을 가능성이 높다고 할 수 있다. 반격을 준비하고 있었던 청와대는 MD 측의 인상된 가격제시에 대해 재원부족을 구실로 재검토를 지시하였던 것이다.

『월간조선』이 기종변경의 경과에 대해 GD와 MD의 담당자들과의 면담에서 수집한 자료에 의거하여 재구성한 내용은 다음과 같다.[35] 기종변경의 결재가 있기 나흘 전이 결정적인 분기점이었다고 한다. GD 측은 전체 계약 중 삼성항공이 담당할 계약분인 상용 25%를 확정가격방식으로 체결하자는 제안을 했다고 한다. 또한 MD와 GD 양사가 똑같이 요구해온 로열티 2,500만 달러 전액을 면제해주겠다고 했다. 이러한 제안은 계약주체인 국방부 입장에서는 대단히 매력적인 제의였다고 한다. 그 후 사흘 뒤, 이번에는 MD 측이 국방부를 방문하여 F/A-18 총 도입비용 66억 달러를 57억 달러로 대폭 삭감하겠다는 수정안을 내놓았다고 한다.

우리는 여기에서 다음과 같은 사실을 알 수 있다. 첫째, 확정가격방식이 그렇게 중요한 만큼 원가정산방식에서는 그만큼 가격상승의 가능성이 상존한다는 것이다. 둘째, 로열티가 동일할 정도로 양사가 비슷한 제안을 해왔다는 것이다. 셋째, 최종결정 나흘 전에 GD 측이 파격적인 제안을 했다는 것은 단순한 제안에 그치는 것이 아니었다. 오히려 거의 동일한 정도의 가격인상을 제시해온 두 업체 사이에서 기종변경을 해야 하는 한국 정부의 부담에 대한 '명분 쌓기'의 의미가 더 컸다고 말할 수 있다.[36]

---

35) 김창수, "F-16, 대역전극의 막후", pp.180~191.

36) 감사원이 1993년 율곡비리에 대한 감사 결과를 보고한 『감사원 백서(1994)』에서는 청와대 안보수석과

한편 업체들의 로비행태에서 흥미로운 사항으로는 청와대가 일방적인 가격인상으로 매도함에도 불구하고 MD 측이 이에 대응하지 않았던 이유가 무엇인가 하는 점이다. 1991년 3월 28일 최종 기종선정에 대한 발표 직후 MD사의 성명서에는 놀라움과 분노가 깔려 있었다고 한다. 공급자와 수요자 사이의 조건이 맞지 않아 협상이 깨진 것이 아니라, 이해할 수 없는 요인에 의해 계약이 파기되었을 때 나타나는 반응이었다. 그럼에도 불구하고 MD는 자사의 가격인상에 대해 아무런 변명도 하지 않았다.

그 이유에 대한 설명은 '가격인상' 설을 반박하기 위해서는 반드시 필요한 부분이다. 첫째 이유는 KFP 이외에도 MD가 진출할 수 있는 한국의 방위력증강 프로그램이 많이 있기 때문일 것으로 추정할 수 있다. MD가 제작한 F-15가 이미 KFP 사업초기에 대상기종에 올라 있었으며, 다음의 전투기사업인 F-XX에도 후보로 진출할 가능성이 있었기 때문이다. 전면 재검토 발표 후 국방부의 재검토 결과 중에는 MD 측에 대한 배려가 엿보인다. 국방예산의 제약으로 인해 직구매를 해야 한다면 획득수량을 축소하여 당시 운영 중인 F-16 블록 32 기종 40~60대를 1991년에 계약하고, 더불어 F-15E 40대를 이후 직구매할 수 있는 방안이 포함되어 있었다. 그리고 최종 기종결정과정에서 F-16을 선택하는 대신 주무부서인 공군에게 타협점이 제시되었다.[37] F-16을 선정할 경우 기종변경으로 인한 사업시행 연기에서 오는 공백

관련된 의혹을 7가지 정도로 나누어 제기하고 있다. 그 중에는 청와대와 GD사의 정보교환에 관한 부분도 포함된다. 그 7가지는 공군참모총장에 대한 협박행사 여부, 청와대 동향정보의 유출에 대한 관여 정도, 미국 GD사와의 개인적인 친분관계, 국방장관과의 역할분담과 역학관계, 1993년 감사직전의 미국 출국 동기, 출국 시 시티은행의 비밀계좌에서 찾아갔다는 자료의 성격 등이다. 『주간조선』, "김종휘와 7대 의문", 1995년 12월 21일, pp.50~53.

37) 국회, 『율곡비리 국정조사 국방위원회 회의록』, pp.51~55.

은 F-4 기종의 성능 개량사업을 시행하여 보충하고, 사업의 종료시기에는 F-XX 사업으로 F-15E급을 생산한다는 장기발전계획을 수립했던 것이다. 그리고 실제로 F-15K 40대가 2002년 5월 한국의 차세대전투기사업의 대상기종으로 선정되었다.[38)]

두 번째 가능성은 미 국무성의 개입이다. 냉전의 종식 이후 방위산업에 대한 줄어드는 주문량으로 인해 미국 방위산업체들은 엄청난 타격을 입게 되었다. 그 결과 주요 방위산업체들이 도산하거나 합병되고 있었다. 국무성 입장에서는 이는 단순히 업체들의 문제가 아니라 미국 방위산업 전체의 문제이며, 미 국방력의 유지와 경제적 이익을 위해서도 심각한 문제였던 것이다. KFP 사업에 있어서 한국 정부를 상대로 가장 두드러진 로비활동을 벌인 미국 정부기관은 해군성이라는 사실에서도 드러난다. 미 해군의 입장에서는 자신들의 주력기인 F/A-18의 생산라인을 유지하고 동시에 공급가격을 일정 수준을 유지하기 위해서는 해외주문이 필수적이었던 것이다.[39)] 그러나 미국 전체로 볼 때 한국이 미국의 전투기를 도입하는 것이 가장 중요한 문제였고, 그다음으로는 대응구매 및 기술이전 조건에서 미국의 국익을 극대화하는 것이었다. 어느 회사의 기종이 선정되는가는 부수적인 문제였다. 기종번복에 대한 미 의회의 반응 가운데 주목할 만한 사항으로는 F-16 120대 전체의 완제품 판매를 검토하자는 것도 있었다.[40)] "KFP 사업에 대한 미국의 태도는…… 미국 정부가 직접 통제할 수 있는 수단을 모색하려는 의도를 보였다. 즉, 미국의 국익차원에서 미국

---

38) MD는 1997년 보잉(Boeing)에 흡수·합병되어 F-15를 한국에 판매할 때는 보잉의 이름으로 참가했다.

39) *Defense News*, March 25, 1990.

40) "한·미 F-16 전투기 공동생산 사업: 미 하원 청문회 증언자료", 『입법조사월보』, 1991년 11월.

업체 간 과당경쟁을 방지하고 차후 군수지원 측면에서 독점적인 지위를 고수하려고 했다."41)

제4절 소결론

이상에서 우리는 최종 기종선정에서 대상기종이 변경된 이유가 가격인상 때문이 아니라는 사실을 알 수 있다. 구체적인 물증 대신 여기서 제시한 근거는 다음과 같다.

첫째, 대통령과 청와대가 초기 기종결정의 이전부터 F-16을 선호했다. 둘째, F/A-18의 가격이 인상된 것은 사실이나, GD도 유사한 비율로 가격이 인상됐다. 그리고 가격인상은 예상할 수 있는 항목들에서 발생하였다. 셋째, 국방장관과 공군참모총장 등 F/A-18을 지지한 국방부 내 핵심세력이 경질되었다. 넷째, 가격인상설에 대해 MD사가 항의하지 않았던 것은 다른 대형 항공기사업의 참여 유인 등 침묵할 만한 충분한 이유가 있었기 때문일 것이다. 다섯째, 이와 같은 독단적인 기종변경은 5공화국 정부 당시 주 계약업체 선정과정에서도 있었던 일이다. 여섯째, KFP 사업에 적극 개입한 상당수 핵심인사들이 이후 문민정부 당시 '율곡사업 비리' 혹은 뇌물수수 등으로 기소되었다.

이러한 사실들을 종합해보면 로비설이 최종 기종변경의 가장 유력한 설명이라는 결론에 이른다. 검찰조사 결과 구체적인 물증이 없다는 것은 실체가 없다는 것이 아니라 아직 드러나지 않았다고 보는 것이 옳다.

---

41) 유윤식, "한국형전투기 기종결정분석", 『교수논총』, 13(국방대학원, 1998), p.7.

제5장

정책결정과정과 부패:
이론적 평가

제1절 KFP 기종선정과정과 정책결정모델

지금까지는 KFP 사업의 출발에서부터 계약에 이르는 과정을 세부적으로 살펴보았다. 그러나 이러한 세부적인 사실의 조각들은 정책결정과정의 특징을 드러내는 데는 크게 기여하지 못한다. 이들이 이론이라는 분석의 틀을 통과할 때, 하나의 일관성 있는 조각들의 모임으로써 의미를 갖게 된다. 이론의 렌즈를 통해서만 현실에서의 정책결정과정이 어떠한 특징을 가진 것이었는가를 발견하게 되고 문제점의 지적과 개선방향을 찾아낼 수 있다. 이 장에서는 KFP의 기종선정과정이 엘리슨의 세 가지 모델들 중에서 어떠한 틀에 더 맞는지를 살펴볼 것이다. 이를 위해서는 1) 참가자들의 응집도, 2) 참가자들의 목표, 3) 정책결정의 양태, 4) 권력과 권위의 소재를 세 모델의 비교 기준으로 삼고자 한다.[1]

---

1) 김평묵, "한국전투기사업(KFP)의 기종선정에 관한 정책결정연구", 국방대학교 안전보장대학원 석사학위논문, 1996. 이들 네 가지 비교 기준은 일반적으로 알려진 바이나 처음으로 KFP 사업 평가의 구체적인 잣대로 활용하였다. 본 연구에서의 분석결과와는 다르다.

1. 정책결정과정의 응집도

엘리슨의 세 가지 모델들을 구별하는 데 있어서 가장 대표적인 차이가 바로 정책결정 참가자들의 응집도라고 할 수 있다. 응집도는 정책결정에 참가하는 행위자들의 의견이 얼마나 한 가지 의견으로 집중될 수 있는가, 혹은 참가하는 기관과 행위자들이 얼마나 단일한 목표를 향해 단합되는가라고 할 수 있다. 합리적 선택모델은 마치 한 명의 정책결정자가 합리적인 사고와 정책결정을 하듯이, 복리의 극대화라는 하나의 목표를 향해 정책결정을 추진해나가는 것을 말한다. 한편 합리적 사고와 정책결정에 의한 하나의 목표를 추구하는 것이 나타나지 않을 경우에 다른 두 모델이 적용된다. 즉, 이른바 '표준운영절차(SOP)'에 따라 조직의 목표를 추구할 때는 조직과정모델이 적용되고, 참여자 개인들이 자신의 이익과 조직의 이익만을 위해 움직일 때 이를 관료정치모델이라고 한다.

우선 KFP 사업의 전개과정에서 정책결정 참가자들의 응집도에 대해 살펴보자. 우선 한국의 차세대전투기 도입에 대한 공군의 소요제기가 시작될 때부터 합참, 국방부, 항공산업육성위원회, 그리고 대통령이 KFP 사업의 기종결정을 위해 움직였고, 그 사업의 성과를 최대화하기 위해 노력하였다는 면에서는 높은 응집도를 나타낸다고 볼 수 있다.

제2장의 <그림 2>에 나타난 KFP 당시 무기체계 획득절차과정에서 차세대전투기에 대한 소요제기에서 소요결정, 획득방법결정과 시험평가를 거쳐 1차 기종을 선정하는 단계에 이르기까지 국방부와 합참, 항공산업육성위원회와 대통령은 한국의 전력증강과 항공산업의 발

전이라는 두 가지 동일한 목표를 향해 응집된 행태를 보여주었다. 그러나 이러한 응집도는 업체선정과 기종선정을 둘러싸고, 국방부와 재무부, 또 주 계약업체를 둘러싼 대통령과 행정부 간의 의견 차이를 드러내기 시작했다. 이러한 양태는 앞서 얘기한 "마치 한 사람의 정책가가 합리적인 판단에 근거하여 최대한의 이익을 창출하기 위해 결정한다"는 합리적 선택모델과는 다소 어긋나는 과정이었다고 할 수 있다.[2] 따라서 이 부분에 대한 설명을 위해서는 다른 모델을 적용해야 하는 문제가 발생한다.

일단 KFP 사업의 당시 무기체계선정에 참가하는 행위자만 해도, 공군과 국방부, 그리고 합참, 재무부가 포함된 항공산업육성위원회, 대통령 등이 각 단계별로 제기되는 임무를 수행하기 위한 결정을 내리게 된다.[3] 이렇게 상이한 단계별로 제기되는 상이한 임무에 따라 각 행위자들이 고려하는 절차와 목표가 달라진다. 이러한 조직 내의 목표와 절차에 의해 각 행위자들이 내리는 결정에는 차이가 있다.[4] 이를 좀 더 자세히 KFP 사업의 추진과정에서 첨예하게 대립하게 되는 기종선정에서 나타난 각 행위자들의 임무와 목표, 절차를 살펴보면 다음과 같다.

먼저 공군은 합참이 제시한 교리에 따라 북한으로부터의 위협과

---

2) Graham Allison and Philip Zelikow, *Essence of Decision: Explaining the Cuban Missile Crisis* (Addison-Wesley Educational Publishers, 1999)/김태현 역, 『결정의 엣센스: 쿠바 미사일 사태와 세계핵전쟁의 위기』(서울: 모음북스, 2005), p.65.

3) 조직과정모델이 합리적 선택모델과의 차이는 행위자에 있어 단일한 하나의 실체로서의 국가 혹은 정부가 아니라, 서로 느슨하게 연결된 여러 조직들의 연합체와 그 위에 정부의 지도자들로 구성이 된다. 상게서, p.218.

4) 조직 내의 절차와 목표가 달라지는 것은 조직이 여러 가지 목적 사이에 우선순위를 결정하는 데 영향을 미치고 그것을 통해 조직의 '임무'의 성격에 영향을 미치는 것이고, 그 조직은 효율성을 추구하기 때문에 서로 상이한 절차와 목표를 갖게 되는 것이다. 상게서, p.202.

당시의 여러 가지 환경적 요인들을 고려하여 전력증강에 대한 소요를 제기한다. 공군의 소요제기는 환경적 요인에 대한 합리적 분석에 근거한 판단으로 볼 수 있다.[5] 그러나 공군의 소요제기에 대한 검토절차 과정에서 크게 세 부류의 조직적 목표와 절차가 달라진다. 이들은 크게 보아 군의 조직(공군, 합참, 국방부), 항공산업육성위원회, 기업의 세 부류이다.

합참은 소요무기의 운용성을 고려한다. 즉, 전체 무기체계 내에서의 적절성과 전략추진에 있어서의 적절성을 고려하여 군종 간의 합동작전이나 한미합동작전에의 상호운용성 등을 고려한다. 그리고 국방부는 그 소요제기가 적절한지, 무기획득을 위한 예산확보는 가능한지, 사업의 기본목표와 일치하는지 등을 고려하여 종합적인 판단을 내린다. 이 과정에서 공군, 국방부, 합참의 세 기관은 전력증강의 목표하에서 전개된 전투기종을 둘러싼 논쟁에서 전투력과 안정성에서 뛰어난 F/A-18을 선호하게 된 것이다.

반면 항공산업육성위원회에 참가하는 정부 조직들, 즉 경제기획원과 재무부, 상공부 등은 예산의 제한과 항공산업에 대한 파급효과를 우선적으로 고려한다. 따라서 전투력과 안정성보다는 도입비용이 저렴한 F-16을 선호하게 되는 것이다.

마지막으로 주 계약업체인 삼성은 기업의 이윤을 추구하는 목적에 따라 수주량을 늘리기 위해 단가가 높고 작업공정이 많은 F/A-18을 선택하게 되는 것이다. 이러한 상이한 기관과 행위자들의 상이한 목적과 판단이 기종결정과정에서 논의되고, 이를 둘러싼 논쟁이 결국은

---

5) 합리적 행위자의 행위는 "국제적 전략 환경이 제기하는 위협과 기회가 국가로 하여금 행동하게 한다"는 것으로 공군이 이러한 합리성에 기반을 둔 소요를 제기하는 것이다. 전게서, p.64.

기종변경으로까지 이어지게 되는 것이다. 이러한 과정을 살펴보았을 때, **KFP** 사업의 추진과정은 상이한 행위자들이 각각의 규정에 따라 조직의 목표를 위해 각자의 역할을 수행하였으므로 엘리슨의 조직과 정모델이 제시하는 결정과정과 유사하다.6)

  그러나 관찰의 시야를 넓혀 주 계약업체 선정과정과 함께 기종선 정과정을 보면 평가는 달라질 수 있다. 기종선정에 있어 두 번의 최 종결정은 모두 이전 단계에서의 평가와 판단은 그다지 중요하지 않 고 마치 단일 정책결정자의 판단과 평가만이 존재하는 것처럼 보였 다. 최종결정을 둘러싸고 국방부와 대통령 사이에 지시와 재평가가 오고 가기는 했으나, 결정되기 전 마지막 5개월의 상황은 마치 청와 대만이 정책결정과정의 주도권을 잡고 있는 듯 보였다. 대통령의 재 고에 따른 새로운 국방장관의 교체를 통해 전격적으로 이루어졌던 것이다. 이는 무기획득절차의 과정을 밟아온 이전 8년간의 과정에서 고려된 많은 합리성과 목표들이 여러 행위자들 간의 논의를 통해 합 의를 이끌어내는 과정을 거치는 것이 아니라, 대통령과 그의 지시를 받은 국방장관과의 단선적인 과정을 통해 이루어진 것이란 인상을 주고 있는 것이다. 이러한 단선적인 결정과정이라는 인상을 갖게 되 는 것은 ‘50억 원 이상의 계약을 성립해야 할 때는 대통령이 결제하 는 사항’이라는 획득규정에 따른 것이라고 볼 수 있다. 이렇게 규정 에 따른 절차와 과정이었다고 본다면 여전히 조직과정모델에 적합하 다고 할 수 있으나, 그 전격적인 반전과 폐쇄성은 이 과정이 단일 정 책결정자의 모델에 더 가까운 것으로 보인다.

---

6) 전게서,. pp.193〜241 참조.

마지막으로 관료정치모델에서는 참가자 개인과 조직들이 자신의 영향력과 목표를 추구하기 위하여 필요하다면 세력연합을 하는 것으로 본다. 즉, 정부의 행위는 조직의 산출이 아니라 협상게임의 결과이다. 다양한 행위자들이 각자의 국가이익, 조직이익, 개인이익에 따라 여러 번의 결정을 통해 제휴와 흥정, 타협을 이루어가는 것으로 본다.7) 기종결정과정에서는 전체적으로 군인조직과 민간조직으로 대별되는 구도를 볼 수 있다. F-16파와 F/A-18파의 대립이 바로 그것이다. 공군과 합참, 국방부는 F/A-18을 선호하는 반면, 나머지 정부조직과 청와대는 F-16을 지지하였다. 자신이 속한 조직의 추구하는 바가 일치했을 수도 있지만 자신들의 의사를 관철시키기 위해, 그리고 부서의 영향력을 높이기 위해 각각의 진영에 섰던 것이다.

　결국 응집력에 있어서는 합리적 선택과 관료정치의 두 가지 모델의 조직성향을 모두 보여주고 있다고 판단할 수 있다. 청와대의 선택에 대해 국방부를 중심으로 한 참가자들이 자신들의 판단을 강력하게 관철시키려 했다는 점에서 한국 사회에서는 보기 드문 현상이었다고 볼 수 있다. 그리고 각 행위자들의 사이에 자신들이 속한 집단의 정책적인 선호를 실현시키기 위해 정치적인 게임이 진행되었다는 점에서도 관료정치적인 행태를 지적할 수 있다. 그러나 또 한편으로는 궁극적으로 대통령을 중심으로 한 권력의 중심부가 지금까지의 진행상황과 타협이 아니라 번복을 통해 정책결정을 실행하였다는 점은 추가적인 설명이나 관료정치 가설의 수정을 필요로 한다.

---

7) 전게서., pp.317~319.

2. 참가자의 목표

일단 두 기종에 대한 지지가 달랐다는 점에서 참가자들의 목표가 동일했다고 보기는 어렵다. 그렇다면 KFP 사업의 두 가지 목표인 전력증강과 항공산업 발전에 대해 국방부가 제시한 선차적 목표인 전력증강을 대통령이 국가전체의 목표라는 차원에서 수용하였더라면 국방부/합참이라는 조직의 목표를 받아들였다는 점에서 조직과정모델이 작동하였다고 할 수 있을 것이다. 그러나 수용하지 않았다면 그 이유가 문제가 된다. 대통령 개인의 목표가 고려된 기종결정이었다면 관료정치모델이 더 적절하다.

대통령의 개인적인 목표 부분에서는 기종선정과정에 대한 시각에 따라 차이가 난다. 가격인상설을 수용하는 입장에서는 대통령의 목표는 위의 두 가지 국가목표 외에도 "정부의 능력과 선명성을 보이고자 하는 대통령의 개인적인 목표가 정책결정과정 전반에 영향을 미쳤다는 입장에서 파악"하는 것이 타당하다고 한다. 그리고 "결국 KFP의 기종선정은 대통령이 내려야 하고 그 책임도 전적으로 대통령에게 돌아간다는 점에서, 최소한 대통령의 결심과정에서만은 한 치의 오차나 의심의 여지가 없도록 해야 한다는 것이 대통령의 기본생각이었기 때문이다"라고 평가한다.[8] 대통령으로서는 항공산업의 육성이 정부의 10대 시책사업 중의 하나였던 만큼 이목의 초점이 되고 있었던 점을 무시할 수 없었던 것이다.

이와 더불어 국방부 재검토 시 도태되는 전술기의 보충이 최대목

---

[8] 김병묵, "한국전투기사업(KFP)의 기종선정에 관한 정책결정연구", p.73. 또한, 유윤식, "한국형전투기 기종결정분석", 『교수논총』, 13(국방대학원, 1998), pp.18~20도 같은 입장에서 분석한다.

표였다고 한다.9) 즉, 1991년 내 계약을 마무리하고 중기 방위력 증강 계획에 맞추어 차질 없이 진행하는 것이 목표였다는 것이다. 따라서 기왕에 진행해온 F/A-18을 선택할 경우 사업의 진행에 무리가 없는 것으로 판단했다는 것이다. 그리고 전력증강 요인을 볼 때 F-16이나 F/A-18은 더 이상 차세대전투기가 아니며 진정한 전력증강은 제4세대 이후 기종인 F-XX 사업에서 실현될 것으로 예상하였다고 한다. "국방부는 또 다른 판단기준을 가지고 있었다. 대통령의 선호, 국방 예산의 가용성, 전력증강 효과극대화, 위축된 군의 위상과 예산지원 면에서 돌파구를 찾기 위하여 이 사업을 추진하였다."10) 공군의 경우 는 안정성과 피격률이 생사와 직결된 조종사들의 의견을 무시할 수 없었다. 또한 아울러 F/A-18을 보유함으로써 공대해 능력을 보유하 여, 해군과 해병대의 해상에서의 문제점까지도 공군의 능력으로 해소 할 수 있기를 기대하였다.

이처럼 주요 참가자들은 KFP 사업이 애초에 달성하고자 하였던 목 표의 달성 가능 정도에 따라 입장을 정리한 것만큼이나 사업의 진행 이 자신들에게 미칠 여파와 개인적인 정치적 목표를 고려하여 정책 결정에 참여하고자 하였다. 이러한 측면에서 KFP 사업의 의사결정은 관료정치모델에 가장 가깝다고 할 수 있다. 공군은 전투력증강뿐 아 니라 전투기를 조종할 당사자로서의 안위를 고려해야 하는 점을 배 제할 수 없으며, 전투기 제조사의 로비에 의해 정책적 선호를 변경했 다는 점은 개인적 고려라고 할 수 있다.

---

9) 국회, 『율곡비리 국정조사 국방위원회 회의록』, pp.51~55.

10) 유윤식, "차기전투기 기종결정의 평가: 합리성을 중심으로", 『한국 사회의 행정연구』, 14권 1호(2003), p.24.

3. 정책결정의 양태

정책목표에 대한 달성치를 최대화하기 위해 항공산업육성위원회와 같은 새로운 기구를 구성하였으며, 참가한 각 정부기관들은 절차에 따라 필요한 조치와 심의를 수행해나갔다. 이들은 시험비행과 성능비교를 위해 방대한 자료를 수집하고 분석하였고, 각 기관들이 절차에 따라 협의과정을 거쳤다. 그 과정에서 7년여라는 시간이 걸렸다. 그리고 국방부가 종합하여 대통령에게 보고하여 기종을 결정하였다. 이에 대통령은 신중을 기하여 추가검토와 재검토를 지시하였고, 비용과 효과를 비교하여 기종을 선정한 것으로 나타나고 있다.

이 과정은 일견 합리적 선택의 모델에 잘 맞는 것처럼 보이지만, 한발 물러나서 보면 다른 해석도 가능하게 된다. 최종 기종결정에는 불과 5개월의 재심과정을 통해 별다른 논의를 거치지 않고, 결국 국방부와 합참의 의견과는 다른 F-16을 결정하게 되었다. 오랜 기간과 엄청난 인력과 자원이 동원되어 분석한 결과가 그 유용성을 상실하게 되었다고 볼 수 있다. 한편으로는 최초의 대통령 보고 때 이미 대통령의 의중에는 F-16이 자리 잡고 있었다고 볼 수도 있다. 최초 기종결정에서는 관철시키지 못한 자신의 의사를 인사교체의 단행과 가격인상설의 홍보를 통해 결국 반영시킨 셈이 되었다. 설사 가격인상설을 수용하더라도 이 과정은 그다지 합리적인 선택모델과 일치하지 않는다. 왜냐하면 오랜 과정을 거치는 동안 애초에 상정했던 최신예기의 도입을 통한 전력증강과 항공산업의 기반확보라는 양대 목표는 충족되기 어렵게 되었다. 결국 더 이상 신예기라고 부르기 어려운 F-16 기종을 선택함으로써 전술기 보충 사이클에서 조기에 도태될 가능성이 높았기 때문에, 특히 전력증강이라는 당초의 목표를 십분 달성하기는 어렵게 되었다.

이러한 불합리성은 기종선정뿐 아니라 주계약자 선정과정에서도 발생하였다. 정부에서는 전력증강과 동시에 항공산업의 발전이라는 두 가지 KFP 사업의 목표를 동시에 세웠다. 따라서 KFP 사업진행의 첫 단계로 주 계약업체 선정을 위해 항공산업육성위원회를 구성하고, 그 산하에 실무위원회와 실사평가단까지 설치하여 의욕적으로 출발하였다. 주 계약업체에 대한 실무위원회와 실사평가단의 2년에 걸친 평가결과, 대우중공업을 주 계약업체로 선정하고 청와대에 보고하였을 때, 당시 대통령은 갑자기 업체에 대한 복수추천을 지시하였다. 이후 실무위원회와 실사평가단 회의에서 제출한 1위의 대우중공업을 제치고, 국내 항공산업의 발전에 대한 강한 의지라는 애매한 기준을 명분으로 삼아 결국은 업체를 삼성항공으로 변경하였다.

이러한 업체선정과정에서도 초기에 합리적으로 진행된 평가절차와 심의들이 최종결정의 순간에는 아무런 영향을 미치지 못하는 과정을 볼 수 있다. 따라서 합리적 선택은 최종결정이 이루어지기 이전 하위 수준의 절차와 과정에서 오는 외형일 뿐 내용에 있어서는 그 합리성이 지켜지지 않았음을 알 수 있다.

그렇다면 하부조직에서의 합리적인 절차들이 최소한의 합리성을 확보하는 역할은 수행하였을까? 즉, 허버트 사이먼(Herbert Simon)이 제시한 '제한적 합리성(bounded rationality)'에는 맞는 것일까?[11] 제한된 합리성을 판단할 수 있는 가장 중요한 기준은 이익의 극대화가 아

---

11) Herbert Simon, *Reason in Human Affairs*(Stanford: Stanford University Press, 1983).

니라 '만족할 만한 수준에서의 이익의 확보'라 할 수 있다. 항공산업 육성위원회의 평가에서 가장 높은 점수를 획득한 두 업체 중 하나를 선택했으므로 평가과정이 아무런 의미가 없었던 것은 아니라고 말할 수 있다. KFP의 최종 기종결정에서도 최초 6개 업체 간 경쟁에서 살아남은 2개 업체 중 하나를 선택하는 문제였으므로 마찬가지 평가가 가능할 것이다. 그러므로 과정 전체에 대해 결과를 두고 평가한다면 '제한적인 합리성'이 확보되었다고 볼 수 있다. 그러나 보다 엄밀한 평가는 '비용 대비 효과' 분석에 의해 이루어져야 한다. 주 계약업체 선정과 최종 기종결정의 효과를 전체 KFP 사업 추진비용에 비추어볼 때 합리성의 정도를 파악할 수 있을 것이다.

다음은 두 번째 모델인 조직과정모델의 관점에서 조명해보자. 제2장 <그림 2>의 무기체계 획득규정에서는 정상적인 규정 준수라면 기종을 선정하기 전에 두 가지 대안에 대한 협상과 구매방법 결정의 절차를 거쳐야 했다. 그러나 KFP 기종결정과정에서는 SOP를 따르지 않는 행태가 나타났다. 첫째, 주 계약업체인 삼성항공에서는 어느 기종이 선정되는가에 따라 선행설비투자와 준비가 달라진다는 점 때문에 기종선정이 먼저 이루어지는 것을 선호하였다. 이러한 사정은 국방부도 마찬가지였다. 사업시작에 대한 시간적인 제약 속에서 기술이전과 장착무기에 있어서 두 기종 모두에 대한 협상을 진행한다는 것이 어렵다는 점을 들어 협상에 앞서 먼저 기종선정에 매달리게 되었던 것이다. 둘째, 주 계약업체를 선정한 다음 이 업체로 하여금 대상업체들과 협상을 진행시키게 함으로써 정부차원에서의 협상이 제대로 진행되지 못하였다. 이는 SOP에 따른 업무의 진행이 아님에 틀림없다. 그럼에도 불구하고 이에 대한 특별한 지적이나 문제제기는 없었으며 오히려 현실적인 방법으로 수용되었다. KFP의 기종결정은 협상이 아닌 단순한 기종경쟁의 결과를 대통령이 재가하는 방식으로 이루어졌다. 그러므로 기종결정 후 낙점을 받은 기종을 대상으로 한 가격협상이 이루어져야 한다. 그 과정에서 구매자는 협상력의 약화와 가격에 대한 불신을 가질 수밖에 없으며, 공급업체는 가격인상의 유혹을 받을 수밖에 없는 것이다.

SOP에 관한 위의 문제점 이외에는 비교적 규정대로 진행되었다고 할 수 있으나 규정자체가 여러 가지 문제점들을 내포하고 있었다. 이에 관한 내용은 앞의 제2장 제1절에서 밝힌 바 있는데, 요약하면 다음과 같다. 첫째, 중앙집권적 통제제도가 없었으며 책임소재도 불분명하였다. 둘째, 전력증강 소요제기와 전력증강 사업관리의 이원화로 과정이 복잡하고 책임소재가 불분명하였다. 셋째, 핵심 집행부서인 국방부 내에 무기획득부서와 운영유지기능의 부서가 혼재되어 있었다. 넷째, 순환보직으로 인해 전문인력이 부족하였다.

그 외에도 기존의 과정 이외의 별도조직을 구성하고, 의견대립이 발생할 경우 절차에 없는 중간보고를 통해 해소하는 예외적인 조치도 발생하였다. 1990년 11월 1일 전면재검토 발표 후 국방차관을 위원장으로 하는 별도의 KFP 사업추진위원회를 국방부 내에 구성하고, 그 아래에 합참의 전력발전부장을 중심으로 합참연구위원회를 설치하였다. 여기서 정보판단, 전략개념 조정, 운용개념의 재정립, 소요시기 등을 재검토하도록 하였다. 그럼에도 불구하고 국방부 내에서는 F/A-18의 대수를 줄여서라도 연내 계약체결이 가능하다는 판단이 지배적이었다. 그러나 1991년 3월 21일 국방장관이 대통령에게 중간보고를 통해 상황을 설명한 다음 F-16을 선호하는 대통령의 의중을 다시 한 번 확인하였다. 그런 다음, 국방부 내의 F/A-18을 추천하는 분위기를 와해시키고 전력증강위원회의 의결과 국방장관의 재가를 받는 형식적인 절차를 거쳐 대통령에게 F-16을 유리하게 보고하는 절차를 거쳤다.[12] 지금까지 지적한 점들에 비추어 정책결정의 양태도 조직과정모델보다 관료정치모델에 가깝다고 말할 수 있다.

4. 권력과 권위의 소재

합리적 선택모델에서 권력과 권위는 조직의 정점인 최고지도자 혹은 최고결정자에게 있다고 본다. 반면, 조직과정 모델에서는 하부조직들이 전문가로서의 기능적 권위를 가지며 제도와 규정이 이들 사이의 관계를 조절하고, 지도자는 조직과정이 작동하지 않을 경우에 조정자의 역할을 담당한다고 본다. 관료정치모델에서는 권력과 권위가 여러 참가자들 사이에 분산되어 분포하고 참가자들의 구성에 따라 권력의 분포가 바뀌는 속성을 가지고 있다.

기종선정의 경우를 살펴보면 국방부가 소요제기에서부터 시작하여 합참과 ADD, 국방연구원, 각종 심의회의 의견을 취합하고 평가함으로써 광범위한 정보를 확보하고 있었다는 점에서 전문적이며 기능적인 권위를 행사하였다고 볼 수 있다. 이러한 국방부의 역할이 제대로 이루어졌다면 조직과정모델이 적절한 것으로 판단할 수 있다. 앞서 밝힌 바와 같이 초기 기종선정까지는 이러한 조직과정모델의 측면이 적용될 수 있을 것으로 보인다. 그러나 국방부의 권위도 결정된

---

12) 김병욱, "한국전투기사업(KFP)의 기종선정에 관한 정책결정연구", p.76.

사항에 대해 재검토를 지시하는 핵심담당자이자 기능적 권한의 담당인 국방장관과 공군참모총장을 경질할 수 있는 더 높은 권력의 존재 앞에서는 그다지 효과적이지 못했다. 즉, KFP 사업의 초기 기종선정 과정까지 국방부의 핵심담당자이자 기능적 권위의 주체인 국방장관과 공군참모총장이 느닷없이 경질되고, 대통령의 재가에 의해 새로운 국방장관과 참모총장으로 교체된 사건을 통해 알 수 있다. 이는 주 계약업체 선정에 있어서 항공산업육성위원회가 행사해온 기능적 권위가 선정절차 자체를 변경하고 모호한 명분으로도 의사를 관철시킬 수 있는 권위 앞에서 소용이 없었던 것과 매우 닮은 현상이었다.

이처럼 대통령 한 사람에게 권위와 권력이 집중되어 있다면 정책결정과정은 합리적 선택모델의 특징을 보여주어야 할 것이다. 그러나 주 계약업체 선정이나 기종선정의 결과가 목표달성의 효과를 최대화해 주었는가에 대해서는 의문이 많다. 삼성항공은 엔진제작 전문업체였으며 시스템통합과 항공기 제작, 동체 제작에는 전혀 경험이 없는 업체였다. 그리고 F-16 선택은 가장 큰 명분인 예산의 한계도 충족시키지 못하였고, 연도 내 제작에도 실패했으며, 기술적으로도 그다지 신예기종에 속하지 않는 것이었다.

권력과 권위의 소재와 집중도는 합리적 선택모델이 가정하는 상황과 동일하면서 정책결정의 결과는 왜 합리적이지 못할까? 합리적 선택모델은 정책결정자가 합리적인 판단하에서 최대의 이익을 추구하기 위한 최선의 정책을 선택한다는 것을 가정한다. 그러나 실제로 KFP 사업에서 진행된 정책구조에서는 정책결정자가 조직의 이익이나 개인적 이익을 초월하여 공공의 복리를 위한 합리적인 선택이 이루어지지 않았기 때문이다. 다시 말하면 권력과 권위의 집중을 개인의 이익을 위해 이용하는 관료정치모델의 형식으로 활용하였기 때문이다. 우리는 앞에서 정책결정과정의 응집력, 참가자들의 목표, 정책결정의 양태라는 세 가지 측면에서 조직과정모델이 외관상으로는 적절한 듯이 보이나 실제운영은 관료정치모델에 가깝다는 것을 보았다.

이러한 개인의 이익과 목표추구를 위한 갈등과 흥정의 과정으로서의 관료정치모델은 바로 이러한 지점에서 공동체가 누릴 수 있는 극대화된 공동이익을 저해하는 행위로서의 '부패'와 연계된다. 부패는 자원분배의 경쟁성을 저하시킴으로써 사회의 주어진 자원을 효율적으로 활용하는 것을 저해한다.[13] 부패가 발생하는 원인은 바로 원인 제공자의 입장에서 부패의 비용이 정상적인 거래비용보다 저렴함으로써 개인적인 이득을 챙길 수 있는 기회구조에서 발생하기 때문이다. 여기에 해답이 있다. 집중된 권위와 권력이 합리적인 결과를 낳지 못하는 이유는 행사방식이 관료정치모델에 가깝기 때문이다.

이상의 논의를 종합하면 KFP의 기종선정과정은 표면적으로는, 즉 정책결정 참가자들의 응집도와 권력의 집중유형으로 판단하기에는 합리적 선택모델에 가까운 것으로 나타났다. 그러나 실제과정상의 행태는 관료정치모델에 가깝다는 결론을 내릴 수 있다. <표 1>은 기종결정과정에서 합리적 선택을 방해한 요소들을 잘 요약하고 있다.

---

13) 정상화, "부패의 정치경제: 1990년대 이후 한국 무기획득사업을 중심으로", 『세계지역연구논총』, 21(2003).

구 분		내 용
정책결정구조		－ 국방부의 안보우선주의, 대외의존주의, 군인적 특성과 조직의 폐쇄성 등이 지대한 영향 － 특정군의 업무 편중 － 비공개적인 의사결정 형태
정책결정 주요 행위자		－ 사업의 주무부처인 국방부의 장관 교체로 인한 연계성 약화 － 대통령의 성향에 의한 재결정, 개인의 목표 추구가 우선시 됨
정책결정과정		－ 결정의 핵심은 경제성과 효과성의 문제로 귀착 － 개인목표 추구로 인한 국가목표의 수정
대내외 요인	대내환경요인	－ 정치적 이슈로의 전환 － 정책결정자의 비전문성 － 경제적 합리성 강조
	대외환경요인	－ 미국의 한국에 대한 무기이전정책의 제한

자료: 최연화, "한·일 무기획득 정책결정과정 비교분석", p.110

제2절 대통령의 통치 스타일

당시 대통령의 통치 스타일은 긍정적 측면에서 보면 '대화 중시와 타협적 성격'이고, 부정적 측면에서 보면 '수동적, 방임적, 위임적 리더십'이라고 말할 수 있다. 그의 1987년 6·29 선언으로 사회는 급격히 민주화 경향을 보였으며 정부도 공권력에 의한 억압방식보다는 국민화합의 전략을 펼칠 수밖에 없었다. 그는 37%라는 낮은 득표율로 집권했고 민주화로 이행하는 과도기에 군부세력을 전면에 배치하기보다는 정치관료 및 당료를 전면에 등장시켰다. 제6공화국 정부는 직전 정부하에서의 안보 우선주의, 경제 제일주의, 정부 주도주의와는 달리 민주화, 복지이념, 자유민주주 등을 강조하는 정부의 모습을 보여준 것으로 평가받고 있다.[14]

---

14) 김호진, "노태우, 전두환, 박정희 리더십 비교연구", 『신동아』, 1990년 1월, p.282.

당시 대통령은 스스로 민주화와 관련된 정치문제에 관심을 집중하였고 대신 안보나 경제와 관련된 문제는 하부조직에 위임하는 경향을 보여주었다. 그러한 권한 위임이 공직기강 해이나 행정효율의 저하를 초래하는 역효과를 낳기도 하였으며, 적극성과 결단성이 부족하다는 평가를 낳기도 하였다. 그리하여 민주화의 진전에 대한 긍정적인 평가에도 불구하고 그를 성공한 대통령으로 평가하는 경우는 드물다.

KFP 사업의 기종선정에 있어서도 이와 같은 평가가 주류를 이룬다.15) 하부기관의 자율과 책임을 강조하여 국방부가 소신껏 평가하고 대통령에게 보고할 수 있었던 측면도 있으나, 최고 정책결정자로서의 결단이 필요한 순간에 여론을 의식한 나머지 비효율적인 정책집행이 되고 말았다고 보는 것이다. 당시 대통령은 취임 초부터 정통성의 취약성으로 인하여 KFP 사업뿐 아니라 다른 정책을 추진하는데 있어서도 정치적 측면에 대해 민감한 반응을 보이는 편이었다. 따라서 기종결정과정에서는 책임부서인 국방부에 일임해온 것이 사실이다. 1989년 초기 기종결정을 앞두고 지침과 추가지시를 시달한 것은 정치적으로 민감한 문제에 대해 대통령이 얼마나 소극적으로 관리하는가를 보여주는 것으로 해석된다. 그리고 1990년 재검토를 지시할 때도 여론의 오해와 비난을 염려하여 적극적인 대국민 홍보를 지시할 정도로 기종결정에 조심성을 보인 것으로 지적된다.16)

그러나 통치 스타일이 정책결정의 모든 면을 다 드러낼 수는 없다.

---

15) 김병묵, "한국전투기사업(KFP)의 기종선정에 관한 정책결정연구", pp.39~43; 유윤식, "차기전투기 기종결정의 평가: 합리성을 중심으로", pp.18~20; 최연화, "한·일 무기획득 정책결정과정 비교분석: KFP와 FSX 사례를 중심으로", 국방대학교 안전보장대학원 석사학위논문, 2004, p.94.

16) 이상철, "청와대 낙점-스캔들 우려 6개 지침까지 시달", 『조선일보』, 1990년 12월 24일.

다시 말해, 소극적 스타일이었다고 해서 KFP의 기종결정에 있어서 국가목표만을 고려하여 결정을 내렸다거나 가격인상설이 맞는다고는 볼 수 없다. 무기거래에는 '리베이트'가 항상 따라다닌다. 특히 KFP 사업은 율곡사업 중에서도 단일사업으로는 가장 규모가 크고, 획득절차의 규정에도 50억 원 이상의 계약은 대통령의 결재사항이다. 이러한 상황에서 그의 통치 스타일은 어떻게 적용되었을까?

1993년 7월 17일에 발표된 율곡사업비리에 대한 감사원 감사와 검찰조사 결과는 다음과 같다. "ㄱ 전 국방장관 1억 8,000만 원, ㄴ 전 국방장관 1억 5,000만 원, ㄷ 전 공군참모총장 3억 2,500만 원, ㄹ 전 해군참모총장 3억 원, 이들 4명과 돈을 건넨 H사 대표 ㅂ 씨 등 5명을 오늘 구속 수감했습니다. 1억 3,000만 원을 받은 것으로 드러난 ㅅ 전 청와대 안보수석비서관은 귀국을 종용했으나 이를 거부해 기소중지 처리했고, 6,700만 원을 받았지만 율곡사업과 무관한 것으로 확인된 ㅈ 전 해군참모총장은 무혐의 처분했습니다."17) 감사원 감사와 검찰 수사 결과 ㅅ 전 청와대 안보수석은 1992년 7월 스페인제 중형수송기 도입과 관련, 10만 달러를 받았으며, 2개월 뒤엔 대우그룹 ㅊ 이사로부터 대잠수함초계기(P-3C) 도입과 관련하여 5,000만 원을 받은 것으로 드러났다. ㅅ 전 안보수석은 또 대통령의 비자금 수사과정에서 대한항공 사장으로부터 1억 원을 받은 사실이 추가로 확인되기도 했다.

1995년 10월 박계동 의원의 폭로로 시작된 비자금사건은 검찰의 발표에 의하면 임기 5년 동안 4,600억 원의 비자금을 조성했다는 것이다. 그러나 밝혀지지 않은 것까지 보태면 8,000억 원을 넘는다는 주

---

17) 『조선일보』, 1993년 7월 18일.

장도 있다.[18] 민주당의 강수림 의원은 대통령의 비자금 수수 의혹을 폭로하면서 "대통령이 KFP 기종을 F-16으로 변경하는 과정에서 1억 달러 이상의 비자금을 마련했다"고 주장했다.[19] 강 의원은 이어 "이 중 일부가 1991년 3월 12일 대동은행 충무로 지점에 김정태라는 가명 으로 입금됐다"며 "ㄱ 전 국방장관이 대통령으로부터 받은 격려금 3 억 원도 이 계좌에서 나온 것"이라고 매우 구체적으로 폭로했다.[20] 검찰은 이 주장의 사실 여부를 확인하기 위해 집중조사를 벌였으나 끝내 사실로 확인되지 않았다. 당시 수사에 관여했던 검찰의 고위인 사는 "당시 강 의원의 주장은 물론 노 씨의 해외비자금 보유 여부 등 에 대해 집중조사를 벌였으나 아무런 소득도 얻지 못했다"고 밝혔 다.[21] 그 결과 대통령의 뇌물수수에 대해서는 구체적인 사업과의 관 련성을 부각시키기보다 '포괄적 뇌물수수죄'를 적용하여 구속하였다.[22]

대통령의 비자금 관리를 책임진 것으로 알려진 당시 청와대 비서 실장의 진술에 의하면 재벌총수들의 뇌물금액은 50억 원에서 350억 원까지 다양했다.[23] 검찰은 그의 진술을 토대로 검찰은 뇌물액수에 따라 A, B, C, D의 4등급으로 나누어 분류했다. 3백억 원 이상은 A등

---

18) 하종대, "노태우 전 대통령 비자금사건 수사비화", 『신동아』, 1998년 3월.

19) F/A-18의 MD사도 대통령에게 리베이트 5천만 달러를 제시하였으나 거부당하였다고 한다. 왜 1억 달러 인가에 대한 강수림 의원의 설명은 다음과 같다. 전임 대통령이 Peace Bridge I 계약인 F-16 40대에 대 해 받은 리베이트가 1억 달러였기 때문이며, 신규 120대에 대한 리베이트는 최소 1억 달러에서 최대 3억 달러에 달하였을 것이다. "형식상으로 GD가 직접 지불하지 않았다 해도 삼성항공 등을 통해 리베이트가 건네졌다……" 한기홍, "F16기 도입, 이현우 개입 흑막", 『뉴스메이커』, 138(1995. 11), p.53.

20) 『조선일보』, 1995년 10월 26일.

21) 하종대, "노태우 전 대통령 비자금사건 수사비화."

22) 전 검찰 중수부장(6공 뇌물비리 관련 수사) B모 씨 인터뷰(2007년 5월 19일).

23) 또한 전 청와대 비서실장이 강수림 의원이 제기한 적어도 1억 달러에 달한다는 KFP 사업의 리베이트를 관리했고 또한 전 공군참모총장의 전역에 깊이 관여한 바 있다면, "전투기 기종변경이 결코 재정적 이유 나 전술상의 검토로만 이루어진 게 아니라는 사실을 방증해준다. 청와대 경호실장은 군의 전술무기를 바 꾸는 데 하등 개입할 이유가 없는 것이다." 한기홍, "F16기 도입", p.53.

급으로 5개 그룹이 속해 있었으며, 2백억 원 정도는 B등급으로 4개 그룹, 150억 원 정도는 C등급으로 11개 그룹이, 그리고 1백억 원 전후는 D등급으로 14개 기업이 올라 있었다.[24] '뇌물공화국', '재벌공화국', '정경유착', '경제난' 등 대통령의 집권기간 동안 우리나라 상황을 나타내주는 말이 생겨난 배경이다.

이러한 사실을 고려한다면 '소극적', '위임적'이라는 표현이 대통령의 통치 스타일에 반드시 적용된다고는 할 수 없다. 1989년 초기 기종결정을 앞두고 내린 지침과 추가지시가 정치적으로 민감한 문제에 대한 대통령의 소극적 관리 스타일을 보여주는 것이 아니라 개인적 동기에서 출발한 정책결정을 밀어붙이려는 의도를 드러낸 것으로 볼 수 있다. 그리고 1990년 재검토를 지시할 때 적극적인 대국민 홍보를 지시한 것이 여론의 오해와 비난을 염려한 것이 아니라 자신의 독단적 정책결정을 은폐하기 위한 행위로 보아야 할 것이다. 여기서 우리는 집중된 권위와 권력이 어떻게 해서 합리적 선택을 산출하는 대신 관료정치모델에서 볼 수 있는 결과를 낳았는지 알 수 있다.

제3절 관료정치모델과 부패연구

KFP 사업의 전반적인 정책결정과정을 살펴보면, 엘리슨의 세 가지 모델의 사례들이 혼합되어 나타남을 알 수 있다. 즉, 차세대전투기 획득과 관련한 일련의 절차과정에서 공군의 소요제기와 합참에 의한 소요를 결정하는 과정은 합리적 분석모델이 적용되었다고 볼 수 있

---

24) 하종대, "노태우 전 대통령 비자금사건 수사비화."

다. KFP 사업은 처음 추진되던 당시의 국제적, 남북한 관계 및 국내의 항공산업을 둘러싼 환경적 요인에 대한 합리적인 대응방안이라고 볼 수 있다. 미군의 한반도 내의 전력감축과 북한의 전력증강에 따른 위협의 증가, 국내 항공산업에 대한 발전의 필요성에 입각해서 한국군 내에서의 새로운 차세대전투기를 도입함으로써 전력을 증강하고, 차세대전투기 도입을 통해 항공기술을 이전받음으로써 항공산업을 육성하는 것이 국가이익의 차원에서 합리적이라는 판단을 내린 것이다.

한편 차세대전투기의 소요결정단계까지는 합리적 분석모델로 설명될 수 있으나, 소요결정 이후 대안의 모색과정은 조직결정모델로 볼 수 있다. 즉, 획득절차과정을 보면 무기체계획득심의회와 전력증강위원회, 항공산업육성위원회, 대통령 등 모든 단계가 하위의 수준에서 결정되는 것을 바탕으로 각각의 절차를 거쳐서 달성되는 것이었다. 따라서 하위의 목표와 상위의 목표는 각 조직의 목표와 그 절차에 따라 이루어지는 것으로 볼 수 있기 때문이다.

이 논문의 분석대상인 KFP 사업의 주 계약업체의 선정과 기종선정을 둘러싼 일련의 과정은 앞 장에서 살펴보았듯이 합리적인 정책결정자에 의한 단일한 의사결정과정이 아니었다. 그렇다고 해서 정해진 의사결정규칙과 절차를 따라 이루어진 과정도 아니었다. 즉, 주 계약업체를 둘러싸고도 실사평가단과 업체, 대통령 간의 정책적 판단이 상이했다. 기종선정에 있어서도 공군을 비롯한 국방부와 재무부를 중심으로 한 항공산업육성위원회 간의 의견대립이 심했으며, 이를 둘러싸고 대통령에 의한 실무책임자들의 교체 등이 발생하는 등 개인 혹은 조직의 이익을 둘러싼 갈등과 흥정이 지속된 관료정치모델로 설명될 수 있는 것이다.

KFP 사업의 대상기종 선정과정에 있어서 참가자들의 응집도와 참가자들의 목표 그리고 정책결정의 양태는 관료정치모델에 가장 가까운 것으로 나타났다. 반면 권력과 권위의 소재는 합리적 분석모델에서처럼 집중되어 있는 경향을 보여주고 있다. 이는 논리적으로 서로 상반된 결론이라 할 수 있다. 관료정치모델 자체가 권력의 분산과 다원적인 정책결정과정을 가정하고 있기 때문이다. 그렇기 때문에 엘리슨이 쿠바미사일 위기를 분석할 때 드러난 관료정치행태들이 사회적인 비난의 대상이 되지 않고 이론적인 분석의 대상으로서 끝날 수 있었다.

그러나 KFP의 경우에도 관료정치모델과 유사하다는 결론으로 끝날 수 있는 문제는 아니다. 관료정치모델과 권력의 집중이 만났을 때 그 결과는 정책결정과정 참가자들 사이의 견제와 연합으로 나타나는 것이 아니라, 최고 정책결정권자의 일방적인 독주로 나타났다. 그리고 나머지 참가자들은 들러리 역할에 그칠 수밖에 없었다. 이것이 바로 부패라는 사회문제를 야기하게 된다.

무기거래와 관련해 부패라는 사회문제로 연결될 유인은 너무나 많다. 첫째, 무기를 둘러싼 거래에서는 무기시장의 특성, 즉 다수의 소비자와 공급자가 상설시장에서 만나는 것이 아니라, 한 국가가 특정 무기의 구매를 결정하면 소수의 공급자가 개입하는 일종의 과두적 시장구조(oligarchic market structure)이기 때문에 부패가 발생할 가능성이 높다.[25] 둘째, 주 고객인 다수의 국민을 대신하여 대리인들이 직접 거래에 투입되고 주 고객에 비해 대리인이 더 많은 정보를 획득

---

25) 정상화, "부패의 정치경제", p.73.

하는 정보의 비대칭성으로 인하여 대리인이 사적인 이익을 추구할 유인구조가 발생하고 이것이 부패로 이어질 가능성이 높다.

이와 같이 관료정치모델과 부패의 두 가지 경향의 조합이 갖는 특징을 알아보기 위해서는 부패에 대한 이론적 접근을 통해 설명하고자 한다. KFP 사업과 관련된 부패를 정경유착의 형태로 규정하고 부패에 대한 원인을 1) 정치적 요소, 2) 경제적 요소, 그리고 3) 제도적 요소의 세 가지 측면에서 살펴본다. 원인분석이 가능할 때 개선을 위한 해답을 찾을 수 있기 때문이다.

제2장 제3절에서 소개한 사회적 수준의 변수들은 자유로운 언론의 존재, 소액주주들의 의사결정 참여, 여성노동력의 비율, 정당정치의 경쟁수준과 지방자치체의 자율성, 시장경제의 진행정도와 기업수익률의 크기, 천연자원의 부존 여부, 사회범위의 확장과 복잡성 증대 등이다. 이들 변수들을 분류해보면 언론의 자유와 정당정치, 그리고 지방자치제, 여성노동력의 비율 등은 모두 민주주의의 진행과 관련된 정치적인 요소들에 해당된다. 그리고 이들은 부패행위에 대한 견제와 제재를 통해 부패의 동기를 조절하는 메커니즘들이라 할 수 있다.

반면 시장경제의 진행과 기업수익률 등의 경제적 요소는 부패와 관련된 행정가에게 지대추구의 가능성을 열어주는 변수라 할 수 있다. 시장경제가 인정될 때 행정가로 하여금 부패를 통해 사유재산을 축적하고자 하는 동기를 유발하게 된다. 그러나 또 한편으로 원활하게 운영되는 시장경제하에서는 오히려 부패가 줄어드는 경향을 보이는 것도 사실이다. 외국인 투자가 늘어나면 정부의 영향력이 줄어드는 만큼 부패의 가능성도 줄어든다. 그러므로 개발도상국에 속한 나라들에서 부패현상이 두드러지게 나타나는 경향이 있다. 특히 정부의 지대추구는 공공투자사업에서 두드러지게 나타난다.

그렇다면 1980년대의 한국 사회를 위의 정치적인 요소들과 경제적인 요소들로 분석해보자. 제6공화국 정부는 문민정부로 넘어가는 과도기에 있었다. 6·29선언 또한 밀려오는 국민들의 민주주의 욕구 속에서 이전의 군사정권의 형태로는 유지가 불가능하다는 판단에서 나온 것이다. 그러므로 언론의 자유와 정당정치의 견제, 지방자치제와 여성인력의 진출 모두가 초기 시작단계에 불과한 사회였다. 소액주주들의 주주총회 참여는 2000년대에 들어서서 거론되기 시작하였다. 그만큼 정치적 견제의 메커니즘 기반이 취약했던 것이다.

경제적으로도 연 8% 성장의 지속과 늘어나는 무역수지 흑자로 인해 1980년대 후반에는 여행자유화가 시작되었고 달러 대비 환율은 급격히 높아져 정부와 기업들의 달러보유량이 확대되었다. 그 결과 기업의 부동산투자가 확대되기 시작하는 순간이었다. 시장경제가 성숙보다는 성장이 먼저인 사회였다. 기업의 이윤은 증대되고 있었고, 시장경제는 아직 원칙을 찾지 못하였고, 정치적 견제 메커니즘이 부족한 상황에서 수십 년간 이어온 권력과 권위의 집중은 부패의 온상이 될 수밖에 없었던 상황이었다.

부패이론은 부패를 사회적 배경이 아닌 행정가의 합리적 선택이라는 측면에서도 설명해준다. 위에서 본 바와 같이 정치적인 견제와 시장의 환경은 행정가의 동기를 결정짓는 요인으로 작용한다. 하지만 행정가에게 있어서 두드러지는 동기부여 요소로는 행정가의 시계를 지적한다. 지대를 추구할 수 있는 직위에 머무를 수 있을 것으로 예상되는 시간이 길수록 행정가는 부패에 연루될 가능성이 줄어든다. 반면, 그 예상시간이 짧은 경우 행정가는 얼마 남지 않은 시기 동안에 가능한 한 많은 지대를 축적하고자 한다. 그러므로 5년 단임의 대통령제하에서는 퇴임 이후의 정치활동을 위한 비자금의 조성이 당연할 뿐 아니라 필요한 사항이 되었던 것이다.

그러나 여기에서 대통령의 재임기간보다 퇴임 이후가 더 중요한 고려사항이 될 수 있다. 즉, 대통령의 재임 당시의 행위에 대해 감시하고 처벌할 제도적인 장치가 마련되어 있지 않다는 사실과 재임기간 동안의 정치자금 모금을 통해 퇴임 후의 지위도 보장받을 수 있다는 통념이 존재했다. 대통령의 경우 취임 직후 전임자이자 정치적 동료였던 전임 대통령의 비자금 수사를 실시하였고 구속한 바 있다. 그럼에도 불구하고 그것이 관례화나 법제화되어 있던 것은 아니었다. 근래까지도 전임 대통령의 혐의에 대해서는 단지 공소시효 15년이라는 규정과 대통령 재직 시의 기간은 공소시효에서 제외된다는 판결 정도다. 김영삼·김대중 대통령의 경우는 혐의 사실이 부족해서가 아니라 국민들이 원하지 않았기 때문이라고 한다.26) 그러므로 자신이 준비하기에 따라 얼마든지 피해갈 수 있다고 생각할 수 있을 것이다.

세 번째의 제도적인 요소는 독단적 결정을 막기 위한 장치에 해당한다. KFP 기종선정에서는 50억 원 이상의 무기구매에 대해서는 대통령의 재가를 필요로 하고 있다. 그리고 이 규정은 청와대의 권력집중 속에서 사실상 대규모 무기구매에 대한 전권을 의미하게 되었다. 그러므로 독단적 결정을 방지하기 위해서는 좁게는 이 규정부터 제거되어야 하며, 다음으로는 최종결정에 있어서 타 부처나 행위자들의 의견을 최대한 반영할 수 있도록 하여야 한다. 공동결정체제는 거꾸로 혼란과 결정의 지연을 초래할 수 있는 만큼 결정권의 집중과 분산

---

26) 성한용, "전직 대통령이 된다는 것", 『한겨레신문』, 2007년 4월 24일.

사이에서 잘 조정된 제도를 필요로 한다. 그러나 언제나 그렇듯이 그러한 균형점은 찾기도 어려울 뿐 아니라 어렵게 이루어진 균형은 권력의 집중에 의해 너무나 쉽게 무너질 수 있다는 것이 제도적인 처방의 한계라 할 수 있다.

부패이론이 본 연구의 대상인 KFP와 같은 무기체계 획득과정의 개선에 대해 시사하는 바는 다음과 같다. 관료정치적인 행태와 권력의 집중이 결합된 결과로서의 부패를 방지하는 방법은 정치적 제재 메커니즘의 구축과 시장경제의 엄격한 원칙준수에 있거나 아니면 제도적으로 독자적 결정권을 배제시키는 방법을 생각해볼 수 있다. 그러나 궁극적으로는 정책결정가의 동기형성을 바꾸도록 하는 권력의 분산과 직결되어 있다. 그러나 권력의 형태는 헌법에서 규정하고 있으며 국가운영에 대한 국민들의 합의에 기초하는 상위개념에 해당한다.

KFP 사업의 기종선정 이후 15년 이상이 지난 오늘날의 상황을 보면 다음과 같다. 경제는 'IMF 시대'를 거쳐 많은 난국을 헤쳐오는 과정에서 성숙되었다고 할 수 있다. 외국자본도 많이 들어와 있으며 규제완화만큼이나 투명성도 제고되었다. 그리고 세계 11대 무역국가에 오를 정도로 우리 경제규모도 커졌다. 그럼에도 불구하고 아직 우리나라의 부패지수는 경제규모만큼 높지 못한 편이다. 갤럽이 2006년 세계 101개국을 대상으로 조사한 부패의식 조사에서 한국은 남아프리카공화국, 나이지리아, 볼리비아 등과 함께 101개국 중 43위로 올라 있다. 경제 수준과 부패지수 사이의 갭은 바로 정치적 변수로써 설명할 수 있다. 5년 단임제의 제왕적 대통령제는 아직 변하지 않고 있으며, 정치적 견제와 제재는 느리게 개선되고 있다. 그리고 대통령 비자금 문제는 지금도 계속 진행되고 있다. 가장 강력한 정치적 제재는 역설적으로 새 정부 출범 이후 빠짐없이 치러지는 전임 정권의 비리척결과 비자금 조사라 할 수 있다.

제4절 무기체계 획득절차의 개선에 대한 시사점

1993년 율곡사업에 대한 감사 이후 제도개선 연구노력이 이어졌고 그 결과 1996년 말에 '방위력 개선사업제도 개선안'이 발표되었다. 이같은 개선노력이 이어진 이유는 1993년 이후 율곡사업에 대한 감사 이후 율곡사업의 투명성과 효율성을 제고할 필요가 있다는 범국민적 요구가 있었기 때문이다. 그리고 이듬해인 1997년에는 여러 제도들이 제정, 개정, 보완되었다. 그 핵심은 중복 또는 견제 위주의 기능 및 절차를 폐지하고 합리성과 투명성 및 책임성이 결여된 절차를 보완하며, 실용성이 미흡한 기획 및 계획문서를 단순화하거나 내실화를 기하는 것이었다. 이를 위해 제2장의 <그림 2>에서 보듯이 기존의 9단계에서 무기선정과 획득방법결정, 그리고 구매방법결정과 무기체계 채택단계를 폐지하였다. 즉, 무기선정은 경쟁을 제한한다는 이유에서 그리고 획득방법은 정책적으로 추진되어야 할 연구개발과 해외에서 도입할 무기체계를 비교하게 되어 있기 때문에, 구매방법은 MS와 상업구매를 의무적으로 비교하도록 되어 있기 때문에, 그리고 무기체계 채택은 형식적인 절차이기 때문에 폐지하였던 것이다. 대신 도입과 기종결정을 분리하여 <그림 1>과 같이 6단계로 단축하였다.

2005년 12월 30일에는 방위사업법이 국회의결을 통과하여 법제화하였다. 방위사업법의 제정 이유가 1974년 율곡사업이 시작된 이래 7차에 걸쳐 조직 및 제도개선을 추진하여왔음에도 불구하고 개혁성과가 미흡하다는 데 있다.27) 수차례의 국방부 자체 개혁에도 불구하고 조직·의사결정 시스템에 많은 문제가 지속되어 참여정부 출범 후에도 획득 관련 비리로 처벌받은 공직자가 다수 발생하였던 것이다. 군납비리 관련 시스템 점검과 대안을 검토하고 제도적인 개선책 및 재발방지 대책을 수립하라는 것이 2003년 12월 23일 국무회의의 대통령 지시사항이었다. 이에 따라 민관합동위원회를 구성하여 근본적이며, 전면적인 개혁방안을 모색하게 된 것이다.

출처: 이원형, "방위력 개선사업 관련 제도 개선에 관한 연구", p.180

〈그림 1〉 6단계 무기획득절차

---

27) 1996년 12월 24일 발표된 「방위력개선사업 제도개선안」, 1997년 3월 11일 국무회의에서 의결된 「국방부직제개정령안」, 1997년 3월 31일 개정된 「국방기획 관리제도에 관한 규정」, 1997년 5월 19일 개정된 「무기체계 획득관리규정」 등이 포함된다.

그리고 방위사업법에 근거하여 이틀 뒤인 2006년 1월에는 방위사업청이 출범하였다. 국방부의 외청으로 설치되며 정책결정은 민간이, 사업관리는 군이 담당한다. 차관급인 청장은 민간인이 맡고, 또 의사결정의 독립성을 위해 전체인력의 60% 이상을 일반직 공무원과 민간전문가로 구성, '문민 엘리트' 체제를 갖추는 것이 기본개념이다. 국방부와 합동참모본부, 육·해·공군 등에 흩어져 있던 방위사업 관련 조직을 방위사업청으로 통폐합되었다. 또한 기존의 30여 개로 분산되어 있는 획득관련위원회를 방위사업청장이 주관하는 방위사업추진위원회를 정점으로 통합하고 간소화하여 정책, 사업관리, 군수조달, 평가감사의 4개 분과 및 실무위원회로 정리하였다. 온갖 비리로 얼룩졌던 무기구매와 군수품 조달업무의 효율성과 투명성을 높이기 위한 방안들이다.

기존의 법체계를 보면 소요결정과 연구개발을 포함하는 일체의 내용은 군수품관리법과 방위산업특별조치법이 있으나 이 두 모법이 모호한 상태에서 제정된 국방부 훈령에 의하여 규율되어 왔다. 그러므로 획득업무를 법률에 근거하여 수행함으로써 투명성과 대국민 신뢰를 제고하는 것을 목적으로 한다. 국방획득업무의 4대 혁신목표인 효율성 확보, 전문성 제고, 투명성 강화, 경쟁력 강화를 방위사업법의 기본이념으로 규정하고 있다. 이를 달성하기 위한 구체적인 방법으로는 보직자격제, 정책실명제, 청렴서약제, 사전 법률심사 등을 도입하고 있다. 실제 방위력 개선사업과 관련된 개선안의 한 예를 들면 다음과 같다.

소요결정에 있어서 현행의 하의상달식 소요결정체계에서 합동비전(또는 합동전장운영개념)에 근거한 상의하달식 소요창출과 결정체계로 변경하고, 소요결정과 관련해서는 관련 직위에 3군 균형보직을 원칙으로 하고 있다. 또한 소요 관련 세부항목 중 사업추진 전략상 또는 재원부족 등으로 전력화 시기와 연도별 물량조정, 기술적·부수적 성능조정이 필요한 경우 방위사업청장이 수정할 수 있도록 하고 있다.

이러한 개정에 의하여 생겨난 새로운 무기획득절차가 <그림 2>와 <그림 3>에 나타나 있다. 새로운 획득절차의 과정을 이전의 국방부 훈령 382의 규정에 따른 절차(제2장의 <그림 2>)와 비교해보면 위의 문제들이 몇 가지로 개선된 형태를 갖추었음을 알 수 있다. 이원화되어 있던 소요제기가 각 군과 합참의 통합운영으로 인해 보다 일관성 있는 소요제기형태를 갖추었다. 방위사업청이 전체적인 획득과 운영을 책임지고 있으며, 많은 청 내 근무원들의 문민화가 진행되고 있다. 연구개발과 구매 사이의 결정 이후 과정도 합리적이며 구체적으로 규정되어 있음을 볼 수 있다. 소요제기와 획득방법을 결정하는 과정에서 이미 합참에서는 국방중기계획과의 일관성에 대한 분석이 철저하게 진행됨으로써 보다 합리적인 처리과정이 수립되게 되었다. 이처럼 무기체계 획득과정을 합리적이고 효율적으로 개선하기 위한 노력이 지속되고 있다.

그러나 본 연구의 결과는 이와는 다른 측면을 지적하고 있다. 물론 위의 노력들은 매우 중요하다. 특히 제도주의적인 입장에서 보면 적절한 규정과 제도에 따라 그 구성원들의 행동양태가 달라지기 때문이다. 다른 한편으로 보면 이러한 노력들보다 더 중요한 것이 있음을 알 수 있다. 최고 정책결정권자의 독단적 결정과 전횡이다. 아무리 세부적인 규정을 바꾸어 좀 더 효율적인 협상력을 갖추고 전문지식을 갖춘 담당자가 매 단계마다 최선의 노력을 다하더라도 마지막 단계를 남겨둔 상태에서 최종 정책결정자가 자의적인 결정을 내림으로써 절차변경이나 재심사 등이 발생한다면 이전의 합리적 절차들은 아무런 소용이 없게 된다. 그러므로 획득절차의 제도개선 담당자들은 서서히 개선될 수밖에 없는 구조적인 차원의 변화 중요성을 인식하면서 세부사항의 진전에 최선을 다해야 할 것이다.

부패의 한 형태로서의 권력형 비리를 방지하는 방법을 찾을 수 있다. 이 이론적 접근에 따르면 권력형 부패는 사회적 수준의 변수에 원인이 있는 사회행태로서 사회의 감시 시스템의 존재 여부가 부패 여부를 결정한다는 것이다. 임명수의 연구가 바로 이러한 입장에 있는 바, 감시 시스템을 제도주의적인 입장에서 접근함으로써 제도적 장치를 마련해야 하는 것으로 결론을 내리고 있다.[28] 그렇다면 사회 수준의 변수들을 모두 열거하여 정당제도, 자유언론, 여성의 사회참여, 소액주주의 지위향상 등 모든 분야에서의 제도 수정이 이루어져야 함을 의미한다. 제도의 개정이란 말은 간단해보이지만 사실상 이 정도의 포괄적인 수준의 제도개정은 사회 전체가 바뀌어야 가능한 일이다. 그렇기 때문에 부패문제가 쉽게 해결되지 않는 이유라고 할 수 있다. 제도와 법규를 바꿈으로써 어느 정도의 변화는 올 수 있으나, 제도나 개정 모두 사회구성원들이 만들어내는 것이다.

권력형 부패가 아닌 정보비대칭형 부패 혹은 실무형 부패가 문제라면, 합리적이고 엄격한 법규에 그 법의 집행을 책임질 최상위 정책결정자의 강력한 의지가 더해진다면 획득과정은 훨씬 더 투명해지고 효율적인 것이 될 것이다. 이 경우에는 사회 감시 시스템보다도 정책

---

28) 임명수, "제도와 부패: 한국 국방획득사업 사례를 중심으로", 연세대학교 정치학과 석사학위논문, 2001.

결정자의 감시가 더 가까이 있기 때문에 구속력이 있을 수밖에 없다.

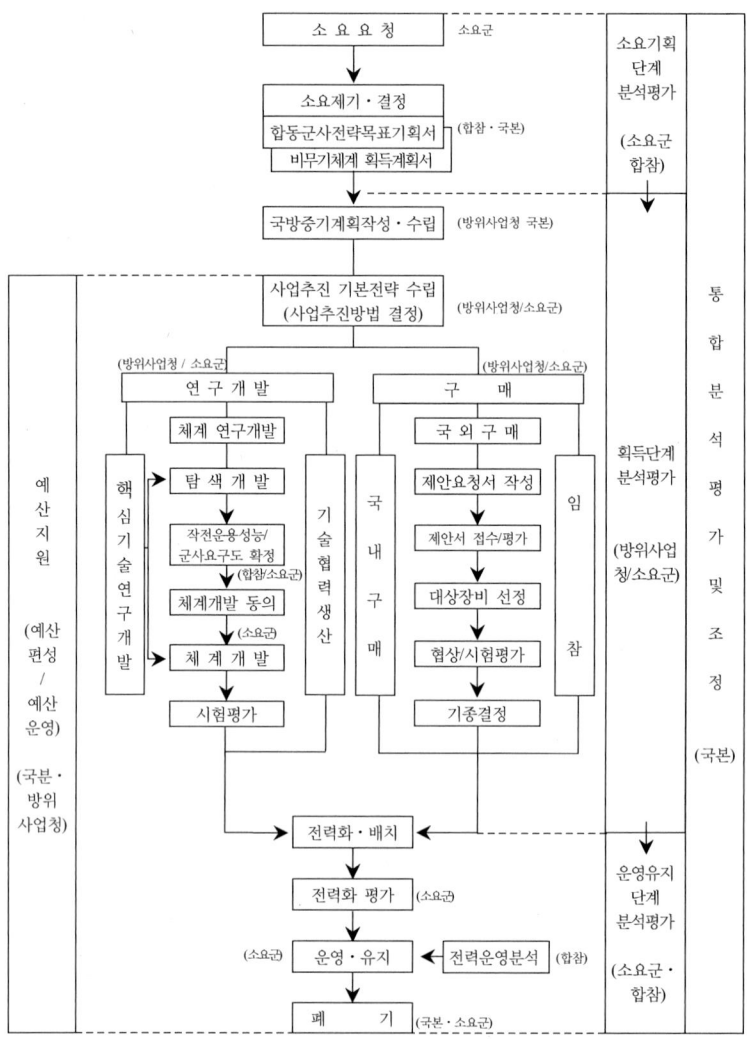

출처: 국방전력발전업무 절차도, 국방부 훈령 제793호(2006. 6. 29), p.234

〈그림 2〉 국방전력발전업무(무기체계/비무기체계) 총괄 절차도

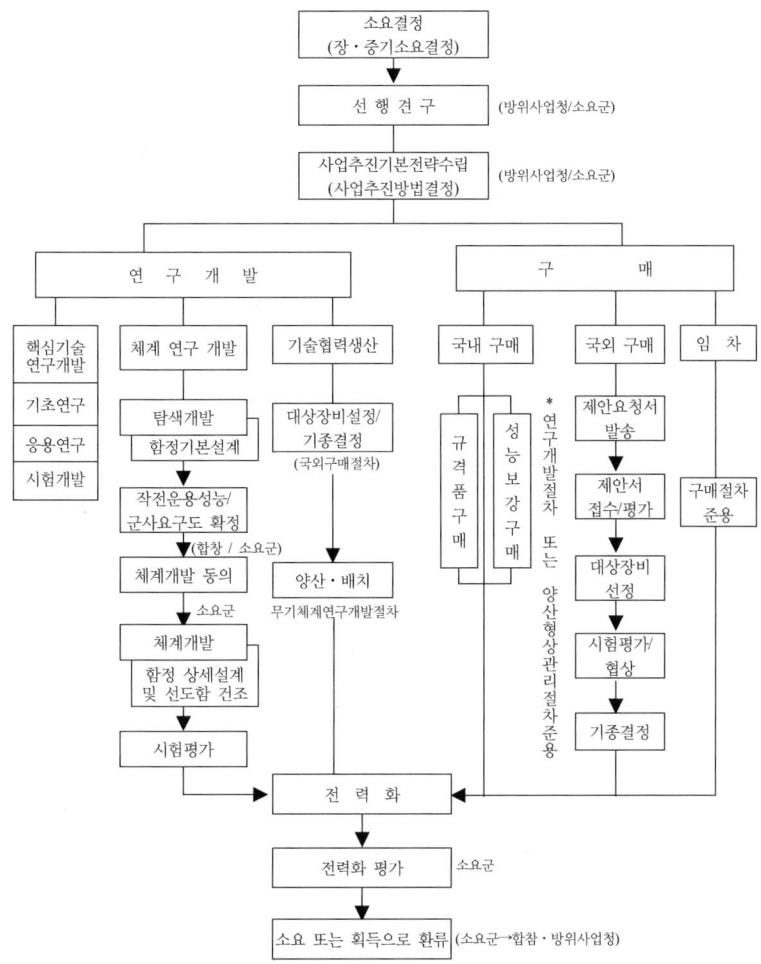

출처: 국방전력발전업무 절차도, 국방부 훈령 제793호(2006. 6. 29), p.234

〈그림 3〉 무기체계/비무기체계 획득 절차도

그러나 부패의 원인이 사회에 있다면 최상위 결정자의 의지를 확신할 수 없고, 법의 엄격한 집행을 보장할 수 없게 된다. 그렇게 된다면 제도의 개정은 제한된 효과밖에는 거두지 못하게 될 것이다. 그러므로 사회변화는 많은 지혜와 반성이 모였을 때 가능하다. 부패지수가 40위권을 벗어날 수 있을 정도로 사회 전반적인 분위기가 변화될 때에 제도개선도 의미가 있게 될 것이다.

제5절 KFP 사업의 성과: 항공산업 및 F-X 사업

제2장에서는 KFP 사업의 배경으로 1980년대 초까지 우리나라 항공산업의 발전 수준에 대해 살펴보았다. KFP 사업의 양대 목표는 전력증강과 항공산업의 발전에 있었다. 전력증강 부분에 있어서는 제3장의 기종비교를 통해 알아본 바와 같이 공대공, 공대지, 공대해의 전투력 분야에서 F/A-18이 어느 정도 우세한 것으로 평가되었다. 그럼에도 불구하고 최종적으로 선택된 F-16C/D 블록 52는 공군의 요구 성능에 기본적으로 도달하는 것으로 평가되는 만큼 기종선정이 전력증강 목표에 미치지 못했다고는 볼 수 없다. 그리고 이에 대한 정확한 기술적인 평가는 아직 이루어지지 않고 있다.

한편 항공산업 발전의 목표달성은 어떻게 되었을까? 이 분야에 있어서도 아직 F-16 기종선정에 따른 구체적이며 종합적인 평가는 이루어지지 않고 있다. 단지 1990년대와 2000년대에 이루어낸 항공산업의 발전 속에서 그 평가의 일부분을 찾아낼 수 있을 뿐이다. 기간 중 한국은 초음속 제트훈련기 T-50을 개발하였다.

1. 1990년대 한국의 항공산업 현황

KFP 사업이 추진되기 시작한 1980년대 초반의 우리나라 항공산업은 2단계의 면허생산을 막 경험하기 시작하여 부품의 국내생산이 시작된 지 얼마 지나지 않은 수준에 있었다. 1980년대 후반에는 민간항공산업 분야가 도약의 전기를 맞이하게 되었다. 항공기의 국제 협력 생산이 진행됨에 따라[29] 각종 항공기의 일부 부품을 생산하여 공급하게 된 것이 계기가 되었다. 1983년을 계기로 세계는 석유파동으로 인한 항공수요의 침체에서 벗어나기 시작하였다. 그해에 발생한 KAL 007기 피격사건으로 소실된 B-747기를 대체하기 위해 대한항공은 1984년과 1985년 각 1대씩 2대의 B-747 항공기를 구입하게 되었다. 이에 대한 대응구매로써 B-747과 MD-801 등의 동체와 날개부품 등을 면허 생산하여 보잉사에 수출하였다. 대우중공업은 Peace Bridge I 프로그램의 절충교역에 의해 F-16 전투기의 중앙동체부품과 전방동체, 배면안전판 등을 면허 생산하여 수출하였다. 그리고 삼성항공은 Bell-412 헬기 합작생산 절충교역의 일환으로 엔진의 일부 부품을 생산 및 조립·가공하여 미국의 Bell 항공사에 납품한 바 있다. 제3장의 <표 2>의 추진계획들이 모두 이 당시 진행된 것들이다. 그러나 모든 계약들이 여전히 일부 부품을 면허 생산하는 단순 면허조립 생산단계에 머물러 있었음을 알 수 있다.

1990년대에 들어와 군수부분에서 기술도입에 따른 면허생산인 KFP

---

29) 1980년대 후반 이후 세계적인 경제 블록화 추세에 따라 과학기술의 민족주의화, 블록화 현상도 심화되는 경향을 보이고 있으며, 미국과 유럽을 중심으로 첨단기술의 보호대책을 강화하려는 현상이 지속되고 있다. 그러나 한편으로는 선진항공기, 특히 미국의 대형항공기의 개발에 따르는 막대한 자금 부담과 개발위험의 분산, 시장 확보 등을 목적으로 개발비 및 위험부담을 전제로 국제공동개발을 추진하는 사례가 증가하였다. 예를 들면, 일본의 항공엔진제작업체와 영국의 Rolls-Royce사가 1979년 공동개발에 의해 중단거리 여객기 탑재용 엔진의 개발에 착수하였으나, 시장의 변화에 따라 150석 규모의 대형항공기용 엔진개발로 바뀌었고 그에 따른 개발비 부담이 증가하였다. 그뿐 아니라 미국 시장에서의 경쟁을 우려하던 중, 미국의 양대 제작업체들(PW, GE)도 개발비와 시장경쟁이라는 두 가지 문제점을 해결하기 위해 영국과 일본의 공동제작에 참여하기로 하였다. 이에 영국, 일본 외에 미국의 PW, 서독 MTU사, 이탈리아의 FIAT사를 더한 5개국 공동개발사업으로 발전하여 1983년에는 합작회사인 IAE를 설립한 바 있다. http://koreauav.dmedia.co.kr/imgbox/magazine/2-1.pdf(2006년 12월 27일 검색).

사업, 차세대 헬기사업 등이 본격 추진됨에 따라 이들을 통해 설비투자의 확대, 인력의 확보, 조립/가공기술의 경험을 축적함으로써 획기적인 발전을 가능하게 하는 도약기에 진입하였다. 항공기 생산을 위한 기반구축 및 본격적인 항공산업 발전정책이 추진되기 시작한 것이다. KFP의 주 계약업체인 삼성항공은 F-16 블록 52를 록히드(Lockheed)사로부터 기술도입에 의한 면허생산을 수행하여 2000년 4월 사업의 마지막 전투기를 공군에 납품하였다.[30] 1995년 4월 KF-16의 1호기가 출고됨으로써 1982년 9월부터 1986년 5월까지 생산된 F-5E/F의 면허생산사업 이후 만 9년 만에 이루어진 일이다. 1979년 국내생산 기종선정에서 F-5E/F로 결정되자 그 생산이 종료되는 시점에서 F-16으로 이어지도록 할 계획이었다. 그리하여 1984년부터 기종선정 작업에 착수하였으나 1991년까지 지연되게 되었던 것이다. 이 기간 동안은 이전의 조립생산을 통해 축적된 기술을 활용할 수 있는 항공기 수요가 제기되지 않았고 그동안 축적된 기술과 인력들이 9년 동안 사용되지 못함으로써 우리나라 항공산업의 공백기로 남게 되었다.[31] <그림 4>를 보면 1985년 이후 1990년대 초반까지 개발이나 생산사업이 없었음이 드러난다.

면허생산의 한 단계 위인 항공기 개발사업도 1980년대 초부터 시작되어 1990년대 후반부터 결실을 보기 시작하였다. 1983년 국방과학

---

30) 1990년대에는 미국 항공산업에 대대적인 구조조정이 진행되었다. 미 군산복합체들 중 두 번째 규모인 GD사는 1991년 구조조정을 추진함으로써 F-16 전투기를 생산한 포트워스 사업부를 록히드에 매각하였다. 다시 1995년에는 록히드와 마틴 마리에타가 합병하여 록히드 마틴이 설립되었다. 보잉사도 맥도널 더글러스사를 합병하는 등 한때 26개에 달하던 미국 군수업체는 록히드 마틴-노드롭-그루만(Lockheed-Martin-Gruman), 보잉-맥도널 더글러스(Boeing-McDonnell Douglas), 레이시온(Raytheon) 등 몇 개의 초대형 기업으로 정리되었다. 기업합병을 통한 새로운 활로 모색의 결과였다.

31) 조진수, "국내 항공산업 기술 수준 및 과제", 국내 항공방위산업발전 세미나 자료집, 2002. 5. 27, p.10.

연구소가 기본훈련기의 개발과 관련한 기초조사를 시작하여 1988년부터 시작된 한국형 훈련기 개발사업인 KTX-1 프로그램은 1992년까지 탐색개발단계를 끝내고 1993년부터 1998년에 걸쳐 체계개발을 완료하였다. 그리고 2000년 11월 3일 양산형 KT-1 제1호기를 출고하였다.32) 그리고 KEP 사업에 대한 절충교역의 일부분으로 군과 한국항공우주산업(KAI)이 미국의 록히드사와 고등훈련기를 개발하는 KTX-2 공동개발사업이 1997년 개발에 착수하여 T-50이라는 제호로 2005년 8월에 1호기가 출고되었다.

〈표 2〉 국내 항공산업의 발전과정

시기	1950~1960년대	1970년대	1980년대	1990년대
발전단계	창정비	창정비/조립생산	조립생산/부품 국산화	조립생산/독자생산/국제공동개발
성장내용	군용기 창정비를 통한 정비기술의 축적	조립생산을 통한 항공기 생산기반의 구축	생산기반 확충 및 저임금을 바탕으로 세계부품공급기지로서 진출	KFP, H-X 기술도입생산, KTX-1 독자생산, 세계기술 확보를 통한 항공산업 중진국 진입
주요사업 내용	L-19기, F-86 전투기 정비	500MD 헬기 조립생산	F-5조립생산, F-16 중앙동체 off-set 생산	F-16/UH-60 면허생산, KTX-1 개발, KTX-2 개발

출처: 박창규, 『한국 항공산업의 발전방향』, p.20

이상의 국내 항공산업의 발전과정을 정리한 것이 <표 2>이며 이같은 국내 항공기산업의 발전과정을 도식화하면 <그림 4>와 같다. 항공기산업의 발전단계인 창·정비→면허조립생산→공동개발→독자개발에 따라 국내 항공기산업도 발전하고 있으며 1990년대의 공동개발

---

32) KTX-1 프로그램의 시제기인 KTX-1은 1999년 2월 23일 시험비행에 성공하여 총 1,500시간의 시험비행을 거친 후 국방부로부터 공군에서 사용할 수 있는 무기체계로 최종 판정받았으며 제식 명칭을 KT-1으로 변경하였다.

단계를 지나 독자개발단계로 진입하였음을 알 수 있다. 국내 항공산업의 세계 시장점유율은 약 0.4% 수준이며(1990년에는 0.08%), 매출액 및 기술 수준으로 세계 15위권이다.[33] 그러나 일본의 항공산업과 비교하면 1960년대 중반 수준에 도달한 것이라고 한다.[34]

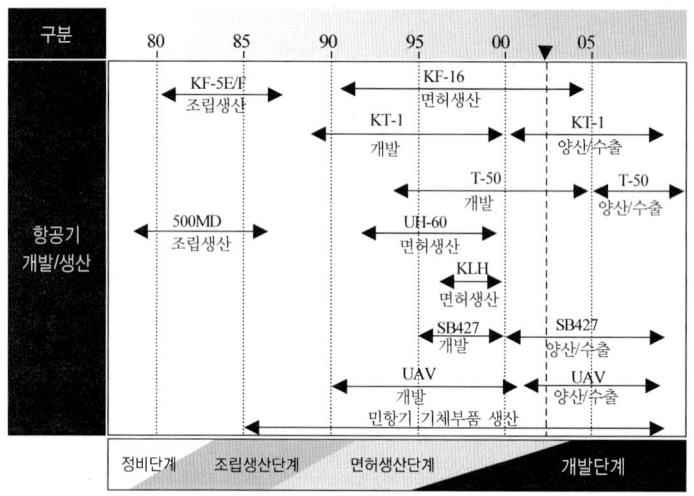

출처: 이기상, "국내 항공산업의 발전비전", 국내 항공방위산업발전 세미나 자료집, 2002. 5. 27. p.7

〈그림 4〉 항공기 개발/생산 주요사업 현황

2. KFP 관련 항공산업 정책

여기에서는 다음의 세 가지를 지적하고자 한다.

(1) <표 2>와 <그림 4>에서 보는 바와 같이 1960년대 중반 창정비

---

33) 산업발전전략기획단 편, 『산업 4강으로의 길: 2010 산업비전』(서울: 한국경제신문 한경 BP, 2002).

34) 박창규, "한국 항공산업의 발전방향에 관한 연구: 일본의 사례를 중심으로", 국방대학교 국방관리대학원 석사학위논문, 2000.

에서 면허생산으로 이행하는 데 너무 많은 시간을 허비하였다. 결국 개발과 양산의 지속적인 연계 고리가 끊겨 항공기산업의 기반구축과 인력양성이 늦어졌다.[35] 국내 항공기산업 육성차원에서 보면 사업 간의 시간적 연계성이 희박하고, 사업에 대한 의사결정 기간이 길고, 완성기 생산이나 개발에는 대한항공, 삼성항공, 그리고 대우중공업의 3사가 과도하게 참여하고 있다는 점이다.

이 같은 정책상의 낭비는 1990년대에도 나타났다. 정부는 항공기 산업을 제도적으로 육성하기 위해 1978년 항공공업진흥법을 제정하여 항공기 관련 생산업체를 부문별로 단일화하여 경쟁력을 확보하도록 하였다. 이는 1961년에 '항공법'과 함께 제정되어 유명무실하게 유지되어 오던 '항공기 제조사법'을 폐지하고 현실에 맞는 육성방법을 제시한 항공공업 분야에서 모범적인 법률이었다. 이에 따라 항공기 기체는 대한항공, 엔진은 삼성정밀로 전문화되어 있었다. 그러던 것이 1987년 대체된 항공우주산업개발촉진법에 따라 항공기 생산업체의 다원화가 이루어져 중복투자와 물량확보를 위한 각 기업 간의 경쟁이 야기되었고, 기술 인력의 수급에 차질이 발생하였다. 반면, 단점도 있지만 경쟁은 기술, 품질, 원가, 납기에 긍정적으로 작용하기도 한다.

(2) 외국의 항공기기업의 통폐합을 눈으로 보면서도 우리는 그 변신에 늦어 자원과 인력의 낭비를 초래하였다.[36] 1990년대 초에 이루

---

35) 조황희, 『항공기산업의 기술혁신 패턴과 전개방향』(서울: 과학기술정책연구원, 2000), pp.15~16; 강경철, "항공산업발전과 국가의 역할: 한국의 군용항공기 생산사례를 중심으로", 연세대학교 석사학위논문, 2003.

36) 조황희, 『항공기산업의 기술혁신 패턴과 전개방향』, p.16; 김성걸 · 한겨레 편집국 편, "유럽 항공산업 날아보자: 경쟁력 위해 초대형 합병 거듭 '경제블록 만들어 미국에 도전' 주장도", 『한겨레21』, 303(2000. 4. 13) pp.66~67.

어진 냉전의 종결은 국방비 감소에 따른 항공기산업의 재편을 초래하였다. 우리 항공업계는 1990년대 미국과 유럽의 항공사들 사이에서 진행된 구조조정 노력을 보고만 있다가 결국 IMF 경제위기를 계기로 항공기 관련 4개 기업 중 3사를 하나로 묶는 통합 법인을 낳게 되었다.37) 1999년 삼성항공, 대우중공업, 현대우주항공을 통합하여 한국 항공업계의 유일한 항공기 종합개발 회사인 한국항공우주산업(Korea Aerospace Industries: KAI)을 설립하였다. 대한항공은 부품개발, 조립과 생산능력을 보유하고 있지만, 전체 항공기 완제품 개발능력은 KAI만 보유하고 있는 실정이다.

(3) 항공우주산업개발촉진법과 관련된 정책상의 불합리를 지적할 수 있다. 그 촉진법의 주요 내용을 간략히 살펴보면 다음과 같다. 첫째, '항공우주산업개발 기본계획'을 수립하고, 그 계획에 따라 '시행계획'을 수립하여 1년 뒤에는 실행에 옮기도록 되어 있다. 둘째, 정책심의회 및 운영위원회를 설치하여야 한다. 중요 정책이나 정부부처간 조정사항을 심의하기 위해 대통령 소속으로 '항공우주산업개발 정책심의회'(위원장은 국무총리, 그 외 대통령이 위촉하는 14인)를 두고 위원장은 자문위원회와 운영위원회를 둘 수 있다. 셋째, 상공부 장관은 육성해야 할 필요가 있는 품목에 대해서는 특정사업자를 지정하여 이 법에 의거한 자금지원과 국유시설의 대여 등을 우선적으로 받을 수 있게 한다. 넷째, 항공우주산업 관련 사업자들이나 특정사업자가 생산한 모든 품목은 성능검사 및 품질검사를 거쳐 합격한 경우에만 사용할 수 있다. 다섯째, 항공 및 우주 분야의 종합연구기관을

37) 한국항공우주산업진흥협회 기획팀, "항공산업과 국제공동개발", 『항공우주』86호(2005. 봄), pp.16～19; 와스코 편, "한국의 항공산업 통합법인에 이르기까지 (1)", 『월간항공』, 1999년 5월, pp.31～35, 52～53.

설립할 수 있다.

이 촉진법은 제정된 1년 후인 1988년에 시행되도록 되어 있었기 때문에 초기 기종선정과 최종 기종선정과정에 적용되도록 되어 있었다. 그러나 첫째 내용의 '기본계획'은 수립되어 시행되지 못함으로써 구체적 계획이 수립되지도 수행되지도 못하였다. 둘째의 항공우주산업개발 정책심의회는 1990년 5월에 설치되어, 초기 기종선정에는 항공산업육성위원회가 참여하여 기술도입 생산방식으로 결정하였다. 최종 기종선정에 있어서 그 정책심의회는 영향력이 미미하여 제대로 된 역할을 하지 못하였다. 셋째에 있어서 주 계약업체는 1986년에 이미 지정되어 있었으므로 이 법의 적용을 받지 않았다. 넷째로 1989년 10월 한국기계연구원 부설의 '한국항공우주연구소'가 설립되었으나 실제 전투기사업과 관련하여 수행한 역할이 없다.

전체적으로 보면 정부가 항공산업을 육성한다는 뜻은 있으나 항공산업에 대한 정책목표나 구체적인 육성방안이 미흡하였다고 할 수 있다.[38]

3. KFP 사업의 기여도 평가: T-50 고등훈련기

T-50의 개발은 KFP 사업 중 KF-16 면허생산사업에 대한 절충교역의 일환으로 기술이전을 통한 국내 항공산업 육성차원에서 시작되었

---

[38] 최동환, "우리나라 항공산업 육성을 위한 제언: 20년의 경험을 통한 반성과 교훈", 『항공산업연구』, 54(2000) pp.21~32; 박종선, "한국 항공산업의 발전방향 Ⅱ", 『항공산업연구』, 51(1999) pp.3~34; 와스코 편, "21세기 한국의 항공산업 발전방향", 『월간항공』, 1998년 11월, pp.104~111; 정재욱, "제1·2차 차기전투기 기종결정에 관한 연구: 합리성을 중심으로", 국방대학교 안전보장대학원 석사학위논문, 2003, pp.51~53.

다. 1992년 말 미국 록히드사의 기술지원 아래 KTX-2 탐색개발(개발 개념 정립 및 기본형상 설계)을 추진하였다.

1997년 7월 정부는 항공우주산업개발 정책심의회에서 시스템 개발 사업 착수를 결정하고 록히드마틴항공(Lockheed Martin Aeronautics) 의 개발참여 결정에 따라, 그해 10월 정부가 70%, 삼성항공이 17%, 록히드마틴이 13%의 개발비를 분담하는 정부관리, 업체주도 형태의 KTX-2 시스템 개발사업 계약이 한국 공군과 주계약자인 삼성항공 사 이에 체결되어 본격적인 개발이 진행되었다. 1999년에는 한국 항공사 들의 구조조정으로 한국항공우주산업주식회사(KAI)가 설립되어 업 체 측 계약을 대신하여 2005년 전력화를 목표로 추진되었다. 기종은 차세대 고등훈련기 T-50, 전술입문(Fighter Lead-In) 훈련기의 두 개 버 전인 TA-50과, FA-50으로 구성되었다. 2002년 8월 말 초도 비행에 성 공한 다음, 2005년부터 대량생산에 돌입하였다. 1997년 10월부터 2006년 3월까지 10년 가까이 진행된 개발사업에는 약 2조 2,800억 원 에 달하는 막대한 비용이 투입되었다.

T-50 개발로 한국은 세계 12번째로 초음속 항공기 개발국가에 진 입하게 되었다. 특히 국내부품 관련 업체들도 개발 초기부터 공동 참 여해 획득한 기술을 공유함으로써 당초 계획된 항공기 국산화율을 뛰어넘는 결과를 가져왔다.

T-50은 경공격기인 A-50과 동시에 개발된 초음속 고등훈련기로, 첨단 비행제어 시스템과 F-16급 기동성능을 갖춤으로써 전 세계를 통 틀어 유일한 초음속 고등훈련기가 되었다. KT-1과 비교할 때 소요된 기술과 규모 면에서 한 차원 높은 전투기 개발능력을 확보한 전기가 되었다고 평가된다. T-50은 현재 운용·개발 중인 고등훈련기, 경공

격기와 비교했을 때 최고 성능을 보유하고 있어 F-15, F-22, F-35 등 차세대전투기 조종사 양성을 위한 최적의 훈련기종으로 평가받고 있다.[39]

KFP 사업은 국내 항공기술의 수준에 맞추어 시작하고 그 과정에서 기술발전을 꾀하기 위하여 직구매, 조립생산 및 면허생산의 과정을 단계적으로 적용하였다. 컴퓨터를 이용한 국내업체의 부품가공, 조립 및 항공기 총 조립능력이 향상되었다. 이 사업을 통해 규격서 및 도면관리, 형상관리 및 품질관리 등, 초기 개발기술을 제외한 항공기 생산의 전 과정을 습득할 수 있었다. KFP 사업과 비슷한 시기에 진행된 KT-1 기본훈련기와 그 후속인 T-50 훈련기의 국제공동개발을 거치면서 생산부분에 있어서의 국내기술 수준은 일부 특수 분야만 보완하면 선진국 대열에 진입할 수 있는 수준으로 성장하게 되었다.[40]

반면 국내 항공산업이 부품 및 부분 조립체의 생산위주로 진행되어온 만큼 항공기의 설계/시험평가 분야에 있어서는 우리 경제규모에 비하여 기술개발이 더딘 편이다. KT-1 개발사업에서 국방과학연구소 주도로 독자개발을 성공적으로 완료함으로써 설계/시험평가 분야를 경험하고 개발할 수 있었다. 개발 후에는 디지털 항공전자장비와 무장장착능력의 추가를 위한 개량사업을 진행하면서 이 분야의 기술을 개발하고 있다. 다음으로는 1990년대 초부터 영국의 고등훈련기 HAWK의 구매를 위한 절충교역으로 국방과학연구소가 영국의 BAe사와 천음속 훈련기의 주익 설계기술 및 개념연구를 주도적으로 수행한 바 있다. 공동개발이기는 하지만 T-50의 개발에 있어서도 이 분야의 기술을 체험한 바 있다. 그리하여 초음속기의 기체설계 및 제작

---

39) 전영훈, "T-50 개발 의의와 국가 항공산업의 발전방향", 『항공산업연구』, 64(2003), pp.1~14.
40) 조진수, "국내 항공산업 기술 수준 및 과제", 국내 항공방위산업발전 세미나 자료집, 2002. 5. 27, p.10.

능력은 상당 수준 확보한 것으로 평가된다.[41)

그러나 T-50에 적용되는 항공전자/무장제어/비행제어 등의 핵심기술 분야는 해외업체인 록히드에 의존하고 있다. 이러한 핵심기술 분야는 전투기의 자체개발이나 성능개량 시에 절대적으로 필요한 요소이다. 이 분야의 기술을 확보하지 않고서는 항공산업 기술이 계속적으로 해외업체에 종속될 수밖에 없다. 그렇기 때문에 한국형전투기의 독자개발을 위해 F-X 사업의 목표를 공군의 전력화와 핵심기술의 확보에 두고 추진 중이다.[42)

종합적으로 평가하면 국내의 항공기 관련 기술 수준은 기체분야의 제작가공 및 조립기술은 선진국 대비 90% 수준으로 상당한 기술기반이 축적되었다고 평가되고 있다. 그러나 설계 및 시험평가 기술은 선진국 대비 다소 부족한 편이다. 특히 소재 및 항공전자 분야의 소프트웨어 분야는 매우 취약한 상황이다. 그러나 세계적인 수준에 이른 전자산업 분야의 제작기술은 항공기 분야에 널리 활용될 수 있을 것이다. 아직 확보해야 할 기술이 다소 있으나 항공기의 시험 및 평가, 시스템통합 및 관리와 설계능력 전반에 대한 기술은 확보한 상태로 평가되고 있다.[43) <표 3>은 2002년도를 기준으로 기종과 분야별로 수치화한 한국의 기술 수준을 보여주고 있으며, <표 4> 또한 2002년 기준으로 항공기 제작의 분야별 기술 수준을 보여준다.

---

41) 조진수, "국내 항공산업 기술 수준 및 과제", p.11.

42) 김재철, "한국의 항공산업 발전방안에 관한 연구", 동국대 행정대학원 석사학위논문, 2003.

43) *ibid*, p.12; 박창규, "한국 항공산업의 발전방향에 관한 연구", pp.16~30 참조; 최인옥, "국내 항공산업 기술 수준 제고방안에 관한 연구: 군항공기 사업 사례분석을 중심으로", 국방대학교 국방관리대학원 석사학위논문, 2004.

〈표 3〉 선진국 대비 국내 항공산업 기술 수준

구 분		현 수준(%)	부문별 기술 수준
완제기	고정익기	60	<설계기술> • 핵심설계기술을 제외한 대부분의 항공기 설계능력 보유 <제작가공기술> • 기체 및 엔진 구성품 생산능력 보유 • 항공전자 및 기계보기 분야의 기술능력 크게 미흡 • 소재생산능력 거의 전무 <시험평가기술> • 완제기에 대한 시험평가능력 미비
	회전익기	50	
추진기관		50	
기계보기		40	
항공기기	항공기기	40	
	주변기기	75	
핵심요소 기술	설계	50	
	생산	90	
	시험검사	40	

* 선진국을 100으로 볼 때 한국의 기술 수준
출처: 조진수, "국내 항공산업 기술 수준 및 과제", 국내 항공방위산업발전 세미나 자료집, 2002. 5. 27, p.120

<표 3>과 <표 4>는 2002년도의 자료를 바탕으로 하고 있는 만큼 2007년 현재의 기술 수준과는 또 차이가 있을 것으로 예상할 수 있다. 예를 들면 설계기술 분야에 있어서 T-1과 F-50 훈련기에 있어서는 양 기종 모두 개발단계를 완료하고 양산체제로 돌입한 상태다. 그러나 본 연구의 목적이 KFP 사업이 항공산업 발전에 미친 영향을 평가하는 데 있는 만큼 2002년 기준의 자료로도 충분할 것이다.

〈표 4〉 국내 항공산업의 부문별 기술 수준

구 분	내 용
설계기술	○ 핵심 설계기술을 제외한 대부분의 항공기 설계능력 보유 - 기체 및 엔진 구성품의 설계능력 보유 - 무인항공기 설계 경험 - T-1 기본훈련기 개발, T-50 고등훈련기 시제기 개발성공, SB-427 헬기 공동개발 및 양상
제작가공 기술	○ 기체 및 엔진 구성품 생산능력 보유 - 다양한 부품가공, 조립경험 보유 ○ 항공전자 및 기계보기 분야의 기술능력은 크게 미흡 ○ 소재생산능력은 거의 전무

시험평가 기술	○ 환제기에 대한 시험평가능력 미비 - 부품생산에 대한 시험평가능력은 일부 보유 - 학문적 차원의 아음속 풍동시험 경험 - 구조시험 등 기타 시험경험 미흡
관리기술	○ 국내 타 생산활동을 통한 잠재능력 보유 - 제한된 범위의 경험을 보유 - 국제공동개발 등과 관련한 대외 협상력 미흡

출처: 조진수, "국내 항공산업 기술 수준 및 과제", 국내 항공방위산업발전 세미나 자료집, p.13

결론적으로 말하자면 KFP의 최종 기종결정 이후 2000년대 초까지의 시기에 우리 항공산업은 큰 발전을 하였음을 알 수 있다. 그리고 KFP 사업과 그 절충교역으로 진행된 T-50 개발프로그램이 이 발전에 일부 기여한 바가 있음은 사실이다. <그림 4>에서 보는 바와 같이 KF-16과 T-50의 개발과 생산이 우리나라 항공기 개발사업들 중 중요한 부분을 차지하고 있음을 알 수 있다. KFP 사업을 평가함에 있어서 기종선정을 F/A-18로 했더라면 현재의 우리나라 항공산업은 어떻게 되었을지는 알 수 없다. F-16을 KFP의 대상기종으로 선정한 결과로서의 항공산업 발전은 F/A-18을 선정했을 경우에 대한 기회비용이라는 측면에서 평가되어야 할 것이다. 그러므로 1991년의 최종 기종선정이 공군력 증강과 항공산업의 발전에 미친 영향에 대한 평가는 아직도 이 분야 연구자들의 숙제로 남아 있는 셈이다.

4. F-X 사업: 4.5세대전투기 사업

1991년에 확정된 KFP 사업의 목적은 세계적으로 우수한 전투기를 국산화함으로써 자주적인 전력증강과 국내 항공산업의 육성을 위해 추진되었다. 그러나 이미 살펴본 바와 같이 이 사업은 많은 의혹을 받게 되었다. 논의의 핵심은 정책결정의 부정시비와 합리성 여부로서, 당시 정책결정에 참여했던 많은 사람들이 불명예를 감수해야 했다. 이 문제점들이 어떻게 시정되었으며, 또한 어떤 문제점들을 그대로 노출하였는지 후속 사업인 F-X 사업을 통하여 관찰하고자 한다.

F-16 선정에 대하여 최근 제기되는 논란의 핵심은 1991년 당시 F/A-18을 선정했더라면 그다음의 F-X 사업에서 F-15를 구입하는 일은 없었을 것이라는 데 맞추어져 있다. 거기다 F-15K급의 추가도입 계획이 거론되는 상황에서 일본이 미국에게 F-22 랩터(Raptor)의 판매를 요청할 예정이라는 것이 널리 보도되었다. F-22에는 상대도 되지 않는 F-15K 추가도입이 국방비 낭비가 되지 않을까 하는 우려가 제기되면서 문제는 다시 KFP의 기종선정 문제로 돌아가고 있다. 공군의 F-X 사업목적은 공중전투를 주 임무로 하는 제공기와 공대지 폭격임무를 주로 하는 전폭기의 비율을 3.5 : 6.5로 맞추기 위한 것으로 제대로 제공(air superiority) 역할을 할 수 있는 전투기를 도입하는 것을 목표로 한 것이었다. 특히 F-16이 적의 방공망에 대한 폭격능력이 약하다는 점을 보완하기 위해 무기장착능력이 뛰어난 기종을 모색하게 된 것이다. 그러다 보니 KFP에서 F/A-18을 도입했더라면 보다 무기장착능력을 확보할 수 있었을 것이라는 주장이 제기된 것이다. 그러나 1991년 당시 F/A-18을 선정했더라면 예산의 제약으로 인해 F/A-18을 80여 대 정도밖에 도입하지 못했을 것이며, 그 결과 공군력의 수량적 공백을 메우는 데는 어려움을 겪고 있을 것이라는 시각도 있다.

F-X 사업의 목적은 다음과 같다. 공군이 보유한 F-4 및 F-5 기종의 상당수가 노후화되어 도태시킬 것이 확정됨에 따라, 2009년부터 적정

전투 보유 수준(500여 대) 기준에 미달하기 시작하여 2021년도까지 약 150여 대의 부족수요가 발생하게 되었다. 동시에 운용 중인 KF-16 등 High급 항공기의 제한된 작전반경 및 무장능력을 보완하고 부수적으로는 절충교역을 통해 2015년 이후 한국형전투기의 독자개발을 위한 기술 확보의 필요성이 제기되었다. 이 같은 사업목적에 따라 1994년 합참은 2002~2005년 한으로 120여 대의 신규소요를 제시하였다. 그러나 1997년 이른바 'IMF 경제위기'로 인한 재정압박 때문에 도입기간이 2005~2009년으로 연장되고, 목표량도 40여 대로 대폭 감축되었다. 또한 사업비도 축소된 수요에 따라 4조 295억 원으로 고정되었다.[44]

동시에 국방부에서는 KFP 사업의 시험평가와 협상이 분리되어 획득기간이 장기화된 것을 우려하여 시험평가를 위한 제안요구서와 협상을 위한 제안요구서를 통합하기로 결정하고 2000년 1월 1일부로 기존의 국방획득관리규정을 개정하였다. 신 규정에 따른 추진절차를 요약하면 다음과 같다.

이 규정의 개정 이전인 1997년 11월 7일 국방부는 관보 등을 통해 획득계획을 공고하였으며, 작전운용성능을 확정하여 1998년 6월 유럽 컨소시엄의 유로파이터(EF-T), 미 보잉의 F-15K, 프랑스의 라팔(Rafale), 러시아의 Su-35의 4개 기종을 대상 장비로 선정하였다. 이에 동 4개 기종이 2000년 6월 30일 제안서를 제출하였다. 각 제안 기종의 특징은 <표 5>와 같다.

---

44) 유윤식, "차기전투기 기종결정의 평가: 합리성을 중심으로", pp.397~401; 국방부, 『F-15K 사업추진현황』, 2002, pp.4~11; 동 사업비는 사업비 상승을 억제하기 위하여 조정된 것으로서, 실제 예상액수는 1불당 1,300원 기준 5조 6,623억 원이었다.

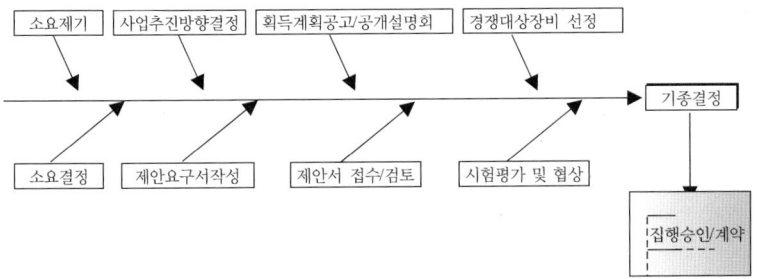

출처: 국방부, 『F-X 사업 관련 자료집』(서울: 국방부, 2002), p.2를 재정리

〈그림 5〉 F-X의 기본 사업절차

〈표 5〉 각 제안기종과 특징

항공사	기종	추가제안(괄호 안은 장착시기)
유로사	EF-T	비화장비(2005), 공대지능력향상(2009), 저고도지형추적장비(2009)
보잉사	F-15K	적외선탐지장치(2005), 레이더 및 전자전장비개량(2005), 무장추가(2005)
다소사	Rafale	비화장비(2005), 정보융합장치 및 공대지능력 추가(2006), 전자전 능동형 레이더 부착 및 엔진추력보강(2009)
로스아바론	Su-35	비화장비 및 적외선투시장비(2005)

출처: 국방부, 『F-X 사업 관련 자료집』, 2002, p.17; 『F-X 사업 관련 문답자료집』, 2002, pp.3~4

이 기종들의 평가절차들은 다음과 같은 특징을 지녔다. 첫째, 평가 방법을 2단계로 분류하여 1단계에서는 성능에 따라 수명주기비용, 임무수행능력, 운용적합성, 계약조건의 4가지 요소를 5단계에 걸쳐 60~100점으로 점수화하고, 점수 차가 3% 이내일 경우 2단계에서는 정책적 요소로 결정하기로 하였다. 둘째, KFP 사업 당시의 문제제기 에 따라 평가주체와 평가방법의 결정주체를 분리하였다. 비록 시간적 문제로 공군과 합작하는 형태가 되고 말았지만, 처음으로 국방부가 아닌 KIDA가 4개의 요건, 총 100항목의 평가방법을 작성하게 되었 다.[45] 평가방법을 요약하면 <표 6>, 특히 2단계 평가방법의 주요

항목은 <표 7>과 같다.

<표 6> F-X 기종선정 단계별 평가항목

기관	공군	KIDA	조달본부	ADD
Level 1에의 가중치(%)	18.13 운용적합성	35.33(수명주기비용)+34.53 (임무수행능력)	합계 11.99(계약조건 및 기술이전)	
Level 5 (총 230항)				Control Law 등(230)
Level 4 (총 175항)	항공기제원 등(37)	장거리 공중전능력 등(34)	인도시기 등(40)	기술 수준 등(64)
Level 3 (총 44항)	임무효율성 등(13)	대량항적방어 등(13)	인도조건 등(4)	방산기여도 등(14)
Level 2 (총 10항)	운용효율성/종합준수 지원(2)실	대공/지/해능력/획득 및 운영유지비(5)	절충교역/ 계약조건(2)	항공사업핵심 기술육성(1)
Level 1 (총 4항)	운용적합성(1)	임무능력/수명유지 비용(2)	계약조건 및 기술이전(1)	

* 괄호 안은 해당 단계별 항목 수
출처: 국방부, 『F-X 사업 관련 자료집』, 2002, p.48의 표를 변형

<표 7> 2단계 평가 세부항목

평가요소 (Level 1)	세부 평가요소 (Level 2)	세부 평가요소 (Level 2) 평가 시 고려내용
기타 고려요소	국가안보에 미치는 영향	o 연합작전에 미치는 영향 o 군사협력에 미치는 영향 등
	대외관계에 미치는 영향	o 한반도 평화 정착에 미치는 영향 등
	해외시장 개척에 미치는 영향	o 관련 국가들에 대한 수출입 비중 등

출처: 국방부, 『F-X 사업 관련 자료집』, 2002, p.48

이상의 평가과정에 따라 2002년 3월 27일 라팔과 F-15K가 2단계 평가대상으로 선정되었으며, 결국 2차 평가를 거쳐 2002년 4월 19일 KFP-Ⅱ 사업의 기종으로 F-15K로 확정되었다. 그러나 이번에도 KFP

---

45) 유윤식, "차기전투기 기종결정의 평가", pp.406~411.

사업과 같이 외압 및 부정시비가 일게 되었다. 1차 평가발표 직전인 3월 3일 F-X 사업 공군평가단의 부단장인 ○○○ 대령은 방송 인터뷰를 통해 국방부 고위층에서 F-15K에 유리한 지시를 내렸다고 폭로하였다.[46] 그에 따라 참여연대 및 시민단체를 중심으로 범국민적 반대운동이 일게 되었다.

의혹의 핵심은 첫째, F-15K의 단종론이었다. 실제로 미국에서 5세대전투기인 F-22나 F-35 합동공격전투기(JSF)의 도입결정에 따라 미국에서 단종하게 되었고, 이후 오직 한국만이 이를 구입한 결과가 되었다. 이 경우 신장비 장착이나 정비 등에서 제한받을 수밖에 없다. 둘째, 외압의혹으로 부시 미대통령 등 미국 고위인사들의 방한이 미친 영향과 국방부 고위인사들의 평가기준 조작의혹들을 들 수 있다. 셋째, 평가기준의 투명성과 공정성으로 예고 없이 기술이전 및 절충교역의 가중치를 12%로 인하하고, 2차 심사를 위한 점수 차를 3%로 결정하였으며, 또한 미국에 일방적으로 유리한 2차 심사 평가항목과 각 항목의 점수를 0~100점이 아닌 60~100점으로 변경한 점이 지적되었다.[47]

결국 2002년의 F-X 사업은 절반의 성공이었다고 평가할 수 있다. 평가방법을 합리화하고 평가방법 결정주체와 평가주체를 분리함으로써 밀실협상과 뇌물수수 의혹 등이 끊이지 않았던 KFP 사업과는 달리 노골적인 부패는 발생하지 않았다. 또한 공개 및 비밀입찰을 통하여 비교적 유리한 결과를 얻을 수 있었다. 그러나 평가방법 의혹

---

46) 『한겨레신문』, 2002년 3월 13일; 『동아일보』, 2002년 3월 13일; 『한국일보』, 2002년 3월 14일.

47) 이상의 내용은 다음을 참조하였다. 참여연대, 『F-X 추진 4대 의혹 48개 질의사항』(서울: 참여연대, 2002); 문규현 외, 『종이비행기: 차세대전투기 시민백서』(서울: 나남출판, 2003).

및 외압시비에서 결코 자유롭지 못했다.[48] 이는 KFP 사업에서의 결론과 마찬가지로 관료화된 평가방법과 집중된 권력요인의 결합에서 찾을 수 있을 것이다.

그러나 가장 중요한 점은 KFP 사업이 보다 장기적인 안목에서 합리적으로 이루어졌더라면 F-X 사업 자체를 재고할 수도 있었다는 사실이다. F-15K는 1991년 걸프전에서 선을 보인 F-15E 복좌전투폭격기를 한국 판매를 위해 일부 신예장비로 교체한 기종이다. 성능은 F-22나 F-35 혹은 유로파이터로 알려진 타이푼(Typhoon)이 실전 배치되기 전까지는 세계최강이라고 평가할 수 있지만, 이미 1970년대에 등장한 F-15 시리즈의 개량형일 뿐이다. 미국이 이미 5세대전투기를 발주한 마당에 한국은 차세대전투기가 아니라 '구세대'전투기, 혹은 기껏해야 4.5세대전투기 F-15K를 구입하기로 결정하였던 것이다. 비록 노후화된 기종을 교체한다는 압박은 있지만, F-4 일부의 수명을 연장함으로써 이에 대처하며 5세대전투기를 겨냥할 수 있었던 것이다.

F-X 사업 자체의 합리성 결핍은 KFP 사업에서 F/A-18을 선택하지 않았던 정책적 오류의 유산이다. KFP 사업 기종 결정 당시에는 비용대 효과 기준으로 볼 때 F-16과 F/A-18 두 기종의 차이가 별로 크지 않았다고 볼 수도 있다. 그러나 장기적 기준으로 볼 때는 F/A-18이 단연 유리했다고 보아야 한다. 이미 1980년대 후반부터 F-16은 의회 및 공군을 중심으로 단종이 예정되어 있었던 것이다.[49] 반면 F/A-18은 미 해군으로부터의 구매가 보장되어 있었고 특히 개량형인 F/A-18E/F(Super

---

48) 정상화, "부패의 정치경제", pp.71~83.

49) 오원철, "10년 허송세월, '퇴역예정' F16 선택했다", 『신동아』, 1995년 12월. 또한 *Aviation Week & Space Technology*, December 4, 1991 참조.

Hornet)가 이후 계속 발주되었던 것이다. 따라서 F/A-18을 선택했을 경우, 굳이 새로운 F-X(혹은 KFP-Ⅱ) 사업을 거치지 않고도 F-15E급인 슈퍼 호넷으로 자연적인 업그레이드 내지 추가도입을 통해 전력 증강을 도모할 수 있었기 때문이다.

제6장

결론

KFP 사업은 7년여의 심사와 연구 끝에 F/A-18을 공동생산의 대상 기종으로 선정하고, 이에 대한 한미 정부 사이에 양해각서까지 체결 되기에 이르렀다. 그러나 당시 대통령의 재검토 지시 이후 불과 5개 월여의 재심사 끝에 대상기종이 F-16으로 번복되었다.

대통령의 기종선정 재고지시 및 최종 기종변경 이유에 대하여 정 부 측 설명이나 이에 관한 기존연구의 가설은 MD의 대폭 가격인상 때문이라고 주장하였다. 이 주장에 의하면 대통령은 기종선정 후 계 약체결 때 가격을 인상할 것을 예견하고 이미 1989년 10월의 기종선 정 지침에서 가격인상을 경계할 것을 언급하였다. 그럼에도 불구하고 MD가 계약가격을 인상해서 제시하자 사업목표의 달성을 극대화하기 위해 제한된 사업비 한도 안에서 방위력증강과 항공산업에 대한 기 여를 모두 고려하여 기종변경을 지시하였다는 것이다. 그리고 국민들 의 근거 없는 의혹을 불식시키기 위하여 MD의 가격인상에 대해 적 극적으로 홍보하라고 지시를 내렸다. 여기에서 대통령은 단일 정책결 정자로서 합리적 선택을 한 것으로 비쳐진다.

그러나 '가격인상설'은 그리 설득력이 없다. 이 주장은 7년이나 걸린 신중한 의사결정과정의 산물인 기종선정결정을 번복하기 위해 청와대의 몇몇 대통령 측근인사 및 신임 국방장관 등에 의해 추진된 '선전논쟁'에 불과하다. 가격인상설을 반박할 수 있는 근거는 다음과 같다. 초기 기종선정 때 MD와 GD 두 회사가 제시한 가격에 비해 MD사의 가격이 54% 인상된 것에 비해 정부가 재검토에 들어가서 받은 GD사의 계약가격은 51% 인상된 가격이었다. 가격인상이 있었다면 양 기종 모두에서 비슷한 정도로 발생했던 것인데, 정부는 MD사에서만 인상한 것처럼 선전하였다. 사실 가격인상의 요인이 물가상승, 장착장비 옵션의 변경으로 인한 상승, 기술이전비의 상승, 주문물량 감소로 인한 대당 가격의 상승 등으로 이러한 요인들은 입찰 당시부터 예상할 수 있었던 일이었다.

본 연구는 대통령을 중심으로 한 권력의 집중현상과 정책결정과정을 둘러싼 관료정치가 맞물린 결과로 기종변경이라는 무리한 현상이 발생했다고 본다. 또한 당시 대통령의 의사결정과 관료정치에 부정부패가 내재했으며, 그 배경에는 한국 사회의 정치·경제적 요인들이 영향을 미치고 있었음을 보여주었다.

본 연구를 통하여 우리는 기종변경의 원인에는 뇌물수수가 관련되어 있음을 알 수 있다. 검찰수사에서 찾아낸 물증은 없지만 다음의 사실들이 이 가설을 뒷받침해준다. 첫째, F/A-18의 계약가격 인상을 전후하여 이 기종을 지지해온 국방장관과 공군참모총장 등 국방부의 주역들이 경질되었다. 둘째, 대통령과 청와대가 MD사의 가격인상 사실을 왜곡하여 유포하였다. 셋째, 양 업체의 로비대상에 차이가 있는바, GD사는 청와대와 언론을 주 대상으로 하였고 MD사는 공군과 합참 등 실수요자들 중심으로 로비를 펼쳤다. 넷째, 대통령은 수많은 기업들로부터 받은 후원금으로 엄청난 액수의 비자금을 조성하였다. 다섯째, 신임 국방장관과 공군참모총장을 비롯하여 F-16을 지지한 대통령 측근의 고위인사들 대부분이 '율곡사업 비리' 감사에서 뇌물수수로 기소되었다.

그렇다면 왜 MD사는 청와대의 허위사실 유포에 대해 침묵한 것일까? 첫째, 자사가 만든 F-15 기종을 통해 KFP 이외의 한국전투기 시장에 진입할 수 있는 기회가 많이 있었다는 점이다. F-16이 미 공군의 로우급(low) 기종임에 비해 F-15는 하이급(high) 기종으로서 KFP 사업에서도 후보로 올라 있었다. 또 기종변경 시 하나의 대안으로서 40~60대의 F-15가 거론되기도 하였다. MD사는 또한 F-15로 이후 F-X에서 참가할 계획이었고, 결국 그 후 F-15K(E형의 대한 수출용 모델) 40대의 완제품 직구입이 보다 유리한 조건의 프랑스의 라팔전투기를 제치고 선정되었던 것이다. 둘째, 미국 방위산업체들의 채산성이 떨어지고 인수·합병이 진행되는 상황에서 미 국무성은 개별업체가 아니라 모든 업체들로 대표되는 미국의 이익을 위해 중재에 나섰을 수 있다. 사실 미 행정부나 의회의 관심은 기종변경의 실제 원인을 밝히는 것이 아니라 변경에 다른 미국의 경제적 득실에 대한 계산에 있었다.

물론 오랜 논의 뒤의 결론에 대한 갑작스런 번복이 가능했던 것은 단지 뇌물수수뿐만이 아니라 대통령의 독단적 결정이 있었기 때문이다. 이론적으로 보자면 뇌물수수는 기종변경과 상관없이 발생할 수도 있다. 무기거래에서 이러한 일종의 정치적 '지대추구' 행위는 결정의 번복이 없을 때에도 통상적으로 비일비재하기 때문이다. 물론 극적인 반전이 필요하다면 통상적인 수준보다 훨씬 많은 지대를 요구했을 수 있다. 또 다른 요인으로는 대통령의 독단적 결정이 가능했다는 사실이다. 이는 50억 원 이상의 무기획득에 대한 결재권의 보장이 있었기에 가능했던 점도 있으며, 더 큰 틀에서 보자면 대통령과 청와대에 대한 권력집중이라는 배경 때문에 가능했던 것이다. 결국 뇌물수수와 독단적 결정은 권력집중과 관료정치행태의 결합이 낳은 결과인 것이다.

본 연구는 구체적으로 KFP 사업에 관련된 전반적인 절차와 행위자들의 특징 및 관료조직들의 역할을 이론적으로 분석함으로써 기종선정과정의 문제가 어디에 있는가를 밝히고자 하였다. 이를 위하여 정책결정과정을 엘리슨의 정책결정모델에 비추어 분석하였다. 그 결과 KFP 사업의 경우 절차와 행위는 상대적인 측면에서 관료정치 및 조직과정모델의 사례에 가까웠으며, 권위와 권력의 집중현상은 일견 합리적 선택모델의 사례와 유사한 것으로 나타났다. 그러나 이 두 형태의 정책결정과정이 혼합되어 나타난 것은 오히려 부패와 독단적 결정이다.

관료정치모델로써 설명되는 무기획득과정의 행태는 이론적으로 부패연구의 시각에서 조망할 때 그 원인에 대한 분석이 가능해진다. 부패의 원인은 사회적 배경으로 인한 뇌물수수와 제도가 보장하는 독단적 결정의 산물이다. 사회적 배경의 경우에는 정치적 견제의 요소들과 시장경제라는 요소의 두 가지로 구분된다. 그 결과 대통령의 부패는 시장경제의 확대로 인해 지대추구의 동기는 강해지는 반면 정당정치, 언론의 자유, 지방분권화, 시민사회의 성장 등 정치적 견제 요소들이 제대로 발전하지 못한 데서 왔다고 보아야 할 것이다. 이러한 경제적 요소와 정치적 요소의 불균형은 최근까지도 계속되어 우리 사회의 부패지수를 높여온 측면이 있다.

최고 정책결정자의 독단적 결정은 주로 제도에 의해 주어진 환경이 정치지도자 행위의 동기로 작용하는 경우에 발생한다. 물론 이 부분도 정치경제적 견제의 부족에 기인하는 바가 없지 않겠지만, 대통령 중심제에서 최종결정권을 대통령 1인에 부여한 것 자체가 이러한 공간을 마련한 것이다. 이에 대한 견제는 제도적 차원의 것으로 독단적 결정의 효율과 공동결정의 혼란 사이에서 이루어지는 합의에 따라 그 정도가 설정되는 것이다. 그러므로 50억 원 이상의 무기구매에 대한 대통령 전결규정이 없어졌다 하더라도 최종결정권이 여전히 방위사업청장이나 대통령에게 있다는 점에는 변화가 없다고 볼 수 있다.

KFP 사업의 정책결정과정 분석으로부터 우리는 무기획득절차의 개선대상은 바로 권력과 권위의 집중현상에 있지 관료정치행태에 있는 것이 아님을 알 수 있다. 다시 말해 무기획득절차의 합리화란 미시적인 조치에 불과하다고 보아야 한다. 결국 이러한 하부조직의 역할을 한 순간에 무위로 만들어버리는 최고 정책결정자의 독단적 결정이나 소수 집권세력의 부정부패를 통제하는 것이 보다 거시적이며 근본적인 개선책이 될 것이다.

F-16 기종선택의 최종적인 평가는 KFP 사업이 목표로 하였던 전력증강과 항공산업 발전이라는 두 개 분야에서의 달성 정도에 기초하여 이루어져야 한다. 전력증강 부분은 당시 기준으로는 F/A-18 선택에 비해 그리 큰 결함을 초래하였다고 보기 어렵다. 그러나 장기적인 안목에서 보면 보다 장래성이 있고 미국이 계속 성능개선 및 기종개량(F/A-18E/F 슈퍼 호넷)이 이루어지게 된 F/A-18을 포기함으로써 상당한 국익의 손실을 입게 되었다고 말할 수 있다. 결국 F-16 선정 이후 한국 공군은 F-X 사업에서 슈퍼 호넷급의 4.5세대전투기인 F-15K 전투폭격기를 도입하게 되었다. 사실 한국은 F-22 랩터 혹은 그 간편

형인 F-35(JSF)와 같은 5세대전투기의 획득을 계획함에 있어서 재원 조달 및 선택의 어려움을 겪기에 이르렀던 것이다.

　한편 정부의 정책이나 전략이 그다지 확고하지 않았던 것에 비하면, KFP 사업은 한국의 항공산업 발전에서 기대 이상의 성과를 거두었다고 말할 수 있다. KF-16의 공동생산에서 얻은 항공기술의 축적 및 발전에 힘입어 한국항공우주산업(KAI)은 T-50 고등훈련기 및 AT-50 경공격기를 성공적으로 개발했다. 물론 채산성 측면에서는 아직 미흡하지만, T-50 개발 및 생산은 한국 항공산업의 엄청난 발전이라고 평가할 수 있다. 그러나 다른 한편에서 본다면 KFP의 후속사업인 F-X는 공동생산이 아니라 F-15K 완제품 40대 수입으로 귀결되었음을 지적하지 않을 수 없다. 따라서 항공산업에 대한 종합적 평가는 F/A-18을 선택했을 경우 현재의 성과라고 하는 기회비용의 측면에서 보다 엄밀한 분석이 요망된다. 향후의 무기개발·도입사업에 대한 개선을 위해서도 필요한 작업이라 하겠다.

부록

한국전투기 사업 연표

1981. 12.	한미 간 Peace Bridge/Victory Falcon(Peace Bridge I) 체결
1982.	제너럴 다이나믹스(GD)와 절충교역협의 시작
1983년 말	FMS 설명회 및 대우중공업-GD 계약진행; F-X 시작
1984. 1.	대우중공업-GD 계약체결(Peace Bridge I)
1985.	제3차 방위력 증강계획 발표
1985. 1.	공군, 대통령에게 KFP 사업계획 보고
1985. 4.	국방부, KFP 주계약자 선정을 위한 3개 대상기업 선정
1985. 12.	항공산업육성위원회(위원장: 부총리) 설립
1986. 6. 9.	실사평가단, 주계약자 대상 평가보고; 대통령의 복수 추천 지시 1986. 10. 국방부, KFP 주계약자(삼성) 선정
1987. 10.	국회, 항공우주산업개발촉진법 통과
1987. 12.	한·미 국방부, 생산방식 관련 협상 타결
1989. 6.	국방부, 무기획득심의위원회에 F/A-18 상정
1989. 9. 8.	무기획득심의회, F-18로 기종결정
1989. 10. 13.	국방부, 대통령에게 F-18 기종선정 보고
1989. 11. 16.	국방부, 2차 대통령 보고(F/A-18 건의)
1989. 11.	대통령, 사업 재검토 지시; 일부 정부 부서들의 F-16 지지
1989. 12.	국방부, F-18 기종선정 3차 건의
1989. 12. 23.	한국 정부, F-18로 기종선정
1990. 9. 7.	미 의회, 국방부의 KFP 사업 MOU 인준
1990. 9. 8.	한주석 공군참모 총장 취임(정용후 사퇴)
1990. 10. 8.	이종구 국방장관 취임(이상훈 사퇴)
1990. 10.	MD사의 수락서(LOA) 제출, 총사업비 66억 달러 제시
1990. 10. 26.	이종구 국방장관, 대통령에게 연내 계약체결 불가 보고; 대통령의 사업 전반 재검토 지시
1990. 11. 1.	국방부, 기종선정 전면 백지화 발표
1991. 3. 28.	국방부 F-16으로 기종 최종선정
1991. 6. 3.	한·미 정부 간 MOU 가서명
1991. 8. 30.	미 의회, MOU 서명
1991. 9.	업체 간 계약체결
1991. 10.	제너럴 다이나믹스와 수락서(LOA) 체결

참고문헌

1. 국문문헌

가. 논문

강경철, "항공산업발전과 국가의 역할: 한국의 군용항공기 생산사례를 중심으로", 연세대학교 석사학위논문, 2003.

고심재, "국방무기체계 획득절차 발전방향: 미국 국방획득절차 개선노력을 중심으로", 『한국국방경영분석학회지』, 제31권 제2호(2005. 12).

권기환, "효율적인 무기획득에 관한 연구", 공군대학 고급지휘관참모과정 졸업논문, 1998.

김기정, "한국의 대북정책과 관료정치", 『국가전략』, 4권 1호(1998).

김문수, "한국의 군사전략과 무기체계에 관한 연구: 군사력 건설의 시기별 특징을 중심으로", 국방대학교 석사학위논문, 2001.

김병묵, "한국전투기사업(KFP)의 기종선정에 관한 정책결정연구", 국방대학교 안전보장대학원 석사학위논문, 1996.

김재철, "한국의 항공산업 발전방안에 관한 연구", 동국대 행정대학원 석사학위논문, 2003.

김종하, "무기획득정책의 분석영역과 분석내용에 대한 고찰", 『군사논단』, 17호(1999).

김혁래, "한국 부정부패의 유형과 실태", 문정인·모종린 편, 『한국의 부정부패: 그 내용과 실태』(서울: 오름, 1999).

박선웅, "부패용인에의 유형별 차이에 대한 문화적 접근", 『사회발전연구』, 4(1998).

박종선, "한국 항공산업의 발전방향 Ⅱ", 『항공산업연구』, 51(1999).

박창규, "한국 항공산업의 발전방향에 관한 연구: 일본의 사례를 중심으로", 국방대학교 국방관리대학원 석사학위논문, 2000.

배진수, "방위력 개선사업의 제도적 규범과 진전과정", 『한국군의 전력증강과 무기획득』, 한국군사학회 국방·군사 세미나 논문집, 1997.

버튼(Burton, Ltc.), 김진욱 역, "한국방위력 개선사업의 투명성과 대국민 공감대 형성을 위한 제언(Ⅱ): 미 획득 및 해외군사판매과정과 한국획득 과정 간 구조차이 비교연구", 『군사세계』, 26권(1997).

서진태, "2000년대의 국가안보와 공군력", 공군본부 편, 『2000년대의 공군과 항공산업』(청주: 공군 교재창, 1988).

신승엽, "한국의 정책결정연구: 차세대전투기 도입계획을 중심으로", 연세대학교 행정대학원 석사학위논문, 1995.

유병호, "항공산업의 발전방향 사례연구", 동국대 경영대학원 석사학위논문, 2006.

유윤식, "차기전투기 기종결정의 평가: 합리성을 중심으로", 『한국 사회의 행정연구』, 14권 1호(2003).

_____, "차세대전투기 기종결정 분석", 국방대학원 정책보고서, 1997년 12월.

_____, "한국형전투기 기종결정 분석", 『교수논총』, 13(서울: 국방대학원, 1998).

윤태범, "한국 관료부패의 유형과 구조의 변화에 관한 연구", 서울대학교 박사학위논문, 1992.

이근화, "방위력 개선사업 의사결정체제 개선방안 연구", 국방대학교 안보과정 연구논문, 2005.

이기상, "국가경쟁력과 항공기산업", 『항공산업의 진흥정책방향』 』(서울: 한국항공산업진흥협회, 1994).

_____, "국내 항공산업의 발전비전", 국내 항공방위산업발전 세미나 자료집, 2002. 5. 27.

이원형, "방위력 개선사업 관련 제도 개선에 관한 연구", 『한국군사』, 5권(1997).

임명수, "제도와 부패: 한국 국방획득사업 사례를 중심으로", 연세대학교 정치학과 석사학위논문, 2001.

전영훈, "T-50 개발 의의와 국가 항공산업의 발전방향", 『항공산업연구』, 64(2003).

전재성·박건영, "국제관계이론의 한국적 수용과 대안적 접근", 『국제정치논총』, 42집 4호(2002).

정상화, "부패의 정치경제: 1990년대 이후 한국 무기획득사업을 중심으로", 『세계지역연구논총』, 21집(2003).

정재욱, "제1·2차 차기전투기 기종결정에 관한 연구: 합리성을 중심으로", 국방대학교 안전보장대학원 석사학위논문, 2003.

조진수, "국내 항공산업 기술 수준 및 과제", 국내 항공방위산업발전 세미나 자료집, 2002. 5. 27.

진종순, "부패와 시계(Time Horizon)와의 관계: 개발도상국과 미개발국을 중심 으로", 『한국행정연구』, 14권(2005).

최동환, "우리나라 항공산업 육성을 위한 제언: 20년의 경험을 통한 반성과 교 훈", 『항공산업연구』, 54(2000).

최연화, "한·일 무기획득 정책결정과정 비교분석: KFP와 FSX 사례를 중심으 로", 국방대학교 안전보장대학원 석사학위논문, 2004.

최인옥, "국내 항공산업 기술 수준 제고방안에 관한 연구: 군항공기사업 사례 분석을 중심으로", 국방대학교 국방관리대학원 석사학위논문, 2004.

한기홍, "F16기 도입, 이현우 개입 흑막", 『뉴스메이커』138, (1995. 11. 9).

함택영, "남북한 군비경쟁의 대내적 요인", 『안보학술논집』, 3집 1호(1992).

_____, "남북한의 군사력: 사실과 평가방법", 『국제정치논총』, 37집 1호(1997).

_____, "한국 국제정치이론의 발전과 반성: 이론과 역사의 만남", 『한국과 국 제정치』, 22권 4호(2006).

현인택, "안정적 억지와 한반도의 군사균형: 남북한 군사력 평가의 재론", 한 국국제정치학회, 『새로운 세계질서의 도전과 한국정치』, 1991.

홍석진, "한국 항공산업 국제경쟁력에 관한 연구", 대전대학교 석사학위논문, 1998.

홍재학, "우리나라 항공우주산업 현황과 KFP 사업", 『국방과 기술』, 161(1992).

황동준, "항공방위산업의 당면과제 및 정책방안", 『군사세계』, 19(1996).

나. 단행본

강성진, 『방위력 개선사업 분석평가 모델』(서울: 국방대학원, 1999).

_____·이상진, 『한국적 전략개념과 투자우선순위 결정방안 검토』(서울: 국 방대학원, 1996).

강성학, 『이아고와 카산드라: 항공력 시대의 미국과 한국』(서울: 오름, 1997).

강인호 외, 『획득사업 의사결정 평가요소 및 기준 정립 방안』(서울: 국방연구 원 2001).

구영록, 『인간과 전쟁: 국제정치이론의 체계』(서울: 법문사, 1977).

_____, 『한국의 국가이익: 외교정치의 현실과 이상』(서울: 법문사, 1995).

국방대학교, 『안보관계용어집』(서울: 국방대학교, 2001).

국방부, 『국방백서 1988~』(서울: 국방부, 1988~).

_____,『국방획득개발계획서(교육용)』(서울: 국방부, 2000).

_____,『율곡사업의 어제와 오늘 그리고 내일』(서울: 국방부, 1994).

_____,『한국 안보와 적정국방비』(서울: 국방부, 1997).

_____,『F-X 사업 관련 자료집』(서울: 국방부, 2002).

국회,『율곡비리 국정조사 국방위원회 회의록』(서울: 국회, 1993).

국제정치경제연구회 편,『20세기로부터의 유산: 세계경제와 국제정치』(서울: 사회평론, 2000).

권오화 · 홍순길,『일 · 소의 항공산업과 정책』(고양: 한국항공대학출판부, 1991).

김달중 · 박상섭 · 황병무 편,『국제정치학의 새로운 영역과 쟁점』(서울: 나남, 1995).

김동규 · 신용도,『국가경제와 방위산업』(서울: 국방대학교, 2001).

김성조,『효율적인 전력증강 사업관리』(서울: 국방부, 1990).

김영종,『부패학』(서울: 숭실대학교 출판부, 2001).

김철환,『무기체계 사업관리』(국방대학원, 1997).

김태현 · 유석진 · 정진영 편,『외교와 정치: 세계화시대의 국제협상논리와 전략』(서울: 오름, 1995).

문규현 외,『종이비행기: 차세대전투기 시민백서』(서울: 나남출판, 2003).

박건영,『한반도의 국제정치: 평화와 통일을 위한 새로운 접근』(서울: 오름, 1999).

박경서,『국제정치경제론』(서울: 법문사, 1985).

박재영,『국제정치 패러다임』(서울: 법문사, 1999).

백종천 · 이민룡,『한반도 공동안보론』(서울: 일신사, 1993).

부정부패방지위원회,『국제 반부패활동의 동향』(서울: 정문사, 1995).

산업발전전략기획단 편,『산업 4강으로의 길: 2010 산업비전』(서울: 한국경제신문 한경 BP, 2002).

안병준,『강대국관계와 한반도안보론』(서울: 법문사, 1986).

안청시 · 정진영 공역,『현대 정치경제학의 주요 이론가들』(서울: 아카넷, 2003).

양욱,『하늘의 지배자 스텔스』(서울: 플래닛미디어, 2007).

오원철,『한국형 경제건설: 엔지니어링 어프로치(5)』(서울: 기아경제연구소, 1995).

우철구 · 박건영,『현대 국제관계이론과 한국』(서울: 사회평론, 2004).

이삼성,『현대미국외교와 국제정치』(서울: 한길사, 1993).

이상우,『한반도 안보환경론』, 2판(서울: 서강대학교출판부, 1986).

이호재,『약소국외교정책론』(서울: 법문사, 1974).

전득주·박준영·김성주·김호섭·홍규덕,『대외정책론』(서울: 박영사, 1998).

전종섭,『행정학: 구상과 문제해결』(서울: 박영사, 1987).

정낙중,『국제정치와 우리의 과제: 80년대 동북아와 한국안보』(서울: 형설출판사, 1988).

조황희,『항공기산업의 기술혁신 패턴과 전개방향』(서울: 과학기술정책연구원, 2000).

지만원,『군축시대의 한국군 어떻게 달라져야 하나』, 상·하(서울: 진원, 1992).

참여연대,『F-X 추진 4대 의혹 48개 질의사항』(서울: 참여연대, 2002).

최영,『한반도의 국제정치분석』(서울: 법문사, 1986).

하영선,『한반도의 전쟁과 평화』(서울: 청계연구소, 1989).

_____ 편,『21세기 평화학』(서울: 풀빛, 2002).

한국항공우주학회,『한국항공우주과학기술사』(서울: 한국항공우주학회, 1987).

한명화,『한미관계의 정치경제학』(서울: 평민사, 1987).

한용섭,『한반도 평화와 군비통제』(서울: 박영사, 2004).

함택영,『국가안보의 정치경제학: 남북한의 경제력·국가역량·군사력』(서울: 법문사, 1998).

_____ 외,『남북한 군비경쟁과 군축』(서울: 경남대 극동문제연구소, 1992).

현인택,『한국의 방위비: 새로운 인식의 지평을 위하여』(서울: 한울, 1991).

홍성표,『걸프전 항공 전역 분석』(서울: 해든아침, 2007).

Allison, Graham, and Philip Zelikow/김태현 옮김,『결정의 엣센스』(서울: 모음북스, 2005).

Winnerfeld, James A., et al/홍성표 역,『걸프전 항공전역 분석』(서울: 해든아침, 2007).

다. 인터뷰

김대중 전 평민당 총재, 1991년 10월 2~3일.

전 국군보안사령관 A 씨(율곡비리 관련 수사), 2007년 5월 12일.

전 검찰 중수부장 B 씨(6공 뇌물비리 관련 수사), 2007년 5월 19일.

기타 익명을 요구한 전 국방부, 군 관련업체 고위인사 다수.

라. 기타

국방부, "국방전력발전업무규정", 국방부 훈령 제793호(2006. 6. 29).

김광열, "F-16과 F/A-18 제3자적 비교",『월간군사비전』, 1989년 5월.

김성걸·한겨레 편집국 편, "유럽 항공산업 날아보자", 『한겨레21』, 303(2000. 4. 13).

김용삼, "공군 전력증강사업의 허실: 한미군사력 역할분담론에 발목 잡힌 차세대전투기사업(F-X)", 『월간조선』, 1997년 9월.

김창수, "F-16, 대역전극의 막후: 차세대전투기 결정번복의 뒷이야기", 『월간조선』, 1991년 5월.

김태곤, "FX 사업의 개발방향", 『월간군사비전』, 1989년 5월.

김호진, "노태우, 전두환, 박정희 리더십 비교연구", 『신동아』, 1990년 1월.

박갑동, "김일성 독재체제의 성립", 『민족혼』, 4(1990).

서영아, "차세대전투기사업의 두 '라이벌' 기종: F-16·F/A-18 성능비교", 『과학동아』, 1993년 6월.

성한용, "전직 대통령이 된다는 것", 『한겨레신문』, 2007년 4월 24일.

심재율, "F16 대 F18의 로비 공중전: 3조~5조원 전투기 시장 쟁탈전의 내막", 『월간조선』, 1989년 3월.

오원철, "'25조원 율곡사업' 진실", 『신동아』, 1995년 4월.

_____, "10년 허송세월, '퇴역예정' F16 선택했다", 『신동아』, 1995년 12월.

_____, "갈팡질팡 항공산업 정책 재벌 무한경쟁 불렀다: 박정희 정권 율곡사업 총책임자 오원철 증언", 『신동아』, 1996년 4월.

와스코 편, "한국의 항공산업 통합법인에 이르기까지(1)", 『월간항공』, 1999년 5월.

와스코, "21세기 한국의 항공산업 발전방향", 『월간항공』, 1998년 11월.

이동복, "베시 사령관, 카터에 항명하고 박정희를 도와 주한미군 철수계획을 좌절시키다", 『월간조선』, 2001년 7월.

이상철, "청와대 낙점-스캔들 우려 6개 지침까지 시달", 『조선일보』, 1990년 12월 24일.

이은영, "ADD 무기개발 삼총사의 핵·미사일 개발 비화", 『신동아』, 2006년 12월.

정선섭, "한국의 FX 실체와 전망", 『월간군사비전』, 1989년 5월.

지만원, "전투기성능 평가능력: 한국군 30조 율곡사업을 해부한다", 『세계일보』, 1993년 6월 9일.

_____, "한국군 30조 율곡사업을 해부한다", 『세계일보』, 1993년 6월 2일.

_____, "F-16 결정과정의 숨은 스토리", http://www.systemclub.co.kr/bbs/ZBB4PL5/view.php?id=n_5&no=56(2007년 3월 2일 검색).

최창희, "기술이전, 약속대로 진행되어야 한다", 『월간항공』, 1990년 2월.

하종대, "노태우 전 대통령 비자금사건 수사비화", 『신동아』, 1998년 3월.

_____, "율곡사업 비리사건의 진상", 『신동아』, 1998년 1월.

한국항공우주산업진흥협회 기획팀, "항공산업과 국제공동개발", 『항공우주』, 86(2005).

한기홍, "F16기 도입, 이현우 개입 흑막", 『뉴스메이커』, 138(1995).

"한·미 F-16 전투기 공동생산 사업: 미 하원 청문회 증언자료", 『입법조사월보』, 자료, 1991년 11월.

합동참모본부, 『군사용어사전』, http://www.jcs.mil.kr/main.html(2006. 3. 21).

2. 영문문헌

가. 논문

Ades, Alberto and Rafael Di Tella, "Rents, Competition, and Corruption", *American Economic Review,* Vol. 89(1999).

Allison, Graham, "Conceptional Models and the Cuban Missile Crisis", *American Political Science Review*, Vol. 63(1969).

_____, and Morton Halperin, "Bureaucratic Politics: A Paradigm and Some Policy Implications", *World Politics*, Vol. 24(1972).

Anderson, Paul A., "Decision Making by Objection and the Cuban Crisis", *Administrative Science Quarterly*, Vol. 28(1983).

Art, Robert J., "A Critique of Bureaucratic Politics", in Peter L. Hayes, Brenda J. Vallance and Alan R. Van Tassel, eds., *American Defense Policy*, 7th ed. (Baltimore: The Johns Hopkins University Press, 1997).

Bitzinger, Richard A., and Mikyoung Kim, "Why Do Small States Produce Arms? The Case of South Korea", *The Korean Journal of Defense Analysis*, Vol. 17, No. 2(2005).

Clarke, George R. C. and Lixin Colin Xu, "Ownership, Competition and Corruption: Bride Takers versus Bride Payers", The World Bank, *Policy Research Working Paper 2783*(February 2002).

Charles H. Ferguson, "America's High-Tech Decline", *Foreign Policy,* Vol. 74(Spring 1989).

Cox, Robert W., "Social Forces, States and World Orders: Beyond International Relations Theory", Robert O. Keohane, ed., *Neorealism and Its Critics*(New York: Columbia University Press, 1986).

_____, "The Executive Head: An Essay on Leadership in International Organization", *International Organization*, Vol. 23(1969).

Dollar, David, Raymond Fisman, and Roberta Gatti, "Are Women Really the 'Fairer' Sex? Corruption and Women in Government", *Journal of Economic Behavior and Organization*, Vol. 46(2001).

Gourevitch, Peter, "The Second Image Reversed: The International Sources of Domestic Politics", International Organization, Vol. 32(1978).

Hamm, Taik-young, "National Interest Revisited: Toward a Holistic Approach", *The Korean Journal of International Studies,* Vol. 19(1988).

Hermann, Margaret G., "Leader's Foreign Policy Role Orientations and the Quality of Foreign Policy Decision", in S. Walker, ed., *Role Theory and Foreign Policy Analysis*(New York: Praeger, 1984).

_____, and Charles F. Hermann, "A Look Inside the 'Black Box': Building on a Decade of Research", in G. Hopple, ed., *Biopolitics, Political Psychology, and International Politics*(New York: St. Martin's Press, 1982).

Keefer, Philip, and Stephen Knack, "Polarization, Politics and Property Rights: Links between Inequality and Growth", *Public Choice,* Vol. 111(2002).

Kim, Jong Ha, "The Policy Process in Korea: Defense Policy and the Selection Process of the Korean Fighter Programme(KFP)", Unpublished Ph. D. Dissertation, University of Bristol, 1996.

Krasner, Stephen, "State Power and the Structure of International Trade", *World Politics,* Vol. 28, No. 3(1976).

Kremer, Deborah, and Bill Sain, "Offsets in Weapon System Sales: A Case Study of the Korean Fighter Program", M. S. Thesis in Logistics Management and Contact Management, Air Force Institute of Technology, Air University(1992).

Krueger, A. O., "The Political Economy of the Rent-Seeking Society", *American Economic Review,* Vol. 64(1974).

Moravcsik, Andrew, "Taking Preferences Seriously: A Liberal Theory of IP", *International Organization* Vol. 51, No. 4(1997).

Putnam, Robert D., "Diplomacy and Domestic Politics: The Logic of Two-Level Games", *International Organization,* Vol. 42, No. 3(1988).

Rosenau, James N., "Premise and Promises of Decision-Making Analysis", James C. Charlesworth, ed., *Contemporary Political Analysis*(New York: Free Press, 1967).

     , "Pre-theories and Theories of Foreign Policy", in James N. Rosenau, ed., *The Scientific Study of Foreign Policy*, rev. ed.(New York: Nicholas Publishing Co., 1980).

Schweller, Randall L., "Bandwagoning for Profit", *International Security,* Vol. 19(1994).

     , and David Priess, "A Tale of Two Realism", *International Studies Review,* Vol. 41(1997).

Skocpol, Theda, "Bringing the State Back In: Strategies of Analysis in Current Research", Peter B. Evans et. al., eds., *Bringing the State Back In*(New York: Cambridge Univ. Press, 1985).

Tullock, Gordon, "The Welfare Costs of Tariffs, Monopolies and Theft", *Western Economic Journal,* Vol. 5(1967).

Verba, Sydney, "Assumption of Rationality and Non-Rationality in Models of the International System", *World Politics*, Vol. 14, No. 1(1961).

나. 단행본

Albrecht, Ulich, et al., *A Short Research Guide on Arms and Armed Forces*(London: Croom Helm, 1978).

Allen, Thomas B., *War Games: The Secret World of the Creators, Players, and Policy Makers Rehearsing World Wat Ⅲ Today*(New York: McGraw-Hill, 1987).

Aron, Raymond, *Peace and War*(New York: Doubleday, 1966).

Axelrod, Robert, *The Evolution of Cooperation*(New York: Basic Books, 1984).

     , ed., *Structure of Decision*(Princeton: Princeton University Press, 1976).

Benoit, Emile, *Defense Expenditures and Economic Growth in Developing Countries* (Boston: Heath, 1973).

Bloomfield, Lincoln P., *The Foreign Policy Process: Making Theory Relevant* (Beverly Hills: Sage, 1974).

Brecher, Michael, *Decisions in Israel's Foreign Policy*(New Heaven: Yale University Press, 1975).

     , *The Foreign Policy System of Israel: Setting, Images, Process*(New Heaven: Yale University Press, 1972).

Brown, Michael E., et al., eds., *Theories of War and Peace*(Cambridge, MA: MIT Press, 2000).

Buzan, Barry, *People, States and Fear: The National Security Problem in International*

Relations(Chapel Hill: University of North Carolina Press, 1983).

Carbonell, Jaime G., Jr., *The Counterplanning Process: A Model of Decision-Making in Adverse Situations*(Pittsburgh: Computer Science Department, Carnegie-Mellon University, 1979).

Cohen, Raymond, *International Politics: The Rules of the Game*(New York: Longman, 1981).

Cyert, Richard M., and James G. March, *A Behavioral Theory of the Firm*(Englewood Cliffs: Prentice-Hall, 1963).

Deutsch, Karl W., *The Analysis of International Relations*(Englewood Cliffs: Prentice-Hall, 1967).

Dougherty, James E., and Robert L. Pfalzgraff, Jr., *Contending Theories of International Relations*(New York: J. B. Lippincott, 1971).

Downs, Anthony, *Inside Bureaucracy*(Boston: Little Brown, 1967).

Dunnigan, James F., and Austin Bay, *From Desert to Storm: High-Tech Weapons, Military Strategy, Coalition Warfare in the Persian Gulf*(New York: William Morrow, 1992).

Easton, David, *A Framework for Political Analysis*(Englewood Cliffs, NJ: Prentice-Hall, 1965).

Evangelista, Matthew, *Innovation and the Arms Race: How the United States and the Soviet Union Develop New Military Technologies?*(Ithaca: Cornell University Press, 1998).

Fox, Annette Baker, *The Power of Small States*(Chicago: University of Chicago Press, 1959).

Gabriel, Richard A., *Fighting Armies, Nonaligned, Third World, and Other Ground Armies: A Combat Assessment*(London: Greenwood Press, 1983).

George, Alexander L., *Presidential Decision Making in Foreign Policy: The Effective Use of Information and Advice*(Boulder: Westview Press, 1980).

Gilpin, Robert, *Global Political Economy: Understanding the International Economic Order*(Princeton: Princeton University Press, 2001).

_____, *War and Change in World Politics*(Cambridge: Cambridge Univ. Press, 1981).

Hamm, Taik-young, *Arming the Two Koreas: State, Capital and Military Power*(London: Routledge, 1999).

Heidenheimer, Arnold J., *Political Corruption: Reading in Comparative Analysis*(New York: Holt, Rinehart & Winston, 1978).

Hermann, Charles F., Charles W. Kegley, Jr., and James N. Rosenau., eds., *New Directions in the Study of Foreign Policy*(Boston: Allen & Unwin, 1986).

Holloway, John, *The Soviet Union and the Arms Race*(New Haven: Yale University Press, 1983).

International Institute of Strategic Studies, *The Military Balance*(London: ⅡSS, 1883~).

Johnston, Michael, *Syndromes of Corruption: Wealth, Power, and Democracy*(Cambridge: Cambridge University Press, 2006).

Kang, David C., *Crony Capitalism: Corruption and Development in South Korea and the Philippines*(New York: Cambridge University Press, 2002).

Kapstein, Ethan B., and Michael Mastanduno, eds., *Unipolar Politics: Realism and State Strategies after the Cold War*(New York: Columbia Univ. Press, 1999).

Katzenstein, Peter, Robert Keohane, and S. D. Krasner, eds., *Exploration and Contestation in the Study of World Politics*(Cambridge, MA: MIT Press, 1999).

Kegley, Charles W., Jr., and Eugene R. Wittkopf, *American Foreign Policy: Pattern and Process*, 2nd ed.(New York: St. Martin's Press, 1982).

Kennedy, Paul, *The Rise and Fall of the Great Powers: Economic Change and Military Conflict from 1500 to 2000*(New York: Random House, 1987).

Keohane, Robert, *After Hegemony*(Princeton: Princeton Univ. Press, 1984).

_____, and Joseph S. Nye, Jr., *Power and Interdependence*(Boston: Little Brown, 1977).

Krasner, Stephen, *Defending the National Interest*(Princeton: Princeton University Press, 1978).

Lipson, Charles, and B. Cohen, eds., *Theory and Structure in International Political Economy*(Cambridge, MA: MIT Press, 1999).

_____, and B. Cohen, *Issues and Agents in IPE*(Cambridge, MA: MIT Press, 1999).

March, James G., and Herbert A. Simon, *Organizations,* 2nd ed.(Oxford: Basil Blackwell Publishers, 1993).

Mearsheimer, John J., *Conventional Deterrence*(Ithaca: Cornell University Press, 1982).

Neustadt, Richard E., *Presidential Power and the Modern Presidents: The Politics of Leadership from Roosevelt to Reagan,* 5th ed.(New York: Free Press, 1990).

North, Douglas C., *Institution, Institutional Change and Economic Performance*

(Cambridge: Cambridge University Press, 1990).

Organski, A. F. K., and Jack Kugler, *The War Ledger*(Chicago: University of Chicago Press, 1980).

Payne, James L., *Why Nations Arm*(Oxford: Basil Blackwell, 1984).

Rose-Ackerman, Susan, *Corruption and Government: Causes, Consequences, and Reform*(Cambridge: Cambridge University Press, 1999).

Rosenau, James N., *The Scientific Study of Foreign Policy*(New York: Free Press, 1971).

Salmore, S. A., and C. F. Hermann, eds., *Why Nations Act*(Beverly Hills: Sage, 1978).

Scott, James C., *Comparative Political Corruption*(New York: Prentice-Hall, 1972).

Shin, Wookhee, *Dynamics of Patron-Client State Relations: The United States and Korean Political Economy on the Cold War*(Seoul: American Studies Institute, Seoul National University, 1993).

Simon, Herbert, *Reason in Human Affairs*(Stanford: Stanford University Press, 1983).

Skidmore, David, and Valerie M. Hudson, *The Limits of State Autonomy: Societal Groups and Foreign Policy Formulation*(Boulder: Westview Press, 1993).

Snyder, Glenn H., and Paul Diesing, *Conflict among Nations: Bargaining, Decision-Making and System Structure in International Crises*(Princeton: Princeton University Press, 1977).

Snyder, Jack, *Myths of Empire: Domestic and International Ambition*(Ithaca: Cornell University Press, 1991).

Spinney, Franklin C., *Defense Facts of Life: The Plans, Reality Mismatch*(Boulder: Westview Press, 1985).

Tenter, Raymond, and R. Ullman, eds., *Theory and Policy in International Relations* (Princeton: Princeton University Press, 1962).

Tsebelis, George, *Nested Games: Rational Choice in Comparative Politics*(Berkeley: University of California Press, 1999).

Walt, Stephen, *The Origins of Alliances*(Ithaca: Cornell Univ. Press, 1987).

Waltz, Kenneth, *Theory of International Politics*(Boston: McGraw-Hill, 1979).

Wendt, Alexander, *Social Theory of International Politics*(New York: Cambridge University Press, 1999).

다. 기타

Air Force Magazine.

Arms Control Today.

Auerbach, Stuart, "Two Senators Attack South Korean 'Son of FSX' Plan", *Washington Post,* July 18, 1989.

Aviation Week & Space Technology.

Jane's All the World Aircraft 1989～1990.

"FX Program to Set Stage for Air Force Modernization Plan", *Aviation Week & Space Technology*, June 12, 1989(Special Issue on Korea).

U. S. Senate, Appropriation Committee, Subcommittee on Foreign Operation, "Economic Costs of Arms Exports: Subsidies and Offsets", Testimony of Lora Lumpe, Director, Arms Sales Monitoring Project, Federation of American Scientists, Hearing on U. S. Conventional Arms Export Policy, May 23, 1995, www.fas.org/asmp//campaigns/suvsidies/lora_testimony.htm(May 18, 2007).

필자후기

1953년 3월 초등학교 졸업 후 대구에 홀로 올라와 신암동 철길에 서다

1960년 12월 23일 육군소위로 임관하여 서부전선 소대장으로 재임

채명신 사령관이 박정희 대통령님과 김용배 육참 총장을 모시고 베트남에 출전하는
맹호부대를 사열(1965.10.22 여의도 광장)

주월 미군 총사령관 웨스트 모랜드 대장도 맹호 환영에 마중나왔다.

구엔반티유 대통령과 채명신 사령관님

채명신 사령관님과 배영일 정찰대장

월남 빈딩성 봉손지역을 진격을 위해 지휘하고 있는 배영일 정찰대장(1966.3.3)

봉산지역 확보를 축하는 리셉션(우에서 4번째 채명신 사령관, 우에서 2번째가 배영일
정찰대장)

한미 연합 야전군사령부를 시찰하시는 박정희 대통령

육군본부 군수참모부장을 모시고 FTX훈련을 지휘하는 장면

국방부 외자국장재직시, 휘하 각 과장들과 함께

국방부 절충교역 국장(OFFSET) 이사관 배영일

하와이 HONOLULU 국제 마라톤대회 42.195km의 결선점을 통과하는 필자

경북 영양의 일월산 자락 농가에서 태어난 필자는 초등학교 시절 일월산에서 출몰하는 빨치산들의 약탈을 경험하고는 군에 입대하여 공산당을 물리쳐야겠다고 굳게 결심하였다. 6·25전쟁이 끝나자 혼자서 무작정 대구로 나와 교동시장을 전전하며 배고프고 어려운 시절을 보냈다.

1953년에 초등학교를 졸업하고 검정고시를 거쳐 1959년에 영신고등학교를 졸업하고 1960년 드디어 육군소위로 임관하였다. 1965년에 월남전에 참전하여 맹호사단 정찰대장으로 베트콩과 교전하면서 생사를 넘나들기도 했다. 한번은 이동 중에 적 지휘관을 생포하기도 하였고, 또 반대로 적진에서 활동 중에 생포되어 뱀, 박쥐, 생쥐 등 갖은 동물고문을 다 겪고 탈출하였는데 그때 당한 고문 후유증으로 한참 후에도 한동안 치를 떨었다.

1970년대에는 군복무 중 강원도의 한 고지에서 1km에 이르는 큰 터널을 구축하여 기동로를 개설함으로써 당시 횡으로 이동할 수밖에 없었던 지형적 장애를 극복하고 이 터널을 이용하여 노출되지 않고 종으로 이동할 수 있도록 한 공로로 박정희 대통령으로부터 보국훈 장 삼일장을 받았다.

1980년대에는 국방부 외자국장과 교역국장을 역임하면서 한미 간에 미결상태로 남아 있던 도난자금 79만 달러를 국고로 환수한 공로로 안보장을 수여받기도 하였다. 1990년 전역할 때까지 국방을 위해 헌신한 공로를 인정받아 김영삼 대통령으로부터 국가유공자상을 받았다.

전역 후 22년간은 여의도순복음교회에서 신앙생활에 전념하여 원로장로 직분을 받았다. 64세인 2003년부터 미국 하와이 국제마라톤대회에 참가하여 현재까지 풀코스 4회를 완주하였다. 이는 1997년 외환위기 이후 어려움에 처한 분들에게 역경을 극복할 수 있는 꿈과 도전 정신을 불러일으키기 위한 마음에서였다.

한편, 2000년대 들어 고령에도 불구하고 박사과정에 입학하겠다는 굳은 결심을 하게 되었다. 1989년 국방부 외자국장 시절 차세대전투기사업을 담당했던 경험을 바탕으로 관련 자료들을 모아 국가적으로 중요한 정책결정과정을 학문적으로 분석하여 다음 세대를 위한 교훈을 도출하고 견실한 국방정책발전을 기한다는 목표로 학업에 매진하여 2007년 마침내 정치학 박사학위를 받았다.

'낙숫물이 떨어져 바위를 뚫는다'는 의미의 사자성어 수적천석(水滴穿石)이 있다. 중국 북송 때 숭양지방의 현령 장괴애(張乖崖)는 관아를 돌아보던 중 창고 안에서 황급히 달아나는 관원을 잡아 조사했더니 상투 속에서 엽전 한 닢이 나왔다. 창고에서 훔친 것이 드러나 태형에 처하자 그 관원은 엽전 한 닢이 뭐 그리 큰 죄냐고 항변하였다. 장괴애는 '승거목단 수적천석(繩鋸木斷 水滴穿石, 먹줄로 톱질을 해도 나무가 잘리고, 물방울이라도 계속 떨어지면 돌이 뚫린다)' 하면서 곧장 계단을 내려가 칼로 그 관원의 목을 베어버렸다. 관리의 부패를 경고하는 말이었지만 나중에는 정성을 다해 끊임없이 노력하면 큰일을 이룰 수 있다는 비유로 굳어진 이 말은 채근담에도 '도를 배우는 사람이 견지해야 할 자세'로 언급되고 있다. 이 말은 필자가 1990년 군복을 벗고 20여 년간 가슴에 묻어두고 수없이 되뇌었던 말이다. 남들보다 명석한 두뇌를 가진 것도 아니고 그렇다고 총기 넘치는 젊은 나이도 아닌 만년에야 그 어려운 박사과정에 진학하면서 의지할 것이라고는 이 말밖에 없었다.

본서는 20여 년간 현장경험을 바탕으로 준비한 박사학위 논문을 다듬어 출판한 책이다. 굳이 책으로 출판하는 이유는 국가의 중요정책 결정과정을 학문적, 이론적으로 분석하여 명확하게 규명하고 다음 세대에 교훈을 남기고자 함에서이다. 부족하지만 본서가 널리 읽혀 국가의 중요정책들이 보다 합리적이고 투명하게 결정되도록 기여하기를 바라는 마음 간절하다.

이 책이 나오기까지는 여러분들의 도움이 절대적인 힘이 되었다. 먼저 크리스천으로서 열정적인 삶을 살아가도록 항상 영적으로 용기를 북돋워주신 조용기 원로목사님, 이영훈 당회장목사님께 깊이 감사드린다. 또한 그 어려운 박사과정을 내실 있게 마칠 수 있도록 성심으로 지도해주신 함택영 교수님, 최완규·신명순·심지연·홍성표 교수님께 깊은 감사를 드린다. 그리고 험난했던 내 인생 여정의 선배

님으로서 한결같이 이끌어주시고 보호해주신 안강민 변호사님, 장홍렬, 최평욱 장군님께도 깊은 감사를 드린다.

또한 이 풍진 인생을 성공적으로 영위해올 수 있었던 것은 오랜 기간 오로지 곁에서 묵묵히 나를 지켜준 아내 이영자 권사와 네 딸 가족들의 기도 덕분이었음에도 깊이 감사한다.

배영일 ————————————————————————————————

학력
1972년 영남대학교 법대 졸업
2004년 연세대학교 행정대학원 졸업, 정치학석사
2007년 경남대학교 정치외교학과 졸업 정치학박사

경력
1960년 육군소위 임관
1965~1967년 파월 맹호사단 정찰대장
1975년 육군대학 39차 졸업
1975~1976년 보병전투 제27사단 전투공병 대대장
1976~1977년 보병전투 제27사단 군수참모
1977~1978년 한미 야전군 사령부 군수참모
1978~1980년 한미 야전군 사령부 공병참모
1980~1981년 육군본부 군수참모부 정책과장
1981~1983년 제3군수 전투지원단장(연대장통제직위)
1983~1984년 육군 군수사령부 기획운영처장
1984~1986년 육군 군수학교 전투발전부장
1986~1988년 국방부 외자국장
1988~1990년 국방부 절충교역국장
1994년 여의도 순복음교회 성경대학 졸업

훈장
1979년 박정희 대통령으로부터 보국훈장 삼일장
1989년 전두환 대통령으로부터 안보상
1993년 김영삼 대통령으로부터 국가유공자상

현직
(주)화악 회장
북한대학원대학교 초빙교수
국방대학교 출강
한국정치학회 회원
한국국제정치학회 회원
삼청미래포럼 회장
여의도 순복음교회 원로장로

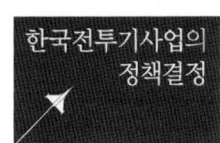

한국전투기사업의
정책결정

초판인쇄 | 2012년 5월 30일
초판발행 | 2012년 5월 30일

지 은 이 | 배영일
펴 낸 이 | 채종준
펴 낸 곳 | 한국학술정보㈜
주   소 | 경기도 파주시 문발동 파주출판문화정보산업단지 513-5
전   화 | 031) 908-3181(대표)
팩   스 | 031) 908-3189
홈페이지 | http://ebook.kstudy.com
E-mail | 출판사업부 publish@kstudy.com
등   록 | 제일산-115호(2000. 6. 19)

ISBN   978-89-268-3369-8 93340(Paper Book)
              978-89-268-3370-4 98340(e-Book)

내일을여는지식 ■ 은 시대와 시대의 지식을 이어 갑니다.